高等职业教育"十四五"规划教材

动物病理

第 2 版

冯志华　张自芳　武世珍　主编

中国农业大学出版社
·北京·

内容简介

本教材以培养高素质技术技能型人才为目标，以动物医学专业疾病防治方面的岗位能力需求为导向，坚持适度、够用、实用和同质化原则，遵循学生认知规律，以过程性知识为主、陈述性知识为辅；以实际应用知识和实践操作为主，依据教学内容的同质性和技术技能的相似性，将动物病理等知识和技能列出，进行归类和教学设计。其内容体系分为项目和任务，每一项目又设“学习目标”“学习内容”“实训技能”“学习要求”“知识拓展”“复习思考题”等教学组织单元，并以任务的形式展开叙述，明确学生通过学习应达到的识记、理解和应用等方面的基本要求；部分项目的相关理论知识或实践技能，可通过图片、课件、技能训练、知识拓展或复习思考题等形式学习，为实现课程的教学目标和提高学生学习的效果奠定良好的基础。

本教材文字精练，图文并茂，通俗易懂，现代职教特色鲜明，既可作为动物医学、畜牧兽医、宠物医疗技术、动物药学、中兽医及动物防疫与检疫等专业教师和学生开展“校企合作、工学结合”人才培养模式的特色教材，又可作为企业技术人员的培训教材，还可作为广大畜牧兽医工作者短期培训、技术服务和继续学习的参考用书。

图书在版编目(CIP)数据

动物病理 / 冯志华，张自芳，武世珍主编. --2 版. --北京：中国农业大学出版社，2024. 9.
ISBN 978-7-5655-3265-8

Ⅰ. ①S852. 3

中国国家版本馆 CIP 数据核字第 2024Q7G415 号

书　　名　动物病理　第 2 版
作　　者　冯志华　张自芳　武世珍　主编

策划编辑	康昊婷	**责任编辑**	康昊婷
封面设计	郑　川　李尘工作室		
出版发行	中国农业大学出版社		
社　　址	北京市海淀区圆明园西路 2 号	**邮政编码**	100193
电　　话	发行部 010-62733489，1190	读者服务部	010-62732336
	编辑部 010-62732617，2618	出　版　部	010-62733440
网　　址	http://www.caupress.cn	**E-mail**	cbsszs@cau.edu.cn
经　　销	新华书店		
印　　刷	涿州市星河印刷有限公司		
版　　次	2025 年 1 月第 2 版　　2025 年 1 月第 1 次印刷		
规　　格	185 mm×260 mm　　16 开本　　13.25 印张　　323 千字		
定　　价	49.00 元		

图书如有质量问题本社发行部负责调换

编审人员

主　编　冯志华（甘肃畜牧工程职业技术学院）

张自芳（云南农业职业技术学院）

武世珍（山东畜牧兽医职业学院）

副主编　邱存义（甘肃畜牧工程职业技术学院）

靳继鹏（宝鸡职业技术学院）

樱　桃（赤峰应用职业技术学院）

任春芝（徐州生物工程职业技术学院）

参　编　唐文雅（甘肃畜牧工程职业技术学院）

王维芸（甘肃畜牧工程职业技术学院）

孙甲川（甘肃农业职业技术学院）

杨祎程（兰州现代职业技术学院）

吉艺宽（广东梅州职业技术学院）

蔡孟楷（广东梅州职业技术学院）

靖吉强（山东畜牧兽医职业学院）

李桂兰（黔东南民族职业技术学院）

徐大伟（唐山职业技术学院）

主　审　王治仓（甘肃畜牧工程职业技术学院）

前言

为认真贯彻落实《关于推动现代职业教育高质量发展的意见》文件精神，改进教学内容与教材，切实做到专业设置与产业需求对接、课程内容与职业标准对接、教学过程与生产过程对接、毕业证书与职业资格证书对接、职业教育与终身学习对接，在大量理论研究和实践探索的基础上，完善"课岗赛证"综合育人机制，按照生产实际和岗位需求设计修订教材，理论内容任务化、实训内容系统化，提升学生实践能力。

本教材紧扣动物医学类专业的培养目标，通过分析本专业学生的就业岗位、行业现状和发展趋势，调研兽医临床岗位的工作过程、技术要求，以提高学生的兽医临床疾病诊断技能为主线，结合《全国执业兽医资格考试大纲》，明确学生在本课程学习中需要掌握的专业技术技能和相关知识，形成了基于工作过程需要的课程体系。

编写人员依据《高等职业学校专业教学标准》要求，重新分析专业要素，重构课程体系，进行课程项目化情境设计；结合长期的临床实践和教学经验，并参阅了大量的有关书籍，在上一版的基础上，经过研讨、调整，完善教材的内容设置。全书系统地介绍了兽医临床疾病病理学分析及诊断的基本技术及其操作方法。文字简洁，图文并茂，内容通俗易懂、深入浅出，突出"实践性"和"应用性"。

本教材以"职业岗位所遵循的行业标准和技术规范"为原则，以任务驱动、项目导向为突破口，以生产过程和岗位任务为主线，设计学习目标、学习内容、知识拓展和复习思考题等教学组织单元，开展"教、学、做"一体化教学，实现"工"与"学"的契合与对接，以体现"教学内容职业化、能力训练岗位化、教学环境企业化"的特色。

党的二十大报告指出，实施科技兴国战略，强化现代化建设人才支撑。现代职业教育强调教学活动应以学生为中心，在设计内容时，特别强调为学生提供实际操作学习机会，增强学生适应实际工作环境和解决综合问题的能力，注重对学生终身学习和个性发展的培养。教材内容设置14个项目，涵盖19个任务和11个实训技能，为发挥学生的主体作用提供了很好的解决方案。本教材以“项目为导向”的模式优化教材表现形式，以典型工作任务结构为基础，打破原有的章节顺序，根据完成任务所需知识，对其进行重新整合，使学生明确所学知识应如何应用，操作步骤符合行业标准；教材增加了与全国执业兽医资格考试相关的内容。

本教材的编写分工为：绪论、项目一、项目二、项目三、项目四、项目五、项目六、项目七由冯志华编写，项目八由张自芳、靳继鹏、任春芝、樱桃编写，项目九、项目十由武世珍、孙甲川、杨祎程、靖吉强编写，项目十一、项目十二由王维芸、李桂兰编写，项目十三由邱存义编写，项目十四由唐文雅、吉艺宽、蔡孟楷、徐大伟编写，附录由邱存义编写，图片、视频资源由冯志华、武世珍、靖吉强、路向辉、刘燕提供，全书由冯志华、张自芳、武世珍修改定稿。

本教材可作为职业院校动物医学、畜牧兽医、动物防疫与检疫等专业的教材，也是各级动物医学临床工作者及广大畜禽饲养者的重要参考书。

考虑到我国不同区域职业教育发展的实情及各职业学校的设备、实训基地以及网络等建设利用程度的差异。各学校根据自身特点对全书的教学内容进行有针对性的选择，对基本的病理知识和实训操作技能必须精讲或熟练，而对目前应用较少的内容可选讲或不讲。

由于教材的篇幅限制，更多的理论知识还需要教师和学生利用图书资料和网络进行完善和自主学习，以具备执业兽医师所需要的专业知识、技术水平和职业道德。在完成每个项目学习后，我们参照全国执业兽医考试题型，编写了一定题量的复习思考题，由学生对所学内容掌握情况进行测试，有的可在教材中找到答案，有的则要通过查阅资料并认真思考后才能完成。

在教材修订中得到有关院校专家、教授和行业专家的热情帮助和大力支持，特别是甘肃畜牧工程职业技术学院王治仓教授对本教材进行了认真审定，并提出了宝贵的意见；编写过程中得到编写人员所在学校的大力支持，在此一并表示感谢。

由于编者水平所限，书中难免有一些不足之处，敬请同行、专家批评指正。

编　者

2024年2月

目　录

数字资源索引

绪　论

一、课程简介

动物病理是以动物生物化学、动物解剖生理、动物微生物等课程理论为基础，研究动物疾病发生发展过程中机体的形态结构、代谢和功能变化规律的一门学科。其根本的任务是探讨动物疾病的发生机理和本质，为预防和治疗疾病提供理论根据。动物病理具有理论性和实践性强的特点，作为探讨疾病规律和本质的科学，在认识疾病规律中所渗透的辩证、发展的哲学思想和思维方式，对指导人类认识复杂的生命现象具有重要价值。所以，动物病理也被誉为"动物医学的哲学"。

动物病理是从事动物疾病防治和畜牧生产工作人员需要学习和掌握的基本知识和基本理论，是推动动物医学不断发展的重要理论基础和技术指南，是动物医学专业重要的专业基础课。

动物病理主要阐明动物机体患病时形态结构、代谢、功能的变化及发生机理，从形态学的角度揭示疾病的本质和发生发展的一般规律。主要包括总论、萎缩、变性、坏死、适应、代偿、修复、充血、出血、贫血、血栓形成、水肿、脱水、炎症、发热、缺氧、黄疸、败血症、休克、肿瘤、尸体剖检技术、病理组织切片技术及临床常见基本病理变化识别等内容。

学习动物病理的目的是要掌握病理学常规检验的理论知识，了解动物患病时，各个组织、器官形态结构、代谢和功能变化的规律性。基于对受损组织所发生的损伤运用肉眼、显微镜观察病理变化，探究变化规律，进行综合分析，为诊断疾病寻找线索。

动物病理学是研究动物疾病的原因、发生、发展和转归规律及患病动物机体的形态结构、物质代谢、功能活动变化的一门学科。

二、课程性质

动物病理是动物医学及其相关专业的基础课，具有较强的理论性和实践性。一方面，它将动物医学的基础知识与动物生产实践有机融合，基于动物医学专业的职业活动、岗位需求，培养学生病理变化识别、动物尸体剖检、病料采集、大体标本和石蜡切片的制作等专业能力，同时注重学生职业素质的培养。另一方面，作为后续课程的基础，它所阐述的基本原理与方法具有重要的一般指导意义，能为后续专业课程的学习和毕业后从事兽医临床工作奠定扎实的基础。

三、课程内容

本课程内容以培养高素质技术技能型人才为目标，以动物医学专业学生岗位能力需求为导向，坚持适度、够用、实用和同质化原则，遵循学生认知规律，以过程性知识为主、陈述性知识为辅。

本课程内容排序尽量按照学习过程中学生的认知顺序以及专业相关的工作程序来重构知识，将陈述性知识与过程性知识整合、理论知识与实践知识整合，意味着适度、够用、实用的陈述性知识总量没有变化，而是这类知识在课程中的排序方式发生了变化，课程内容不再是静态的学科体系的显性理论知识的复制与再现，而是着眼于动态的行动体系的隐性知识生成与构建，更符合职业教育课程开发的全新理念。

本课程内容以应用型知识和实践操作为主，删去了实践中应用性不强的理论知识，将动物病理的相关知识和关键技能列出，依据教学内容的同质性和技术技能的相似性，进行归类和教学设计，分为 14 个项目，每一项目又设“学习目标”“学习内容”“实训技能”“学习要求”“知识拓展”“复习思考题”等教学组织单元，并以任务的形式展开叙述，明确学生通过学习应达到的识记、理解和应用等方面的基本要求；有些项目的相关理论知识或实践技能，可通过图片、课件、技能训练、知识拓展或复习思考题等形式学习和掌握。

四、课程目标

掌握动物病理的基本知识，能够：

(1)识别临床常见的基本病理变化。

(2)掌握动物病理检验的基本技术。

(3)掌握病原学、血清学和病理学检验材料的采集、保存、包装和送检技术。

(4)掌握大体病理标本和病理组织切片的制作技术。

(5)提高综合分析病例的能力。

项目一
总　论

学习目标

- 掌握疾病的概念及疾病的特征。
- 理解疾病发生的原因以及疾病发生、发展的基本规律。
- 了解疾病发生的机理。

学习内容

任务一　疾病与疾病特征

一、疾病的概念

疾病与健康，是人们所熟悉的生命活动现象。想知道什么是疾病，先要知道什么是健康。现代医学认为健康是指动物机体在变化的外界环境中，在神经体液的调节下，通过各组织、器官、系统的协调，使机体保持相对动态平衡，进行正常生命活动的现象。疾病是指动物机体在一定条件下，与来自内外环境中的致病因素相互作用所产生的损伤和抗损伤的斗争过程。在此过程中，动物机体表现出一系列功能、代谢和形态结构的变化，使机体内外环境及体内各系统之间的相对平衡状态发生紊乱，机体表现出一系列的症状与体征，同时动物生产能力下降，经济价值降低。

现将疾病概念以动物感冒为例加以说明。动物在长途运输过程中或寒冷的刺激下，上呼吸道黏膜防御功能下降，病原微生物乘虚而入，导致上呼吸道黏膜损伤而引起感冒。在病原微生物的作用下，上呼吸道发生炎症，上皮细胞变性、坏死，动物食欲减退、精神沉郁等症状是致病因素造成的损伤；而动物机体出现的发热、流鼻涕、咳嗽和吞噬细胞吞噬功能增强等变化可杀灭、排出侵入机体内的病原微生物，属于机体与入侵的病原微生物相互斗争过程中产生的抗损伤反应。如果抗损伤大于损伤，可消灭侵入上呼吸道的病原微生物，受损伤的细胞通过再生得到修复，动物从疾病状态逐渐恢复到健康状态；若损伤大于抗损伤，病原微生物不能被消灭，炎症会进一步蔓延，从而引起肺炎的发生，疾病则会进一步恶化。

二、疾病的特征

1. 疾病是在一定条件下致病因素与机体相互作用的结果

任何疾病都是有原因的，查明疾病发生的原因是防治疾病的先决条件，但疾病的发生不仅是致病因素直接作用的结果，还与机体内部因素及外界条件密切相关。

2. 疾病是以局部变化为主的全身性反应

尽管不同的疾病会有不同的表现形式，但其本质都是机体与外界环境的统一被破坏以及机体各器官系统之间的动态平衡发生紊乱所致。虽然有些疾病以局部变化为主，但由于局部组织受神经系统和体液因素的调节，局部的变化均应该看成是全身反应在局部的表现。

3. 疾病是一种矛盾斗争的过程

当致病因素作用于机体后，一方面对机体造成损伤，在功能、代谢和形态结构等方面出现异常变化；另一方面也激发了机体一系列抗损伤反应。在疾病过程中，损伤与抗损伤作用常同时出现并不断变化，贯穿疾病的整个过程。两者既相互联系又相互斗争，从而推动着疾病向前发展，双方力量的对比决定着疾病的发展方向。

4. 疾病的发生发展有其规律性

任何疾病都有其发生和发展的规律，并且在疾病的经过中还存在阶段性和特殊性，只有认识疾病的阶段性和特殊性，才能正确诊断和治疗疾病。

5. 疾病有其特征和症状

根据动物异常表现才能发现动物是否患病，再根据其典型症状及病变特征才能正确诊断动物所患疾病。

6. 疾病使动物的生产性能和经济价值降低

动物发生疾病引起生长发育、使役能力、产奶量、产蛋量等生产性能降低，降低养殖的经济效益。

任务二　疾病发生的原因

任何疾病的发生都有一定的原因，没有原因的疾病是不存在的。疾病发生的原因简称病因，又称致病因素。概括起来可分为外界致病因素（外因）和内部致病因素（内因）两方面。对于多数疾病除内因与外因外，还有促使疾病发生的条件因素，即所谓的诱因。

一、外界致病因素

(一)生物性致病因素

生物性致病因素是最常见的外界致病因素。主要包括病原微生物(如细菌、病毒、霉形体、衣原体、立克次氏体、真菌等)和寄生虫(如原虫、蠕虫和节肢动物等),可引起各种传染病、真菌病、寄生虫病等。生物性致病因素较为复杂,但其致病作用具有相同的特点。

1. 有一定的潜伏期

病原微生物从侵入机体开始到出现症状都需经过一定的潜伏期。不同病原微生物引起的疾病,潜伏期的长短不同,这与病原微生物在体内的繁殖、蔓延、产生毒素的速度和机体的抵抗力等有关。但同一病原微生物引起的疾病潜伏期是相对恒定的。如猪瘟的潜伏期一般为 2～4 d,但有的病例可长达 12～21 d;猪丹毒的潜伏期一般是 3～5 d;鸡新城疫的潜伏期为 5～6 d。

2. 对机体的作用具有一定的选择性

病原微生物对易感动物的种属有一定的选择性。如只有猪对猪瘟病毒易感,而其他动物不易感。对侵入门户和作用部位有一定的选择性。如破伤风梭菌只有通过皮肤或黏膜的深部创伤才会引起感染;沙门菌只有侵入肠道才具有致病作用等。

3. 有一定的持续性和传染性

病原微生物侵入机体后,能不断繁殖、增强毒性,持续发挥致病作用,因此具有一定的持续性。有些病原微生物可随排泄物、分泌物、渗出物等排出体外,从而造成疾病的传播和流行。

4. 动物机体的抵抗力

病原微生物侵入机体是否引起疾病,与侵入宿主的病原体数量、毒力以及动物机体自身的抵抗力有关。当机体抵抗力强时,虽然体内有致病微生物入侵,但不一定发病;相反,当机体抵抗力弱时,即使致病力或毒力不强的病原微生物也可引起机体发病。

5. 致病有一定的特异性

生物性致病因素引起的疾病有特异性的免疫反应和病理变化。如发生猪瘟时,脾脏呈出血性梗死变化,回盲瓣处形成纽扣状溃疡,这些都是特异性的病理变化。

(二)化学性致病因素

化学性致病因素可分为内源性和外源性两类。内源性化学致病因素一般是指机体在代谢过程中产生的某些物质,当这些物质在体内大量蓄积时可引起相应的疾病,如肾功能衰竭引起的尿毒症、尿酸盐沉积引起的痛风等。外源性化学致病因素是指来自体外的某些化学物质,常见的主要有强酸、强碱、化学毒物、动植物毒性物质及药物等。这里主要介绍外源性化学致病因素。

1. 无机毒物

如酸、碱、重金属(铅、汞、氟、铜、砷)等。

2. 有机毒物

如醇、乙醚、氯仿、氰化物、有机磷农药(敌百虫、敌敌畏、乐果)等。药物使用不当也可引起中毒，如雏鸡呋喃西林中毒、呋喃唑酮中毒等。

3. 工业毒物

如工业废气、废水、废渣中含有的二氧化硫、硫化氢、一氧化碳等。

4. 生物毒物

如蛇毒、斑蝥毒、蜂毒、尸体毒素等。

5. 植物中的活性物质

植物中的活性物质是动物采食饲料中毒的原因。高粱苗和亚麻嫩叶中含有的氰苷，动物食入后在体内水解为强毒性的氢氰酸，使机体中毒；猪饲喂贮藏不当的菜叶可引起亚硝酸盐中毒等。

化学性致病因素的致病作用有以下共同特点：①某些化学物质对机体的组织、器官具有选择性的毒害作用。例如，四氯化碳主要损伤肝细胞；一氧化碳能牢固与血红蛋白结合，使其失去携氧功能。②化学性因素的致病作用除与毒物本身的性质、剂量等有关外，还取决于其作用部位和动物机体的功能状态，与动物的种类、性别、年龄、营养状况、个体反应性以及饲养管理条件等有关系。③除慢性中毒外，化学毒物引起的疾病一般都具有一段较短的潜伏期。

(三)物理性致病因素

物理性致病因素是指一定强度的温度、光能、放射能、电流、机械力、噪声等。

1. 温度

如过度的高温或低温，高温作用于局部可引起烧伤，作用于全身时，则会引起热射病和日射病；低温可引起局部组织冻伤，全身受冷则会影响血液循环和物质代谢，并使机体抵抗力降低，诱发其他疾病的发生。

2. 光能和放射能的致病作用

(1)普通光线。普通光线对动物一般没有致病作用。但当动物体内存在特殊的光敏物质(如卟啉、荧光素、伊红、叶绿素)时，在阳光照射下，这些物质聚集光能，引起身体无色素的皮肤发生炎症，出现疹块或坏死。这种对普通光线感应性增高的现象，称为光照病或感光过敏症。如动物吃了荞麦或三叶草时，就会发生感光过敏症。

(2)紫外线。长期和过度地照射紫外线，可引起局部烧伤或坏死，组织分解产物被吸收入血还可引起全身性变化。

(3)X射线和激光。其波长比紫外线更短，能穿透深层组织产生致病作用。大剂量或小剂量反复照射可引起皮肤炎症、脱毛、贫血、肿瘤等疾病。

3. 电流的致病作用

电流对机体的作用决定于电流的强度、持续时间、性质、作用的器官和组织的抵抗力等。电流的损害作用主要是通过电热作用，电能转为热能，可引起组织烧伤；通过电解作用，使组织的化学成分发生分解，引起组织细胞发生损伤；电能转为机械能，可引起组织机械性损伤。

4. 机械性致病因素

机械性致病因素主要指机体内外的机械力作用。来自体外的机械力主要引起各种外伤(创伤、挫伤、扭伤、骨折及脱臼等)；机体内部的机械性致病因素主要由肿瘤、脓肿、结石以及异物等使组织器官发生机械性压迫或机械性阻塞而引起发病。

5. 噪声

噪声可造成对环境的污染，当听阈值超过 100 dB 时(正常听阈值为 60～80 dB)，引起动物交感神经兴奋性升高，导致循环、呼吸、消化、代谢和神经系统功能紊乱，使生产力下降，甚至发生应激性疾病。

物理性因素致病作用的共同特点是：①一般只在疾病开始时起作用，不参与疾病的发生发展过程。②除光能外，一般无潜伏期，或最多只有几个小时的潜伏期。③作用结果都会产生明显的组织损伤。

(四)其他因素

机体内某种营养物质缺乏或过多会引发营养代谢性疾病。如雏鸡日粮中缺乏维生素 E 或微量元素硒，引起雏鸡脑软化症、渗出性素质或白肌病；长期饲料不足，动物处于慢性饥饿状态，可引起营养不良性贫血、全身性萎缩等，最终导致衰竭死亡；反刍动物摄食过多的碳水化合物引起瘤胃酸中毒；鸡日粮中蛋白质过多时引起痛风等。

二、内部致病因素

疾病的发生除与外界致病因素有关外，与机体本身的致病因素也有密切关系。内部致病因素一般是指机体的防御功能、机体的遗传性和反应性等，主要包括以下几个方面。

(一)防御功能降低

1. 机体屏障功能降低

健康机体皮肤、黏膜能够阻止微生物的入侵，黏膜还可通过分泌黏液及分泌物中的溶菌酶来抑制或杀灭病原微生物。由脑软膜、脉络膜、室管膜及脑血管内皮所组成的血脑屏障能阻止细菌、某些毒素及一些大分子物质通过血液进入脑脊液或中枢神经系统。孕畜的胎盘屏障可阻止母体内的某些有害物质(细菌毒素、代谢产物等)通过绒毛膜进入胎儿血液循环，保护胎儿不受伤害。当这些屏障功能受损时，一些疾病就容易发生。

2. 吞噬功能降低

各种组织中的巨噬细胞能吞噬细菌并通过溶酶体所含的各种水解酶来分解杀灭病原微生物。巨噬细胞还可通过吞噬作用摄取并消化可溶性大分子物质。血液中的中性粒细胞也有吞噬和杀菌作用。此外，胃液、唾液、鼻腔分泌物、汗液、泪液及血清等都有不同程度的杀灭病原微生物的作用。当机体吞噬和杀菌能力减弱时，某些感染性疾病就容易发生。

3. 解毒功能降低

肝脏是机体主要的解毒器官，从肠道吸收的各种有毒有害物质，随血液转运到肝脏，肝细胞可通过氧化、还原、水解、结合(甲基化、乙酰化形成硫酸酯或葡糖醛酸酯)等方式，使之转化为无毒物质而排出体外。当肝脏的解毒功能发生障碍时，则易发生中毒性疾病。

4. 排除功能降低

消化道的呕吐、腹泻，呼吸道黏膜上皮的纤毛运动、咳嗽、喷嚏，肾脏的泌尿等，都可将各种有害物质排出体外。如果这些排除过程受阻，则可发生相应的疾病。

5. 特异性免疫功能改变

机体的免疫反应在防止和对抗感染的过程中起着十分重要的作用。许多疾病的发生、发展与免疫反应密切相关。当细胞免疫功能降低时，容易发生病毒、霉菌等感染，而且还较易发生恶性肿瘤。当体液免疫功能降低时，容易发生细菌感染，特别是化脓性细菌的感染。

(二)机体的反应性改变

机体的反应性是指机体对各种刺激以相对恒定的方式发生反应的特性。它对疾病的发生和疾病的表现形式具有重要的影响。

1. 种属反应性

不同种属的动物对同一病原微生物的反应性不同。如马不患猪瘟病、牛不患鼻疽病、鸡不患炭疽病等。

2. 个体反应性

不同个体由于其抵抗力和营养状况等方面的差异，对同一致病因素的反应性也不同。如同一畜群在流行某种传染病时，有的个体病情严重，有的则较轻，有的体内带菌或带毒但不表现任何临床症状。

3. 年龄与性别

年龄不同对疾病的反应性不同。幼龄动物由于屏障结构及免疫系统均未发育完善，抵抗力较弱，容易发生消化道及呼吸道疾病且症状较重，而成年动物屏障结构及免疫器官发育成熟，抵抗力较强。如成年鸡对马立克病毒的抵抗力比 1 日龄雏鸡大 1 000～10 000 倍。老年动物由于神经系统功能衰退，防御功能大大降低，抵抗力较弱，易发生传染病及其他疾病。动物机体性别不同，对致病因素的反应性也不同。如牛和鸡的白血病，通常是雌性动物发病率较高。

4. 遗传因素

遗传是动物机体把在长期进化过程中形成的形态结构和功能代谢的特征通过遗传物质(DNA)传递给后代的特性。因此，机体的体质特征和对各种刺激物的反应性在一定程度上均受遗传因素的影响。在动物体内已经固有的遗传性既可以是良性的，如良种动物的传代；也可以是劣性的，如某些病理状态或疾病在个体中保留下来并遗传给后代。因此，遗传物质发生改变引起的疾病，称为遗传性疾病。如猪和牛的先天性卟啉症，是遗传物质发生改变，导致血红蛋白的形成过程障碍，卟啉不能正常合成血红蛋白，大量卟啉在血液和组织内沉着所致。

(三)机体应激功能降低

当机体突然受到强烈有害刺激(如创伤、手术、失血、感染、中毒、缺氧、饥饿)时，通过下丘脑引起血液中促肾上腺皮质激素和糖皮质激素增多，并引起一系列全身反应以抵抗有害刺激，称为应激反应。如应激反应过于强烈或持久，超过机体调节的能力，内环境的稳定性被破坏，则会引发疾病，严重的会危及动物生命。

三、条件因素

条件因素虽然不会直接导致疾病的发生，但可以影响机体的功能状态和致病因素的致病作用。因此，对疾病的发生发展具有促进或抑制作用。条件因素包括自然条件和社会条件。

1. 自然条件

自然条件是指气候、季节和地理环境等，对疾病的发生发展具有明显的影响。如厩舍拥挤、卫生条件差，常可诱发疾病；冬季寒冷的刺激可使机体抵抗力下降，诱发呼吸系统疾病。

2. 社会条件

社会条件是指对疾病发生发展有影响的社会因素。不同国家社会制度不同，对动物养殖的条件要求、防疫措施有所差异，部分国家受经济、技术等条件的制约，动物防疫体系的水平高低不一，对疾病的防控能力也不尽相同。

任务三　疾病发生发展的规律

本任务主要研究疾病发生、发展过程中的一般规律和基本机理。

一、疾病发生的基本机理

动物机体受到致病因素作用后，一方面可造成机体的病理性损伤，另一方面又可引起机体的一系列抗损伤反应。这些损伤与抗损伤反应主要是通过致病因素对组织直接作用以及通过影响神经-体液调节系统来实现的。

（一）致病因素直接作用于组织造成损伤

致病因素直接作用于组织器官，或者在侵入机体后选择性地作用于某一组织器官引起损害。如高温引起的烧伤、低温引起的冻伤、强酸强碱对组织的腐蚀、猪瘟病毒引起的微血管内皮损伤等都是致病因素直接作用引起的组织损伤。

（二）致病因素通过影响体液调节而起作用

致病因素或病理产物可引起体液发生量变或质变，使机体内环境稳定性遭到破坏，继而引起一系列变化。如失血、脱水时体液量减少，水肿时体液量的增多；体液的酸碱度、电解质含量、氧和二氧化碳分压、激素水平改变以及抗原-抗体复合物的出现，引起体液性质的改变。

（三）致病因素通过改变神经调节而起作用

致病因素或病理产物，通过改变神经调节功能而引起疾病。

1. 致病因素作用于感受器

致病因素通过反射活动引起相应的疾病或病理变化。如饲料中毒时出现的呕吐与腹泻，有害气体引起的呼吸运动减弱甚至暂停，缺氧时呼吸加深加快，烈日照射皮肤引起皮肤充血，这些都是通过反射活动，引起神经调节功能改变的结果。

2. 致病因素直接作用于神经系统

在感染、中毒等情况下，致病因素可直接作用于神经中枢，引起神经系统功能障碍。如各种脑炎、狂犬病、一氧化碳中毒等。

3. 神经营养功能发生改变而引起病理变化

各组织器官血液供应和代谢功能通过神经调节实现。当某些致病因素使神经营养功能发生改变，神经所支配的部位就会出现相应的病理变化，如压迫性萎缩。

(四)细胞和分子机理

致病因素作用于机体后，直接或间接作用于组织细胞，造成细胞代谢、功能障碍，引起细胞的自稳调节紊乱。致病因素作用于机体，引起大分子物质特别是核酸、蛋白质或酶受损导致疾病发生，其中由 DNA 的遗传性变异引起的疾病称为分子病。从分子水平研究疾病发生的机制是生物医学发展的重要方向。

上述四种作用在疾病过程中不是孤立的，而是相互关联的，只是在不同疾病的不同发展阶段以某一作用为主。如创伤引起组织损伤、血管损伤、出血、体液量减少，同时也可作用于组织中的神经。致病因素引起组织损伤后，产生的各种组织崩解产物及代谢产物也可进入体液，使体液性质发生改变，从而引起一系列抗损伤反应和病理变化。

二、疾病发展的一般规律

(一)疾病过程中损伤与抗损伤的斗争及相互转化规律

损伤与抗损伤是贯穿于整个疾病过程的一对矛盾，两者既相互联系，又相互斗争，这是引起疾病和推动疾病发展的基本动力。在疾病过程中，损伤与抗损伤作用常同时出现，并不断转化。当致病因素作用于机体后，一方面造成机体的功能、代谢和形态结构等方面的异常和损伤，另一方面也激发了机体一系列抗损伤反应。损伤与抗损伤双方力量的对比决定着疾病的发展方向，当损伤作用占优势时，疾病向恶化的方向发展，甚至引起死亡；反之，当抗损伤作用占优势时，症状则趋于缓和，机体逐渐恢复健康。

(二)疾病过程中的因果转化规律

因果交替是疾病发生、发展过程中的基本规律之一。在疾病的过程中，原始致病因素作用于机体后造成的结果，在一定的条件下通常会成为后续病理变化的原因，由于原因和结果互相转化和交替，所以即使原始病因已不存在，上述的因果交替仍可继续推动疾病过程不断发展。针对具体的疾病，应该全面考虑各种病理现象之间的因果关系，并掌握疾病的发展方向和发病的主导环节，尽早采取措施，在疾病发展的某一环节上终止因果交替和恶性循环，则疾病朝有利于康复的方向发展。

(三)疾病过程中局部与整体的关系

在疾病发生发展过程中，局部与整体是一种辩证统一的关系。局部的病变会影响全身功能状态，而全身功能状态又制约着局部病变的发展。因此，任何疾病都应该看成是整体的变化，而各组织、器官的病理变化均是全身性疾病的局部表现。在临床中，针对具体的疾病，应该辩证地理解疾病过程中整体与局部关系，这样才能促进机体的康复。

三、疾病发展的经过

疾病从发生至结束的整个过程称为疾病的经过。在疾病过程中，由于损伤和抗损伤矛盾双方力量的对比不断变化，使疾病出现不同的阶段性。由生物性致病因素引起的传染病，其病程经过的阶段性表现比较明显，通常可分为潜伏期、前驱期、临床明显期和转归期四个发展阶段。

病例：病羊临床观察

1. 潜伏期

从致病因素作用于机体开始，到机体出现最初的临床症状为止，这段时期称为潜伏期。病原微生物的特性不同，机体所处的环境及自身的情况不同，潜伏期的长短不一。如猪瘟的潜伏期一般为 7～10 d，猪丹毒的潜伏期为 3～5 d。在此期间机体动员所有的力量与侵入机体的致病因素做斗争，如果机体的防御力量能克服致病因素的损害，则机体不发生疾病；反之，若致病因素的作用在机体内相对增强，则疾病继续发展而进入下一阶段。

2. 前驱期

从疾病出现最初症状开始，到疾病的主要症状出现为止，这段时期称为前驱期。在这一阶段中，机体的活动及反应性均有所改变，出现一些非特异性的临床症状，如精神沉郁、食欲减退、呼吸及脉搏的变化、体温升高等。

3. 临床明显期

临床明显期是指典型症状（或特异性症状）持续的时期。在这一时期中，患病动物表现出的特异性症状对疾病的正确诊断有着十分重要的意义。不同疾病这一阶段持续的时间不同，如口蹄疫的临床明显期为 1～2 周，非洲猪瘟的临床明显期为 3～6 d。

4. 转归期

转归期是指疾病的结束阶段。疾病的转归可分为完全康复、不完全康复和死亡三种情况。

（1）完全康复。完全康复是指机体完全恢复了健康。患病动物机体的功能、代谢障碍完全消失，形态结构的损伤得到完全修复，机体内部各器官系统之间以及机体与外界环境之间的平衡关系完全恢复，动物的生产能力也恢复正常。

（2）不完全康复。不完全康复是指致病因素对机体的损伤作用已经停止，疾病的主要症状已经消失，但机体的功能、代谢障碍和形态结构的损伤未完全康复，往往遗留下某些持久性的不可逆性的损伤。此时机体借助于代偿作用来维持正常生命活动，如心内膜炎后所形成的心瓣膜闭锁不全。

（3）死亡。死亡是指生命活动的终止。死亡也有一个发展过程，通常分为濒死期、临床死亡期及生物学死亡期。

①濒死期。在此期间机体各系统功能发生严重的障碍，脑干以上的中枢神经处于深度抑制状态，动物表现为反应迟钝、感觉消失、心跳微弱、呼吸时断时续或出现周期性呼吸、括约肌松弛、粪尿失禁等。

②临床死亡期。此期的主要标志为心跳和呼吸完全停止。各种反射消失，延髓处于深度的抑制状态，但各组织仍然进行着微弱的代谢过程。

这两期因机体重要器官的代谢过程尚未停止，此时若采取急救措施，机体有复活的可能，也称死亡的可逆时期。

③生物学死亡期。此期是死亡过程的最后阶段。此时从大脑皮层开始到整个神经系统以及其他各系统器官的新陈代谢相继停止，并出现不可逆的变化，整个机体已没有复活的可能。

实训技能　动物疾病病因及转归调查

一、目的要求

（1）通过调研，掌握动物常发病及其发病原因和转归情况。

（2）锻炼人际交往能力、团队协作能力、资料查找能力。

（3）提高口头表达能力、资料整理与归纳能力及调研总结能力。

二、方法与步骤

（1）组建调研小组，以3～5人为一组，进行实训技能分工，确定联系员、记录员、询问员、总结员等。

（2）选择调研场所，如鸡场、猪场、羊场、牛场、宠物医院、兽医站、动物检疫场所等。

（3）联系调研对象，如防疫员、兽医、饲养员、专业老师等。

（4）准备调研材料，调研记录表格、记录本、中性笔等。制订调研内容或调查表（表1-1）。

（5）调研并记录结果。

（6）以小组为单位总结疾病发生原因及疾病转归，提交总结报告。

表1-1　动物疾病病因及转归调查

<table>
<tr><td>调研单位</td><td colspan="5"></td><td>单位地址</td><td colspan="3"></td></tr>
<tr><td rowspan="2">动物种类</td><td rowspan="2">发病动物数量</td><td rowspan="2" colspan="2">疾病名称</td><td colspan="3">疾病因素</td><td colspan="3">疾病转归/%</td></tr>
<tr><td>外部致病因素</td><td>内部致病因素</td><td>诱因</td><td>完全康复</td><td>不完全康复</td><td>死亡</td></tr>
<tr><td></td><td></td><td colspan="2"></td><td></td><td></td><td></td><td></td><td></td><td></td></tr>
<tr><td>组长</td><td></td><td></td><td>成员</td><td></td><td></td><td></td><td></td><td></td><td></td></tr>
<tr><td>评分</td><td colspan="9"></td></tr>
</table>

学习要求

识记：疾病、潜伏期、前驱期、临床明显期、转归等概念。

理解：疾病的原因、疾病的经过与转归、死亡的发生发展过程。

应用：综合分析找出某疾病发生的外因、内因、致病条件及因果关系的相互转化；以某机械性损伤为例阐述疾病损伤与抗损伤的斗争及相互转化规律。

知识拓展

猪应激综合征

猪应激综合征是猪遭受多种不良因素刺激引发的非特异性应激反应。在生产实践中应激往往对畜禽生产力和健康造成不良影响。在典型情况下，应激反应可分为动员（惊恐）、适应（抵抗）和衰竭三个阶段，对猪的不良影响发生在第一阶段、第三阶段，第二阶段是猪通过代偿而获得了适应，生产力和总体抵抗力得以恢复，甚至高于应激前的水平。由此可见，从生物学角度看，应激反应扩大了猪的适应范围，对猪体并无危害；从畜牧兽医角度看，其危害也只是在第一阶段、第三阶段，而第二阶段通常是有益的。

猪应激综合征的主要病变是某些肌肉苍白、柔软、水分渗出，即白肌肉，尤以背最长肌明显。有的肌肉颜色比正常颜色更加暗红，即黑硬干猪肉。多数病例剖检见不到特异性变化。最明显的特征是死后迅速出现踝关节僵直及肌肉僵硬。可能见到内脏肿胀，肺水肿及细支气管充满泡沫。

根据应激的性质、程度和持续时间，猪应激综合征的表现形式有以下几种。

1. 猝死性应激综合征

此型多发生于运输、预防注射、配种、产仔等受到强应激原的刺激时，并无任何临诊病征而突然死亡。死后病变不明显。

2. 恶性高热综合征

病猪体温过高，皮肤潮红，有的呈现紫斑，黏膜发绀，全身颤抖，肌肉僵硬，呼吸困难，心搏过速，过速性心律不齐直至死亡。死后出现尸僵、尸体腐败比正常快；内脏呈现充血，心包积液，肺充血、水肿。此类型病症多发于拥挤和炎热的季节。

3. 急性背肌坏死征

此型多发生于兰德瑞斯猪，在遭受应激之后，急性综合征持续 2 周左右时，病猪背肌肿胀和疼痛，棘突拱起或向侧方弯曲，不愿移动位置。当肿胀和疼痛消退后，背肌萎缩，而脊椎棘突凸出，几个月后，可出现某种程度的再生现象。

4. 白猪肉型（即 PSE 猪肉）

病猪最初表现为尾部快速颤抖，全身强直而伴有肌肉僵硬，皮肤出现形状不规则的苍白区和红斑区，然后转为发绀。呼吸困难，甚至张口呼吸，体温升高，虚脱而死。死后很快尸僵，关节不能屈伸，剖检可见某些肌肉苍白、柔软、水分渗出的特点。死后 45 min 肌肉温度仍在 40 ℃，pH 低于 6，而正常猪肉 pH 应高于 6。这与死后糖原过度分解和乳酸产生有关，猪肉 pH 迅速下降，色素脱失与水的结合力降低所致。此种肉不易保存，烹调加工质量低劣。有的猪肉颜色变得比正常的更加暗红，称为“黑硬干猪肉”（DFD 猪肉）。此种情况多见于长途运输而挨饿的猪。

5. 胃溃疡型

猪受应激作用引起胃泌素分泌旺盛，形成自体消化，导致胃黏膜发生糜烂和溃疡。急性病例，外观发育良好，易呕吐，胃内容物带血，粪便呈煤焦油状。急性病例胃内大出血，体温下降，黏膜和体表皮肤苍白，突然死亡。慢性病例，表现食欲减退，体弱，行动迟钝，有时腹痛，弓背伏地，排出暗褐色粪便。若胃壁穿孔，继发腹膜炎死亡。有的猪只在屠宰时才发现胃溃疡。

6. 急性肠炎水肿型

临床上常见的仔猪下痢、猪水肿等，多为大肠埃希菌引起的，与应激反应有关。因为在应激过程中，动物体防御功能降低，大肠埃希菌即成条件致病因素，导致非特异性炎性病理过程。

7. 慢性应激综合征

由于应激原强度不大，持续或间断反复引起的反应轻微，易被忽视。实际上它们在猪体内已经形成不良的累积效应，致使其生产性能降低，防御功能减弱，容易继发感染引起各种疾病。其生前的血液生化变化，为血清乳酸升高，pH 下降，肌酸磷酸激酶活性升高。

复习思考题

一、名词解释

疾病　健康　完全康复　不完全康复

二、填空题

1. 疾病发生的原因大致分为：______、______和______三类。

2. 传染病的病程可分为______、______、______和______等几个阶段。

3. 发病后期有以下几种结局：________、________及________。

三、单项选择题

1. 下列有关疾病的说法错误的是(　　)。

A. 疾病是在一定条件下致病因素与机体相互作用的结果

B. 疾病是以局部变化为主的全身性反应

C. 疾病是一种矛盾斗争的过程

D. 疾病有其一成不变的症状

E. 疾病使动物的生产性能和经济价值降低。

2. 应激是机体在受到各种刺激时所出现的(　　)。

A. 非特异性全身反应　B. 代偿性反应　C. 特异性全身反应

D. 损害性反应　E. 防御性反应

3. 下列说法正确的是(　　)。

A. 症状指疾病的客观表现，能用临床检查的方法查出

B. 体征是患病机体主观上的异常感觉和病态改变

C. 不同的疾病可出现相同的症状、体征，相同的疾病也可出现不同的症状和体征

D. 相同的病理变化可发生在不同的疾病中，一种疾病只能有一种病理改变

E. 以上都不对

4. 判断临床死亡的标志是(　　)。
A. 出现尸冷、尸斑、尸僵等变化　B. 血压为零
C. 脑死亡　D. 出现周期性呼吸
E. 处于深昏迷状态
5. 下列哪一项为疾病的外界致病因素?(　　)
A. 细菌　B. 种属　C. 营养状况　D. 年龄　E. 品种

四、多项选择题

1. 下面对生物性致病因素的致病作用描述哪些正确?(　　)
A. 有一定的潜伏期
B. 对机体的作用具有一定的选择性
C. 有一定的持续性和传染性
D. 动物机体会产生抵抗力
E. 有一定的特异性
2. 临床死亡期的表现正确的是(　　)。
A. 瞳孔散大固定,对光反射消失
B. 自主呼吸、心跳停止
C. 细胞和组织代谢活动停止
D. 延髓处于极度抑制状态
E. 生命已结束

五、判断题

1. 疾病是致病因素对机体的损伤造成的。(　　)
2. 疾病完全康复后,会留下功能障碍等后遗症。(　　)
3. 死亡是一个过程,包括濒死期、临床死亡期及生物学死亡期。(　　)
4. 疾病是以局部变化为主的全身性反应。(　　)
5. 仅有外界致病因素就可以导致疾病的发生。(　　)

六、简答题

1. 简述疾病的特征。
2. 以某疾病为例阐述疾病损伤与抗损伤斗争及其相互转化规律。
3. 简述传染病的病程。

项目一复习思考题参考答案

项目二
萎缩、变性和坏死

学习目标

- 掌握细胞肿胀、脂肪变性、坏死的原因、类型和病理变化。
- 理解萎缩、细胞肿胀、脂肪变性、坏死的概念。
- 了解萎缩、变性、坏死的发生机制和对机体的影响。

学习内容

在各种致病因素的作用下，动物机体的细胞和组织会发生形态结构、代谢与功能的应答性反应。当这些作用超过细胞、组织的适应能力时，则可使其受到损伤，出现一系列的形态结构、代谢和功能的变化。形态结构、代谢和功能的变化是相互关联并相互影响的。根据其损伤的程度及形态特征，可分为萎缩、变性和坏死三种形式。萎缩、变性大多数是一种较轻微的组织细胞损伤，是可逆性的损伤；而坏死则是细胞的"死亡"，是一种不可逆性损伤。

任务一　萎　缩

一、萎缩的概念

发育成熟的细胞、组织或器官，各种原因导致体积缩小、功能减退的过程，称为萎缩。与先天性发育障碍造成的发育不良有本质区别。

二、萎缩的原因和类型

(一)生理性萎缩

某些组织器官随着年龄的增长而逐渐萎缩，称为生理性萎缩。如动物胸腺、法氏囊(禽)的萎缩，老年动物的乳腺、性腺的萎缩等。

(二)病理性萎缩

病理性萎缩是指组织、器官受致病因素作用而发生的萎缩。根据病因和病变范围的不同可分为全身性萎缩和局部性萎缩。

1. 全身性萎缩

全身性萎缩多见于饲料中长期缺乏营养物质、慢性消化道疾病(如慢性肠炎)及严重的消耗性疾病(如结核病、寄生虫病、恶性肿瘤),使营养物质供应不足、消化吸收障碍或体内营养物质大量消耗。

2. 局部性萎缩

局部性萎缩是在某些局部性致病因素作用下,引起局部组织器官发生的萎缩。局部性萎缩按发生原因可分为以下几种类型。

(1)神经性萎缩。神经性萎缩是指中枢或外周神经受损后,受其支配的效应器官因神经营养障碍而发生的萎缩。如鸡马立克病时,肿瘤侵害坐骨神经和臂神经,可造成腿部肌肉的萎缩和瘫痪;马的颜面神经麻痹引起颜面肌肉萎缩。

(2)废用性萎缩。废用性萎缩是指动物的某个肢体因骨折或关节疾病而被固定时,关节和肌肉的活动受到限制,有关的肌肉、韧带和关节软骨发生的萎缩。常见于骨折、关节炎等。

(3)压迫性萎缩。压迫性萎缩是指组织、器官长期受机械性压迫而引起的萎缩。如肿瘤、寄生虫(棘球蚴、囊尾蚴)压迫邻近组织、器官引起的萎缩,肾盂积液时压迫肾组织而引起肾萎缩。

(4)缺血性萎缩。缺血性萎缩是指在小动脉不全阻塞时,由于血液供应不足,引起相应部位组织的萎缩。多见于动脉硬化、血栓形成或栓塞造成动脉内腔狭窄等。

(5)激素性萎缩。激素性萎缩是指由于内分泌功能异常而引起相应器官的萎缩,如动物阉割或卵巢摘除后性器官萎缩。

三、萎缩的病理变化

(一)全身性萎缩

机体各组织器官萎缩的次序和程度是不同的。脂肪组织的萎缩发生最早,且最显著,几乎完全消失;其次是肌肉组织(图2-1),可减少45%;再次是肝、脾、肾、淋巴结和胃肠道;而心、脑、内分泌腺体的萎缩发生最晚,也最轻。

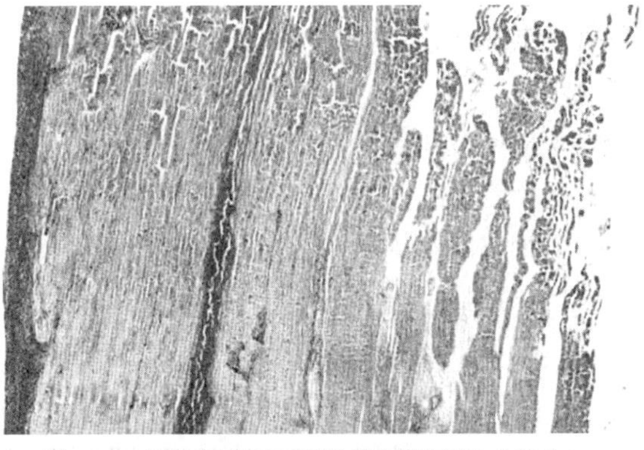

图 2-1　骨骼肌萎缩(图示肌纤维变细或消失)

眼观:从局部来看,萎缩的组织、器官一般表现为体积均匀缩小,原有形状基本保持,边缘锐薄,被膜增厚皱缩,质量减轻,质地变韧,色泽变深呈褐色。胃肠道萎缩时管壁变薄,呈半透明状,牵拉时容易破裂。脂肪组织萎缩后呈黄白色半透明胶冻状。

镜检：萎缩器官的实质细胞体积缩小，胞浆致密，染色较深，胞核皱缩深染，心肌纤维、肝细胞和肾上腺皮质网状层细胞的胞浆内出现大量棕色微细的色素颗粒，称为褐色萎缩或棕色萎缩，间质早期可见浆液性水肿，后期结缔组织增生。

(二)局部性萎缩

局部性萎缩的形态变化与全身性萎缩时基本相同，所不同的是除可看到萎缩的病变外，还可看到引起萎缩的病因。如肝脓肿时，可见肝脏的脓肿病灶和脓肿周围的肝脏凹陷、皱缩。

四、结局和对机体的影响

萎缩是一种可逆性的病理过程，当病因消除后，萎缩的组织、器官可恢复其原有的形态和功能。如病因持续作用于萎缩的组织，则可发展为坏死。任何器官、组织发生萎缩后，其代谢和功能都会受到一定影响，如果发生在重要器官可引起严重后果。

任务二 变 性

在致病因素的作用下，由于细胞的物质代谢障碍，细胞内或间质内出现各种异常物质或原有正常物质数量异常增多的一类病理过程，称为变性。变性按异常物质(或正常物质增多)出现的部位分细胞变性和间质变性，常以显著增多或异常的沉积物来命名。常见的有细胞肿胀、脂肪变性、透明变性、淀粉样变性、纤维样变性和黏液样变性。细胞内的变性一般是可逆性病理过程，细胞或组织仍能维持生命，但功能降低。当原因消除后，变性细胞的结构和功能仍可恢复，但严重的变性可发展为坏死，细胞间质的变性通常是不可逆的。

一、细胞肿胀

细胞肿胀是指细胞内水分增多，胞浆内出现微细红染颗粒或大小不等的水泡，是一种常见的较轻的病变。多发生于代谢旺盛、线粒体丰富的肝、肾和心等器官的实质细胞，也可见于皮肤和黏膜的上皮细胞。

(一)原因

缺氧、感染、发热和中毒等致病因素均可引起细胞肿胀。这些致病因素可直接损伤细胞膜的结构，也可破坏线粒体的氧化酶系统，使三羧酸循环和氧化磷酸化发生障碍，ATP 生成减少，细胞的能量供应不足，细胞膜上的钠泵对 Na^+ 的主动转运发生障碍，导致细胞内 Na^+ 浓度升高，细胞内渗透压增大，水过多地进入细胞内，引起细胞及细胞器体积肿大。

(二)病理变化

眼观：发生细胞肿胀的器官体积肿大，被膜紧张，切面隆起，质脆易碎，色泽变淡，呈灰白色而无光泽，结构模糊不清，似沸水烫过一样。

镜检：病理表现因细胞肿胀发展时期不同而异。初期，胞浆中有许多嗜伊红微细颗粒，细胞肿大，胞核变化不明显，称为细胞肿胀；若细胞质淡染并出现许多大小不等的水泡，染色不均，或呈蜂窝状，此种病变称为水泡变性；严重病变，细胞因水分大量积聚而高度肿大变圆，小水泡融合成大水泡，胞浆几乎透亮，核偏于一侧，细胞形似气球，称为气球样变。

（三）结局和对机体的影响

发生细胞肿胀的器官生理功能有不同程度的降低。细胞肿胀是一种可逆性损伤，在致病因素消除后，形态结构、代谢和功能均可逐渐恢复正常；但如病因持续作用，病变可进一步发展为脂肪变性甚至坏死。

二、脂肪变性

脂肪变性是指细胞质内出现大小不等的游离脂滴或脂滴增多。脂滴的主要成分为中性脂肪（甘油三酯），也可能是磷脂及胆固醇等类脂质。脂肪变性常发生于细胞肿胀之后，或两者同时发生，多发生于肝、肾、心等实质器官的细胞，以肝脏脂肪变性最为常见。

（一）原因

脂肪变性常见于急性病理过程。在急性感染、中毒、缺氧、饥饿或缺乏必需的营养物质等病因的作用下，细胞内结构脂肪被破坏、中性脂肪合成过多、蛋白质合成障碍及脂肪酸的氧化发生障碍，使细胞内脂肪增多出现脂滴。

（二）病理变化

眼观：轻度脂肪变性时，变化常不明显，仅见器官稍呈黄色；重度脂肪变性时，器官体积肿大，边缘钝圆，质地松软易碎，呈黄褐色或土黄色，切面结构模糊，触之有油腻感。若发生脂肪变性的肝脏同时伴发淤血，则肝脏切面为暗红色（淤血）和黄褐色（脂肪变性）相间的花纹状，形似槟榔切面，称为“槟榔肝”。心脏发生脂肪变性时，在心外膜下和心室乳头肌及肉柱的静脉血管周围，可见灰黄色的条纹或斑点分布在红色的心肌之间，呈黄红相间的虎皮状斑纹，称为“虎斑心”。

镜检：发生肝脏脂肪变性时肝细胞肿胀，胞浆内出现大小不一的圆形脂肪空泡（石蜡切片），肝细胞索紊乱，肝窦狭窄。随着病变发展，脂肪空泡可互相融合成大空泡，胞核被挤于一侧，外形类似戒指状。心肌脂肪变性时，脂肪空泡呈串珠状排列在肌原纤维之间。肾脏脂肪变性时，肾小管特别是近曲小管上皮细胞的胞浆内出现大小不一的脂肪空泡。

（三）结局和对机体的影响

脂肪变性是一种可逆性的病理过程，其损伤较细胞肿胀严重，当病因消除后，物质代谢恢复正常，细胞的结构和功能也可恢复正常，但严重的脂肪变性则可发展为细胞死亡。发生脂肪变性的器官，其生理功能降低，如肝脏脂肪变性，可导致肝糖原合成和解毒功能降低；心肌的脂肪变性，使心肌收缩力减弱等。

三、透明变性

透明变性是指在细胞间质或细胞内出现一种均质、无结构的嗜伊红蛋白物质。这种蛋白称为透明蛋白。透明蛋白是指针对外观而言，并不是一种专门的化学物质，不同原因产生的透明蛋白，其化学性质不尽相同。

(一)病因和机理

1. 血管壁透明变性

主要见于小动脉壁。光镜下,小动脉内皮下出现均质、无结构的嗜伊红物质,严重时中膜的结构破坏,平滑肌纤维变性和原纤维结构消失,均质、红染,整个管壁增厚,管腔变窄,甚至闭塞。

血管壁透明变性常发生在脾脏、肾脏、心脏等器官的小动脉,有急性变化与慢性变化两个过程。急性变化的特征是血管壁坏死(如炎性坏死、纤维素样坏死等)、血浆蛋白渗出并在血管壁内浸润。慢性变化为急性变化之后的损伤修复过程,最终导致动脉硬化。

动物的血管透明变性多见于一些传染病、中毒病、血管病和慢性炎症,如猪瘟、马病毒性动脉炎、牛恶性卡他热、鸡新城疫、鸭瘟、慢性肾炎等。

2. 纤维组织透明变性

常见于瘢痕组织、慢性炎症、包囊与机化灶等。

3. 细胞内透明变性

细胞内透明变性是指细胞质内出现大小不等的嗜伊红性小滴。这些小滴称为透明蛋白小滴或玻璃样小滴,是由细胞从周围体液中吸收的或自身产生的过量蛋白质所形成的。如在肾小球肾炎和肾病时,肾小球滤过膜通透性增强,大量血浆蛋白滤入原尿,当其被近曲小管上皮细胞吞饮后,便可在细胞质的吞噬体内形成光镜下的玻璃样小滴。这些红色蛋白滴位于细胞质内,也可见于肾小管中。肝细胞产生的血浆蛋白过多时,也可出现蛋白性玻璃样小滴,这是由白蛋白、纤维蛋白原或补体成分构成的。

(二)结局和对机体的影响

轻度透明变性可以恢复,如肾近曲小管上皮细胞的玻璃样滴状物可通过溶酶体酶的消化而消失,但透明变性的组织易发生钙盐沉着,造成组织硬化。小动脉发生透明变性可引起局部组织缺血和坏死。纤维组织透明变性可使组织变硬,失去弹性,从而引起不同程度的功能障碍。

四、淀粉样变性

组织中有淀粉样物质沉积称为淀粉样变性,也称淀粉样物质沉积症,简称淀粉样变。淀粉样物质是一种细胞外的糖蛋白。因遇碘时染成赤褐色,再加硫酸则呈蓝紫色,和淀粉遇碘时的颜色反应相似,故称为淀粉样物质。这种物质可沉积于器官的网状纤维、小血管基底膜下和细胞之间,在 HE 染色的切片中为淡红色,均质,无结构,易被刚果红染色而呈橘红色,并在偏光显微镜下呈黄绿色,对甲基紫可出现异染性,即淀粉样物质呈红色或紫红色,周围组织呈蓝色。

淀粉样变性较多发生于脾脏、肝脏、肾脏和淋巴结等器官。病变较轻时眼观不易辨认,但在光镜下的病理变化较明显。

1. 脾脏

淀粉样变性呈局灶型或弥漫型。局灶型时,淀粉样物质沉着在中央动脉壁(肌膜与外膜之间)及其周围淋巴滤泡组织的网状纤维上,光镜下呈粉红色均质团块或条索状,局部固有的细胞成分减少，甚至消失，严重时整个白髓可完全被淀粉样物质占据。眼观脾脏切面可见半透明灰白色颗粒状结构，形似煮熟的西米，俗称“西米脾”。弥漫型时，淀粉样物质弥漫地沉着于脾髓细胞之间和网状纤维上，呈不规则的团块或条索状，局部淋巴组织减少或消失。眼观脾切面呈不规则的灰白色区，没有沉着的部位仍保留脾髓固有的暗红色，互相交织成火腿样花纹，俗称“火腿脾”。

2. 肝脏

淀粉样物质沉着于肝细胞索与窦状隙之间的网状纤维上，形成粗细不等的红色均质条索，肝细胞受压萎缩。严重时，整个肝小叶大部或全部被淀粉样物质取代，其中残存少数变性、坏死的肝细胞。眼观肝脏体积肿大，色泽灰黄色或棕黄色，质地脆弱柔软，常有出血斑点，病变特别严重时可引起肝破裂，动物可因大出血而死亡。

3. 肾脏

淀粉样物质主要沉着在肾小球毛细血管基膜上，在血管球的管壁间出现粉红色均质的条块状物质，沉着严重时血管球可完全被淀粉样物质取代。此外，淀粉样物质也可沉着在肾间质血管壁、肾小球囊壁的基膜和肾小管的基膜上。眼观肾增大，色泽灰黄，质较脆弱柔软，表面光滑，被膜易剥离。

4. 淋巴结

淀粉样物质沉着在淋巴窦和淋巴滤泡的网状纤维上，严重时淋巴组织中出现大小不等的红色均质团块或条索状。淋巴组织减少。眼观淋巴结肿大，色灰黄，质较脆软，切面呈油脂样。

五、 纤维素样变性

纤维素样变性是发生于间质胶原纤维及小血管的一种病理变化。其病变特点是变性部位的组织结构逐渐消失，变为一堆界线不清晰的颗粒状、条索状或团块状无结构的物质，呈强嗜酸性红染，类似纤维素，故称为纤维素样变性。它实质上是组织坏死的一种表现，因而也称为纤维素样坏死。

六、 黏液样变性

黏液是由正常黏膜上皮细胞分泌的一种黏性物质。黏液样变性是指结缔组织出现类似黏液物质的一种病理变化。这种类黏液就是基质，因此黏液样变性实质是结缔组织基质积聚的一种表现，临床上常称为胶样水肿。类黏液除正常见于关节囊、腱鞘的滑囊和胎儿的脐带外，其他部位是不存在的。类黏液和黏液的染色反应、存在部位是不同的。

任务三　坏　死

在活体内局部组织细胞的病理性死亡，称为坏死。坏死组织、细胞内的物质代谢停止，结构破坏，功能完全丧失，是一种不可逆的病理变化。除少数是强烈致病因素（如强酸、强碱）作用而造成组织细胞的迅速死亡外，大多数坏死是逐步发生的，即组织细胞由萎缩、变性发展为坏死，称为渐进性坏死。

一、坏死的原因

任何致病因素只要其作用达到一定强度或足够的时间，就能使组织细胞物质代谢完全停止引起坏死。常见的原因有以下几类。

1. 缺氧

局部缺氧多见于缺血，细胞的有氧呼吸、氧化磷酸化和 ATP 合成发生严重障碍，导致细胞死亡。

2. 生物性因素

各种病原微生物和寄生虫及其毒素能直接破坏细胞内酶系统和细胞膜结构，或通过变态反应引起组织细胞的坏死。

3. 化学性因素

强酸、强碱和各种毒物均可引起组织细胞坏死。

4. 物理性因素

机械性、高温、低温、射线等致病因素均可直接损伤细胞引起坏死。

5. 某些抗原物质

某些抗原物质是指能引起变态反应而导致组织细胞坏死的各种抗原。如弥漫性肾小球肾炎是由外源性抗原引起的变态反应，所导致的肾小球毛细血管基底膜被破坏、细胞坏死和炎症反应。

二、坏死的病理变化

眼观：组织坏死的早期形态结构往往与原组织相似，不易辨认。时间稍长坏死组织失去正常光泽或变为苍白色，浑浊，失去弹性，捏起或切断后回缩不良，温度降低，切割坏死组织时不出血，无痛感。在坏死发生 2～3 d 后，坏死组织周围出现一条界线明显的炎性反应带。有的坏死组织发生液化或形成坏疽。

镜检：组织、细胞坏死的形态学变化，包括细胞核、细胞质和细胞间质三个方面的变化。

1. 细胞核的变化

细胞核的变化是细胞坏死的主要标志，主要表现如下(图 2-2)。

核浓缩：因为核蛋白分解，DNA 游离，使细胞核染色质浓缩凝集，嗜碱性增加，故表现为核体积缩小，染色加深。

染色质边集：染色质集中分布在核膜的边缘，呈新月形或马蹄形的现象，在染色质边集过程中，较多基因表达关闭，染色质固缩形成异染色质紧贴核膜。

核碎裂：核染色质崩解成小块，堆积于核膜下，而后核膜破裂，核呈许多大小不等的、深蓝染色的碎片分散在胞浆中。

核溶解：在脱氧核糖核酸酶的作用下，染色质的 DNA 分解，核失去对染料的亲和力，染色变淡，以致仅能看到核的轮廓或残存的核影，剩下的蛋白质也被蛋白酶消化分解，细胞核完全消失。

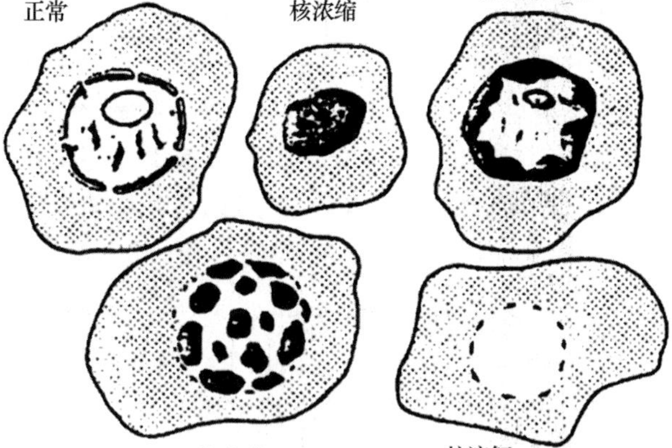

图 2-2　细胞坏死时细胞核的变化

2. 细胞质的变化

细胞质内细胞器溶解，在各种酶的作用下，蛋白质凝固变性，胞浆浓缩、均质化，进一步发展则胞浆碎裂呈颗粒状。当胞浆内水分含量升高时，胞浆液化或空泡化以致溶解。因此，坏死细胞胞浆内常可见到蛋白质颗粒、脂滴和空泡。

3. 细胞间质的变化

间质结缔组织基质发生解聚，胶原纤维、弹性纤维、网状纤维肿胀、崩解、断裂或液化，失去纤维结构，最后连同坏死的细胞核、细胞质融合，形成一片颗粒状或均质无结构的伊红着染的物质。

三、坏死的类型和特点

坏死的原因、条件以及坏死组织本身的性质、结构和坏死过程中经历的具体变化不同，坏死组织的形态变化也不相同，可分为以下几种类型。

(一)凝固性坏死

以组织蛋白凝固为特征的坏死称为凝固性坏死。由致病因子使组织失去水分，胞浆蛋白质凝固，细胞溶酶体酶含量减少或水解酶受到损害，故坏死组织不能被分解。眼观坏死组织早期常有肿胀，色泽灰暗，组织纹理模糊，而后坏死组织颜色转为灰白色，较干燥，坚实，无光泽，其周围有暗红色充血出血带。光镜下，实质细胞的胞核溶解消失，或残留部分核碎片，胞浆呈红色的凝固物质，但组织结构的轮廓仍保留。典型的凝固性坏死如肾、心等器官的贫血性梗死。凝固性坏死的特殊类型有以下两种：

1. 肌肉蜡样坏死

肌肉蜡样坏死是肌肉组织的凝固性坏死。眼观，坏死的肌肉组织浑浊无光泽，干燥而坚实，呈灰黄或灰白色，如同石蜡。光镜下，肌纤维肿胀、断裂，胞核溶解，横纹消失，胞浆变成红染、均匀无结构的玻璃样物质。常见于白肌病、犊牛急性口蹄疫的心肌炎、猪的应激性疾病和牛气肿疽。

2. 干酪样坏死

干酪样坏死是结核病常见的一种特殊类型的凝固性坏死。其眼观特征是坏死组织呈灰黄色，较松软易碎，外观像干酪或豆腐渣。这是由于组织崩解较彻底，含有较多的脂质（主要来自结核分枝杆菌），故颜色黄且容易碎裂，同时结核分枝杆菌的脂质、糖类及磷酸盐能抑制白细胞溶酶体酶的蛋白溶解作用，阻止坏死组织的液化而保持其凝固状态。光镜下，组织固有结构完全被破坏，细胞彻底崩解，实质与间质已不能辨认，最后融合为均匀着染伊红的细颗粒状物质。

（二）液化性坏死

液化性坏死是指坏死组织溶解成为液状或糊状，主要发生于含磷脂和水分多而含蛋白质少的脑组织，因为含蛋白质少不易凝固，而含磷脂和水分多则有利于液化。马属动物的霉玉米中毒（镰刀菌毒素中毒）、雏鸡的维生素 E 和硒缺乏均可引起脑液化性坏死（脑软化）。胰腺与胃肠道的蛋白酶含量多，蛋白易分解，也易发生液化性坏死。化脓性炎时，组织化脓也是一种常见的液化性坏死，化脓灶中的大量中性粒细胞坏死崩解后，释放出大量蛋白分解酶，将坏死组织分解液化成为脓液。

（三）坏疽

坏疽是组织坏死后因外界环境影响和腐败菌感染而引起的继发变化。这种坏死的组织色泽灰暗，甚至呈黑色、暗绿色，颜色的变化是由于腐败菌分解坏死组织时产生的硫化氢与血红蛋白分解所产生的铁结合，形成黑色硫化亚铁的结果。坏疽可分为以下三种。

1. 干性坏疽

干性坏疽多发生于体表皮肤，尤其是耳壳边缘、尾尖和四肢下部等肢体末端部位。一般由于局部血液循环障碍（如血栓形成、动脉阻塞、血管痉挛）及冻伤等造成组织缺血而发生凝固性坏死。坏死组织因暴露在空气中，水分被蒸发而变得干燥皱缩，呈棕黑色，腐败过程轻微，坏死区与健康组织之间常有明显的炎症分界线，最后坏死组织可与正常组织分离脱落。慢性猪丹毒的皮肤坏死和牛耳壳与尾尖皮肤冻伤造成的坏死，均为典型的干性坏疽。

2. 湿性坏疽

湿性坏疽多发生在与外界相通的肺、肠、子宫等器官或淤血水肿的皮肤。临床上常见于肠扭转、肠套叠、坏疽性肺炎、产后腐败性子宫内膜炎及坏疽性乳腺炎等。由于坏死组织含水多，有利于腐败菌生长繁殖，故坏死组织发生腐败分解而形成湿性坏疽。眼观湿性坏疽区呈污灰色、暗绿色或黑色，柔软、湿润，内含污浊的糊状或液状有恶臭味的腐败分解产物，与健康组织之间界线不明显。这些坏死产物和腐败菌毒素等被机体吸收，可引起自体中毒，对机体的影响较严重。

3. 气性坏疽

气性坏疽是湿性坏疽的一种特殊形式。主要由深部创伤（如阉割、枪伤等）感染恶性水肿杆菌或产气荚膜杆菌等厌氧性细菌所致。这些细菌在分解坏死组织过程中产生硫化氢、二氧化硫、氮气等大量气体并形成气泡，使坏死组织变成蜂窝状，呈深棕黑色，按压有捻发音。气性坏疽发展比较迅速，其毒性产物吸收后也可引起自体中毒。如牛气肿疽时骨骼肌发生的病变就是一种典型的气性坏疽。

坏死的类型不是固定不变的，随着机体抵抗力的强弱和坏死发生原因和条件等的改变，坏死的病理变化在一定条件下是可以互相转化的。如果凝固性坏死继发化脓细菌感染，可以转变为液化性坏死。

实训技能　细胞和组织的损伤病变观察

一、目的要求

通过对各种器官组织损伤大体标本和病理组织切片的观察，掌握和准确辨认萎缩、变性、坏死的宏观病理变化和微观病理变化基本形态特征。深入理解物质代谢障碍对机体的影响。

二、材料用具

大体标本、切片、光学显微镜、投影仪、电脑、幻灯片等。

三、方法与步骤

1. 多媒体教学

运用现代化教学手段（如显微投影、课件、幻灯片）对病变标本进行观察，并对照正常组织讲解所要观察标本的病理变化要点、临床诊断意义。

2. 大体标本观察

标本 1　猪卵巢神经性萎缩

观察　眼观一侧卵巢萎缩，体积缩小，如黄豆粒大小；另一侧代偿性肥大，体积肿大，如乒乓球大小。

标本 2　棘球蚴压迫肝脏萎缩（一）

观察　棘球蚴寄生于肝脏表面，肝脏萎缩轻微，压迫肝脏表面局部形成凹陷。

标本 3　棘球蚴压迫肝脏萎缩（二）

观察　棘球蚴包囊呈鸡蛋大小，寄生于肝脏实质，肝脏体积缩小，边缘锐薄，色泽变深，表面皱缩凹凸不平。

标本 4　棘球蚴压迫肝脏萎缩（三）

观察　肝脏表面散在有多量棘球蚴包囊，呈空泡状，肝脏体积增大，边缘锐薄，表面皱缩凹凸不平。

标本 5　棘球蚴压迫肺脏萎缩

观察　肺脏实质内有多量棘球蚴包囊，呈空泡状。

标本 6 棘球蚴压迫脾脏萎缩

观察 外观脾脏体积肿大，实质内有多量棘球蚴包囊，呈空泡状，切面实质萎缩、边缘锐薄，被膜皱缩，表面凸凹不平。

标本 7 囊尾蚴压迫肌肉萎缩

观察 肌纤维间有许多米粒大小的囊尾蚴包囊寄生，肌肉局部受压迫而形成凹陷。

标本 8 囊尾蚴压迫心肌、舌肌、眼肌萎缩

观察 外观体积肿大，心肌、舌肌及眼肌表面均可见大小不等的空泡。

标本 9 囊肾压迫肾脏萎缩

观察 切面有许多空腔，实质变薄，体积缩小，表面皱缩，呈凹凸不平的沟纹状。

标本 10 肺气肿压迫肺脏萎缩

观察 肺胸膜增厚呈灰白色，间质增宽呈裂纹，切面可见气体蓄积的空洞。

标本 11 肝脏细胞肿胀

观察 眼观肝脏体积肿大，色泽变淡呈灰白色，浑浊无光泽，质地松软脆弱、易碎裂。

标本 12 肝脏脂肪变性

观察 眼观肝脏体积肿大，呈土黄色，质地松软脆弱、有油腻感。

标本 13 肝脏脂肪变性和细胞肿胀

观察 眼观肝脏体积肿大，色泽变淡略带黄色。

标本 14 肠道、脾脏结核结节

观察 肠道、脾脏上有大量的结核结节，切面灰白色，质地松软如干奶酪。

标本 15 马皮肤鼻疽结节

观察 皮下组织内有豆粒大小灰白色结节，切开结节中央坏死组织，呈灰白色，质地松软如干奶酪。

标本 16 肝脏的灶型坏死

观察 肝脏表面散在有多量的大小不等的灰白色坏死灶，以肝小叶为单位，与周围组织界线明显。

标本 17 雏鸡脑软化症

观察 由维生素 E 和硒缺乏引起的雏鸡脑软化症，脑组织坏死、液化流失，颅腔形成空洞。

标本 18 猪皮肤湿性坏疽(一)

观察 由枯草杆菌感染引起的猪皮肤坏死，呈棕黑色的旋涡状，严重的可穿孔。

标本 19 猪皮肤湿性坏疽(二)

观察 猪皮肤表面的湿性坏疽灶内组织坏死，下层组织已再生修复。

3. 病理组织切片观察

切片 1　肝萎缩

观察　镜下可见大部分肝小叶不规整，细胞索排列紊乱，间隙增大，小叶及小叶间结缔组织增生，肝细胞体积缩小，细胞质、细胞核浓染，并可见许多无中央静脉的假小叶。

病例：蛋鸡脂肪肝等病变观察

切片 2　肌肉萎缩

观察　镜下可见肌纤维变细，肌细胞核浓染，肌细胞内可见褐色颗粒（褐色萎缩）。

切片 3　肾脏细胞肿胀

观察　镜下可见肾小管上皮细胞肿大，管腔变狭窄或完全闭塞，胞浆中出现大量微细颗粒。

病例：鸡胰腺出血、心包炎、肝肿大，变性

切片 4　肝脏脂肪变性

观察　镜下可见在肝细胞内有大小不等透明空泡，有的脂肪在肝小叶中心区变性，有的则发生在小叶周边细胞。

四、作业

（1）绘制肾脏细胞肿胀组织图。
（2）绘制肝脏脂肪变性组织图。

萎缩变性坏死病例彩图

学习要求

识记：萎缩、变性、坏死、细胞肿胀、脂肪变性、凝固性坏死、坏疽等的概念及萎缩、变性、坏死的类型。

理解：萎缩、变性、坏死三者之间的关系；几种凝固性坏死之间的区别；三种坏疽的区别。

应用：尸体剖检时能通过眼观及镜下病理变化区分变性与细胞坏死。

知识拓展

细胞凋亡

细胞凋亡是指在一定的生理或病理条件下，为维持机体内环境的稳定，由基因控制的细胞自主的有序性的死亡，又称为程序性细胞死亡（programmed cell death，PCD）、基因调控的细胞自杀等。

与有丝分裂的细胞增殖活动相对，细胞发生程序性死亡时，就像树叶或花的自然凋落一样，对于这种生物学现象，借用希腊词“apoptosis”来表示，意思是树叶或花的自然凋落。凋亡细胞如同自然凋落的树叶一样，在本质上是一种生理性死亡的细胞。细胞凋亡的现象最早是Kerr在1965年观察到的。他发现大鼠肝细胞，在局部缺血条件下连续不断地转化为小的圆形的细胞质团，这些细胞质团是由膜包裹的细胞碎片（包括细胞器和染色质）组成。当时他称这种现象为"皱缩型坏死"。但后来，他觉得这一名称并不恰当，因为这些圆形细胞质团是在生理条件下产生的，经过深思熟虑后，他于1972年将这一现象重新命名为细胞凋亡。此后，细胞凋亡很快就受到各国科学家的重视，进行了深入的研究。1991年Ellis在线虫体内发现几个参与细胞凋亡的基因后，人们才逐渐认识到凋亡的复杂机制特征及对于生命存在的特殊生物学意义。它与细胞分裂、增生、分化等理论一样，同属生物学和医学中重要的基本生命规律。抑制或诱导细胞凋亡均有重大的医学价值，因而形成了20世纪90年代的一个前沿研究热点。有关细胞凋亡的研究，每隔数周就有重要的突破性的报告发表，进展之快，不是一般的生物学领域能够相比的。2002年10月悉尼·布雷纳（英国人）、罗伯特·霍维茨（美国人）和约翰·萨尔斯顿（英国人）三位科学家由于发现基因如何控制器官发育和程序性细胞死亡过程而共同获得了2002年诺贝尔生理学或医学奖。

细胞凋亡与疾病关系的研究已取得长足的进展。关于细胞凋亡的研究成果，将为人类某些重大疾病的治疗和控制提供有力的武器。

复习思考题

一、名词解释

萎缩　变性　细胞肿胀　脂肪变性　槟榔肝　虎斑心　坏死　凝固性坏死　干酪样坏死　蜡样坏死　液化性坏死　坏疽　糜烂　溃疡

二、填空题

1. 萎缩分________和________两大类型。

2. 发生在实质细胞的变性主要有________和________。

3. 受致病因素损伤的细胞首先呈现________变化，继而出现________和________变化，最后再出现________病理变化。

三、单项选择题

1. 脑组织易发生（　　）。

A. 凝固性坏死　B. 湿性坏疽　C. 液化性坏死

D. 纤维素样坏死　E. 干酪样坏死

2. 下列哪项不是脂肪变性的表现？（　　）

A. 病变器官体积增大

B. 心外膜下脂肪增多，心肌间质也出现大量脂肪组织

C. 病变器官切面呈油腻感

D. 镜下见细胞内有多少不等的脂滴

E. 多发生在肝细胞、心肌细胞

3. 脂肪变性常发生的器官（　　）。

A. 肝　B. 心　C. 肾　D. 骨骼肌　E. 脾

4. 气球样变性的细胞最常见于（　　）。

A. 心　B. 肝　C. 肾　D. 脾　E. 脑

5. 下列说法错误的是(　　)。

A. 肝细胞水肿，如果原因持续存在，可转化为肝细胞脂肪变性

B. 肝细胞脂肪变性通常情况下不引起肝功能障碍

C. 有肝细胞脂肪变性的肝脏即可称为脂肪肝

D. 重度肝脂肪变性可继发肝硬化

E. 肝脂肪变性与中毒、缺氧及营养障碍等有关

6. 干酪样坏死的本质是(　　)。

A. 纤维蛋白样坏死　　B. 脂肪坏死　　C. 液化性坏死

D. 彻底的凝固性坏死　　E. 干性坏疽

7. 发生凝固性坏死时，(　　)。

A. 多见于心、脑、肝、肾等脏器

B. 肉眼可见干燥、质实，界线不清

C. 早期光镜下组织轮廓保持，细胞微细结构消失

D. 坏死发生后即可与正常组织在形态上加以鉴别

E. 脂肪坏死是它的特殊形式

8. 易发生干性坏疽的组织有(　　)。

A. 肺　　B. 盲肠　　C. 膀胱　　D. 四肢　　E. 子宫

9. 引起细胞脂肪变性的主要原因不包括(　　)。

A. 严重挤压　　B. 感染　　C. 中毒

D. 缺氧　　E. 营养障碍

10. 下列哪种说法是错误的？(　　)

A. 坏死可直接发生，但多数是由变性发展而来的

B. 坏死的出现即意味着整个机体的死亡

C. 坏死与变性不同，是不可逆性改变

D. 组织坏死后应及时清除

E. 酶活性的变化有助于细胞坏死的早期诊断

11. 病理组织学上，判断细胞坏死的重要依据是(　　)的变化。

A. 细胞膜　　B. 细胞核　　C. 细胞质

D. 间质　　E. 细胞壁

12. 全身营养不良时，先发生萎缩的组织或器官是(　　)。

A. 骨骼肌　　B. 脂肪组织　　C. 肝　　D. 脑　　E. 心肌

13. (全国执业兽医资格考试试题)白肌病的骨骼肌的坏死类型属于(　　)。

A. 湿性坏疽　　B. 蜡样坏死　　C. 干酪样性坏死

D. 液化性坏死　　E. 营养性脂肪坏死

14. (全国执业兽医资格考试试题)属于液化性坏死的是(　　)。

A. 肺干酪样坏死　　B. 子宫气性坏疽　　C. 肾贫血性梗死

D. 脑软化　　E. 心肌蜡样坏死

15.(全国执业兽医资格考试试题)发生萎缩的细胞(　　)。

A. 功能无变化　　B. 形态不可恢复　　C. 功能丧失

D. 功能降低　　E. 代谢停止

四、多项选择题

1. 可发生湿性坏疽的器官主要是(　　)。

A. 肝　　B. 肠　　C. 肾　　D. 脾　　E. 子宫

2. 与肝脏脂肪变性有关的病变是(　　)。

A. 肝脏变硬　　B. 肝脏变脆　　C. 肝脏呈红黄色

D. 肝细胞内有包涵体　　E. 肝脏内有大量结缔组织增生

3. 液化性坏死常发生在(　　)。

A. 脊髓　　B. 心肌　　C. 脑　　D. 肾　　E. 肠

4. 下列不可逆的细胞损伤变化是(　　)。

A. 核浓缩　　B. 核碎裂　　C. 空泡变性

D. 脂肪变性　　E. 核溶解

5. 关于干酪样坏死,描述正确的是(　　)。

A. 干酪样坏死是结核病较为特征性的表现

B. 干酪样坏死物容易液化

C. 干酪样坏死灶较大时,不易完全机化

D. 坏死物中多含有结核分枝杆菌

E. 干酪样坏死灶内富含脂肪组织,因此肉眼呈淡黄色

五、判断题

1. 结核结节中心的坏死灶是干酪样坏死。(　　)

2. 细胞肿胀也称为浑浊肿胀或实质变性。(　　)

3. 因发育障碍使器官和组织不能达到正常的体积,称为萎缩。(　　)

4. 心肌严重的脂肪变性称为心肌脂肪浸润。(　　)

5. 脂肪坏死也是一种凝固性坏死。(　　)

6. 细胞坏死时细胞质也出现变化。(　　)

7. 萎缩的基本病变是实质细胞体积缩小和(或)数量减少。(　　)

8. 气球样变性是细胞肿胀的一种形态学表现。(　　)

9. 细胞质内脂肪酸蓄积称为脂肪变性。(　　)

10. 坏疽的实质是坏死。(　　)

11. 只要消除刺激因子,损伤都可以恢复。(　　)

12. 水泡变性是细胞肿胀的同一病理过程。(　　)

六、简答题

1. 试述萎缩的基本病理变化。

2. 试述肝脂肪变性的原因、病理变化及后果。

3. 简述坏死的过程及其基本病理变化。

4. 简述萎缩与发育不全、不发育的区别。

5. 简述坏疽的类型及各类坏疽的特点。

项目二复习思考题参考答案

项目三
适应、代偿和修复

学习目标

- 掌握代偿的类型、创伤愈合的过程、肉芽组织的结构和功能。
- 理解适应、代偿和修复的基本概念和形式。
- 了解各种组织再生的能力和过程，了解肥大、改建和化生的意义。

学习内容

疾病发生的基本规律是损伤与抗损伤斗争过程的对立统一。当机体遭受各种致病因素侵害时，一方面，机体的组织器官呈现代谢、功能以至形态结构的损伤性变化，而另一方面，机体又通过各种途径做出抗损伤反应，以维持机体的正常功能代谢活动及修复组织器官的结构损伤。机体所表现的抗损伤反应有适应、代偿与修复等。

任务一 适 应

细胞、组织或器官能耐受内外环境中各种有害因子的刺激作用而得以存活的过程，称为适应。适应是机体在进化过程中获得的一种能力。适应反应在机体正常的生命活动中十分多见。适应在形态结构上主要表现为肥大、组织改建和化生。

一、肥大

组织和器官体积的增大称为肥大。根据肥大发生的原因不同，可将其分为生理性肥大和病理性肥大两种。

1. 生理性肥大

生理性肥大是指机体为适应生理功能需要所引起的组织器官的增大。其特点是肥大的组织和器官不仅体积增大、功能增强，而且具有更强的贮备力。如经常锻炼和使役的马匹肌腱特别发达，哺乳动物的乳腺和母畜妊娠子宫的肥大等。

2. 病理性肥大

(1)真性肥大。真性肥大是指组织器官的实质细胞体积增大和数量增多引起的肥大,这种肥大伴有功能增强的变化。真性肥大多数是由代偿某部分组织和器官的功能障碍而引起的,因此又称代偿性肥大。在实质器官,若一部分组织功能降低,另一部分组织即会发生代偿性肥大,如当部分肾单位萎缩时,其余的肾单位将发生肥大,由于组织的肥大与萎缩交织存在,常使器官表面呈颗粒状。

此外,在成对的器官肾、肺、睾丸和肾上腺,若一侧因先天性发育不全、疾病造成的损坏或手术切除等情况下,其对侧健在的器官发生肥大,来代替丧失功能器官的现象称为替代性肥大。

一般来说,真性肥大对机体在一定程度上是有益的,但它有一定的限度,由于肥大的组织或器官的血液供应不足,营养和氧的供应不能满足肥大组织的需要,常可出现代偿功能减退或衰竭现象。

(2)假性肥大。假性肥大是指组织或器官因间质增生所形成的肥大。而实质细胞因受增生的间质压迫而萎缩。发生假性肥大的组织或器官,虽然外形体积增大,但其功能却降低。如缺乏锻炼而又喂给多量精料的育肥牛,由于脂肪蓄积过多,不仅外形肥胖,肌间脂肪含量高,而且心脏也因蓄积多量脂肪而发生假性肥大。

二、组织改建

组织改建是指在疾病过程中组织的结构受所处环境条件与功能要求的改变而发生的一种适应性反应,常见的有以下几种。

1. 血管的改建

动脉内压长期增高,使小动脉壁弹性纤维和平滑肌增生,管壁增厚,毛细血管可转变成小动脉或小静脉;反之,当血管由于器官功能的减退,其原有的一部分血管发生闭塞,如胎儿的脐动脉在出生后转变为膀胱圆韧带。

2. 骨组织的改建

患关节性疾病或骨折愈合后,由于骨的负重受力方向发生改变,骨组织形态结构就会发生相应的改变,骨小梁将按受力所赋予的新要求而改变其结构与排列。

3. 结缔组织的改建

创伤愈合过程中,肉芽组织内胶原纤维的排列方向能适应皮肤张力增加的需要而变得与表皮受力方向平行。

三、化生

化生是指一种已分化成熟的组织在形态和功能上完全转变为另一种组织的过程,是由组织细胞适应生活环境的改变或者某些理化刺激引起的。

根据化生结果的不同,化生可分为鳞状上皮化生、结缔组织化生与肠上皮化生三类。

1. 鳞状上皮化生

多见于气管和支气管处黏膜长时间受到烟雾等刺激性气体刺激或慢性炎症刺激，黏膜上皮反复再生出现化生。如慢性支气管炎或支气管扩张症时，支气管黏膜的柱状纤毛上皮化生为鳞状上皮；肾盂结石时，肾盂黏膜的移行上皮化生为鳞状上皮。

2. 结缔组织化生

结缔组织可化生为骨、软骨或脂肪组织等。组织化生后虽然能增强局部组织对某些刺激的抵抗力，但其却丧失了原有组织的功能，如支气管黏膜的鳞状上皮化生，由于丧失了黏液分泌和纤毛运动，反而削弱了支气管的防御功能，易于发生感染。诱发组织化生的刺激因子如果长期存在，可引起局部组织发生癌变。

3. 肠上皮化生

肠上皮化生常见于胃。此时，胃体和(或)胃窦部的黏膜腺体消失，表面上皮的增生带由胃小凹移位于黏膜基底部并改变其分化方向而分化出小肠型或大肠型黏膜上皮。这种情况常见于慢性萎缩性胃炎伴黏膜腺体消失或胃溃疡及胃糜烂后黏膜再生时。这种肠上皮化生也可成为发生肠型胃癌的基础。

任务二 代 偿

在致病因素的作用下，某器官组织的结构遭受破坏，代谢和功能发生障碍时，由该器官组织正常部分或其他的器官组织来代替、补偿的过程，称为代偿。代偿主要是通过神经-体液调节来实现的，是机体的一种重要的抗损伤反应。

代偿可分为代谢性代偿、功能性代偿和结构性代偿三种形式，三者往往是相互联系、同时存在的。

一、代谢性代偿

代谢性代偿是指以物质代谢改变为其主要表现形式的一种代偿方式。如缺氧时，糖的有氧代谢过程受阻，能量供应不足，此时糖酵解加强，以补充一部分能量。而糖供能不足时，体内脂肪分解加强，补充能量缺乏，进一步加重时，脂肪或蛋白质通过糖异生作用进行补偿。

二、功能性代偿

功能性代偿是指机体通过器官功能的增强来补偿病变器官的功能障碍和损伤的一种代偿形式。常见成对器官或局部组织功能障碍时，健侧器官或损伤组织周围的健康组织通过功能增强来补偿。如一个肾脏发生损伤以致其功能丧失，健侧的肾脏通过功能加强来补偿。

三、结构性代偿

代偿器官在功能增强的基础上，同时出现其形态结构的变化。主要表现为增生与肥大。

增生是指细胞通过分裂繁殖而数目增多的现象。有生理性增生和病理性增生两种。因适应生理需要而发生，且其程度未超过正常限度的增生，称为生理性增生。机体一部分组织损害后，其余部分的代偿性增生也属生理性增生。在致病因素作用下引起的组织或器官的增生，称为病理性增生。生理性增生又分为代偿性增生和内分泌性增生。生理性增生的机理目前尚不完全清楚。病理性增生多与激素刺激有关；肿瘤细胞增多所致的肿瘤性增生也属于病理性增生范围。但习惯上狭义的增生多指良性非肿瘤性病变。由于适应生理需要而发生的增生或损伤后的代偿性增生，能够增强或补偿局部代谢、功能上的改变，对身体是有益的。但是病理性增生往往有害。在病理学中，增生是指炎症区实质和间质细胞的增生，具有限制炎症扩散和促进组织修复的作用。

肥大如生理性肥大和病理性肥大中的真性肥大，皆属于结构性代偿。

增生与肥大虽是两个不同的概念，实际上增生的同时常伴有肥大。

代谢性代偿、功能性代偿和结构性代偿常同时存在，相互影响。一般来讲，功能性代偿发生得快，长期功能性代偿会引起结构的变化，因此结构性代偿出现比较晚。结构性代偿能使功能持久增强，而代谢性代偿则是功能性代偿与结构性代偿的基础。例如机体在缺血或缺氧时，先通过心肌纤维的代谢加强，以增强心脏收缩功能，长期的代谢、功能增强，会导致心肌纤维的增粗、心脏肥大，肥大的心脏又反过来增强了心脏的功能。另外，机体的代偿能力又是有限的，如果某器官的功能障碍超过了机体的代偿能力，新建立的器官间的平衡关系又被打破，即发生代偿失调。

任务三　修　复

修复是指机体对损伤所形成组织缺损进行修补恢复的过程。修复后可完全或部分恢复原组织的结构和功能。修复过程始于炎症，炎症的渗出首先处理坏死的细胞、组织碎片，然后由损伤局部周围的健康细胞分裂增生来完成修复过程，其主要内容包括再生、创伤愈合、骨折愈合、病理产物改造等。

一、再生

机体内的一部分组织器官遭受损伤后，由周围健康组织或细胞分裂、增生来修复损伤组织的过程称为再生。它是机体修复受损组织的基础，也是机体重要的抗损伤手段。再生可分为生理性再生和病理性再生。

(一)生理性再生

生理性再生是指在生理过程中，有些细胞、组织不断老化、消耗，由新生的同种细胞不断补充，始终保持着原有的结构和功能，维持着机体的完整与稳定。如表皮的更新、消化道黏膜上皮的更新、子宫内膜周期性脱落和增生、骨髓的红细胞生成。

(二)病理性再生

组织和器官受致病因素作用所发生的缺损，经组织再生而修复的过程，称为病理性再生。病理性再生有以下 2 种形式。

1. 完全再生

完全再生是指新生的细胞和组织在结构和功能上均与原来组织完全相同的再生。多见于组织损伤轻微或再生能力较强的组织，如少数实质细胞的变性、坏死，黏膜糜烂或浅表的溃疡等均可完全再生。

2. 不完全再生

不完全再生是指受损的组织被结缔组织再生替代修补缺损的一种再生，又称为瘢痕修复。这种再生不能完全恢复原来的组织结构和功能，仅起填补缺损的作用。常见于损伤部位面积较大或受损组织的再生能力较弱等情况，如中枢神经系统或心肌损伤后，其修复多为不完全再生。

(三)各种组织的再生能力

各种组织有不同的再生能力，这是动物在长期的生物进化过程中获得的。低等动物的组织再生能力比高等动物强；分化程度低的组织再生能力比高度分化的组织再生能力强；平常容易遭到损伤的组织，以及在生理条件下经常更新的组织，有较强的再生能力，反之则再生能力较弱。按再生能力的强弱可将动物体的组织、细胞分为以下三种。

1. 再生能力较强的组织

结缔组织细胞、小血管、淋巴造血组织的一些细胞、表皮、黏膜、骨、周围神经、肝细胞及某些其他腺上皮等，再生能力较强，损伤后一般能够完全再生。但是如果损伤很严重，则上述大多数组织将部分瘢痕修复。

2. 再生能力较弱的组织

平滑肌、横纹肌等再生能力较弱，心肌的再生能力更弱，缺损后基本上为瘢痕修复。

3. 缺乏再生能力的组织

神经细胞在出生后缺乏再生能力，缺损后由神经胶质细胞再生修复，形成胶质细胞。

(四)各种组织的再生过程

1. 上皮组织再生

(1)被覆上皮再生。皮肤复层鳞状上皮缺损时，由创缘或创底基底层细胞分裂增殖修复，先形成单层上皮细胞层，向缺损中心延伸，以后增生分化为复层鳞状上皮。胃肠黏膜的柱状上皮细胞缺损后，同样也由邻近的上皮细胞分裂增生，初为立方形的幼稚细胞，以后逐渐分化为柱状细胞，有的还可向深部生长形成管状腺。

(2)腺上皮再生。腺上皮的再生能力虽然比被覆上皮的弱，但仍有较强的再生能力，再生的状态依腺上皮损伤的不同而异。

2. 结缔组织再生

结缔组织具有强大的再生能力，它不仅在本身损伤时能够再生，还积极参与其他组织的损伤修复。结缔组织再生时，受损处的成纤维细胞分裂、增生，成纤维细胞可由静止状态的纤维细胞转变而来，或由未分化的间叶细胞分化而来。幼稚的成纤维细胞胞体大，两端常有突起，突起可呈星状，胞浆丰富呈弱嗜酸性。当成纤维细胞停止分裂后，开始合成并分泌胶原蛋白，在细胞周围形成胶原纤维，细胞逐渐成熟，变成长梭形，胞浆逐渐减少，核深染，成为纤维细胞（图 3-1）。

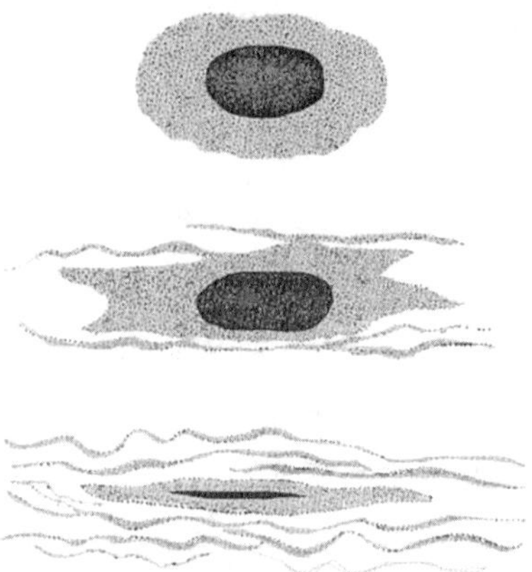

图 3-1　成纤维细胞产生胶原纤维并转化为纤维细胞模式

3. 血细胞再生

当机体因频繁出血而发生失血性贫血时，会出现造血功能亢进。一方面原有红骨髓中成血细胞分裂增殖能力增强，大量新生的血细胞进入血液循环；另一方面，黄骨髓转变为红骨髓，恢复造血功能，甚至在淋巴结、脾脏、肝脏、肾脏以及其他器官出现髓外造血灶。

4. 血管再生

动脉血管、静脉血管不能再生。这类血管损伤后，管腔被血栓堵塞，以后被结缔组织取代，血液循环靠侧支循环恢复。毛细血管可以再生而且再生能力强，多以芽生的方式再生（图 3-2），即由原有毛细血管的内皮细胞肥大并分裂增殖，形成向外突起的幼芽，幼芽继续向外增长而成实心的内皮细胞条索，随着血液的冲击，细胞条索中出现管腔，形成新的毛细血管，新生毛细血管彼此吻合形成毛细血管网。毛细血管再生后可以改建，有的管壁增厚发展成为小动脉或小静脉。

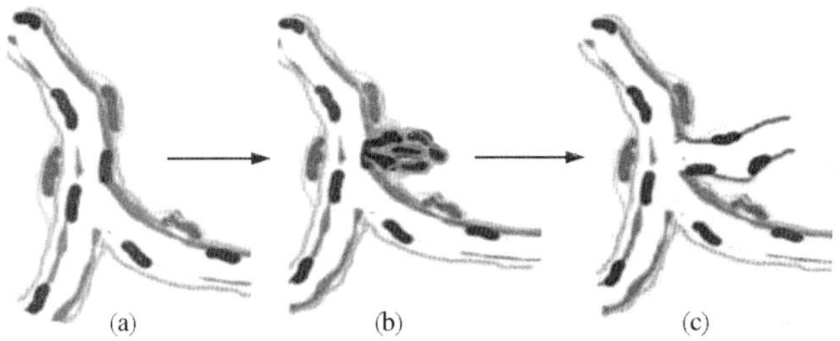

a. 正常毛细血管　b. 毛细血管的内皮细胞肥大并分裂增殖　c. 细胞条索中出现管腔

图 3-2　毛细血管再生模式图

5. 骨组织再生

骨组织的再生能力很强，但其再生程度取决于损伤的大小、固定的状况和骨膜是否存在。骨组织损伤后主要由骨外膜和骨内膜内层的细胞分裂增生形成一种幼稚的组织进行修复，以后逐渐分化为骨组织，通常可完全再生。

6. 软骨组织再生

软骨组织的再生能力较骨组织差，小的损伤由成软骨细胞增殖，形成软骨细胞与软骨基质来修复。大的损伤则由结缔组织修复。

7.肌肉组织再生

骨骼肌损伤后，其再生视肌膜是否完整或肌纤维是否完全断裂而有所不同。当损伤轻微时，仅有肌纤维变性或部分发生坏死，而肌膜完整或肌纤维未完全断裂，此时由中性粒细胞和巨噬细胞进入病变肌纤维内，吞噬清除坏死物质，而后由残留的肌细胞核分裂增殖修复。如果肌纤维完全断裂，则断端肌细胞核分裂增殖，断端肌浆增多，断端膨大，形成巨核细胞样的肌芽，形如花蕾，又称肌蕾，但这时肌纤维断端不能直接连续，依靠结缔组织增生修复。

平滑肌再生能力有限，损伤不大时，可由残存的平滑肌细胞再生修复。损伤严重时，则由结缔组织修复。

心肌没有再生能力。心肌细胞死亡之后，通常由结缔组织修复而形成瘢痕。

8.腱再生

腱能够再生，但再生过程非常缓慢，而且需要精确对合，并有一定的张力，否则不能再生而由纤维组织连接。

9.神经组织再生

神经元胞体是细胞的营养中心，只有在胞体没有死亡的条件下才有纤维再生的可能。胞体约于损伤后第3周开始恢复，胞质内的尼氏体重新出现，胞体肿胀消失，胞核恢复中央位置。胞体的完全恢复需3～6个月，恢复中的胞体不断合成新的蛋白质及其他产物输送至轴突，使残留的近侧段轴突末端生长出许多新生的轴突支芽。

周围神经纤维的再生(图3-3)，切断处远侧段的周围神经纤维，虽然其轴突和髓鞘发生溃变，但包裹神经纤维的基膜仍保留呈管状。此时施万细胞大量增生，一面吞噬解体的轴突和髓鞘，一面在基膜管内排列成细胞索，靠近断口处的施万细胞还形成细胞桥，把两断端连接起来。从近侧段神经纤维轴突末端长出的轴突支芽，越过此施万细胞桥，进入基膜管内，当其中一支沿着施万细胞索生长并到达原来神经纤维末梢所在处，则再生成功。施万细胞和基膜对轴突的再生起重要的诱导作用。

中枢神经纤维的再生比周围神经的再生困难。神经纤维无施万细胞，也无基膜包裹。当中枢神经纤维受损伤时，星形胶质细胞增生肥大，在损伤区形成致密的胶质瘢痕，大多数再生轴突支不能越过此胶质瘢痕；即使能越过，也没有如同周围神经纤维那样的基膜管和施万细胞索引导再生轴突到达目的地。所以，中枢神经纤维的损伤常导致脊髓或脑功能的永久性丧失。数十年来不少科学家为研究神经再生进行不懈的努力，近年来已注意到一类能促进神经生长的化学物质称为神经营养因子。同时又根据胚胎神经元容易生长及周围神经能再生的特点，把胚胎脑组织、周围神经或周围神经的组分(如基膜或基膜的化学成分)移植到脑内，以期促进中枢神经再生。

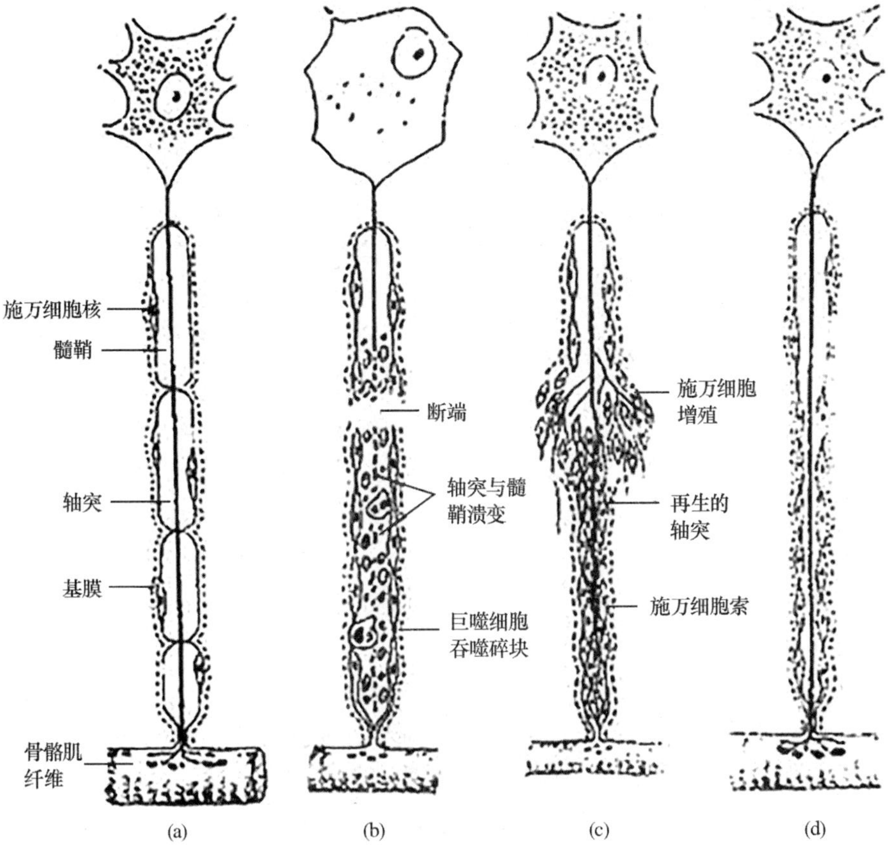

a. 正常神经纤维　b. 神经纤维断离处及近端的一部分髓鞘及轴突溃变

c. 施万细胞增生，轴突生长　d. 多余的轴突消失，神经纤维再生完成

图 3-3　神经纤维再生模式图

二、创伤愈合

创伤愈合是指机体遭受外力作用，皮肤等组织出现断离或缺损后的修复过程，包括各种组织的再生和肉芽组织增生、瘢痕形成的复杂组合，表现出各种组织的协同作用。最轻度的创伤仅限于皮肤表皮层，稍重者有皮肤和皮下组织断裂，并出现伤口，严重的创伤有肌肉、肌腱、神经的断裂及骨折。

1. 创伤愈合的基本过程

(1)伤口止血。各种因素引起局部组织创伤时，均会导致局部组织的变性、坏死和血管损伤而发生出血，严重的创伤还可见到肌肉、肌腱、筋膜和神经等组织的断裂。伤口中流出的血液及渗出液中的纤维蛋白原很快凝固形成凝块，促进止血，有的凝块表面干燥形成痂皮，凝块和痂皮起着保护伤口的作用。

(2)创口收缩。创口收缩是指创口边缘的整层皮肤及皮下组织向创腔中心移动的现象。创口收缩是创伤部肉芽组织迅速增生以及创口边缘肉芽组织中新生的成肌纤维细胞牵拉所致。成肌纤维细胞在结构和功能上与平滑肌细胞相似，除能合成胶原纤维外，还具有收缩能力。

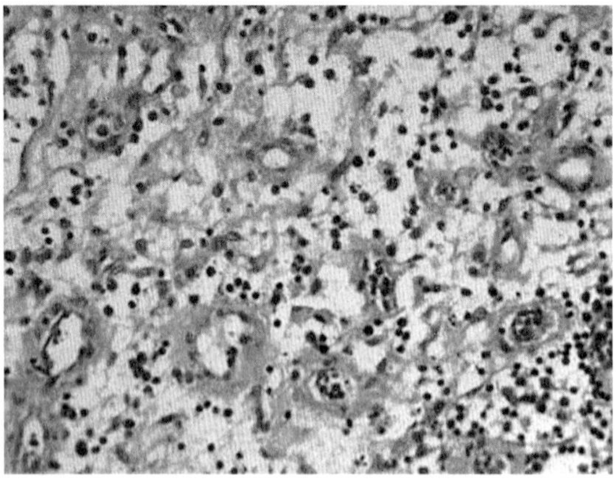

图 3-4 肉芽组织(显微镜图)

(3)肉芽组织生长。肉芽组织(图 3-4)是指由毛细血管内皮细胞和成纤维细胞分裂增殖所形成的富有新生毛细血管并伴有炎性细胞浸润的幼稚型结缔组织。一般于创伤发生后 2～3 d 形成,由创口周围或底部的健康组织中发起。其形成过程是:在创伤底部或周围健康组织内的毛细血管内皮细胞肿胀、分裂、发芽,逐渐形成新生的毛细血管。镜下可见大量由内皮细胞增生形成的实性细胞索及扩张的毛细血管,向创面垂直生长,并以小动脉为轴心,在周围形成袢状弯曲的毛细血管网。在毛细血管周围有许多新生的成纤维细胞,此外常伴有大量渗出液及炎性细胞。炎性细胞中常以巨噬细胞为主,也有数量不等的中性粒细胞及淋巴细胞。

肉芽组织有以下重要作用:①抗感染及保护创面;②机化血凝块、坏死组织及其他异物;③填补伤口及其他组织缺损。

(4)瘢痕的形成。随着肉芽组织内成纤维细胞逐渐成熟,胶原纤维不断增多,最后肉芽组织变成瘢痕组织。从创伤后的第 5～6 天起,成纤维细胞便开始产生胶原纤维,其后 1 周内胶原纤维形成最活跃。此时,在成纤维细胞之间,可见到大量细小的嗜银纤维(用镀银染色法显示)。创伤发生 3 周后胶原纤维增长的速度便逐渐缓慢直到停止。新生的胶原纤维随着功能负荷的需要逐渐排列成束,成纤维细胞减少并变为体积瘦小而细长的纤维细胞,相互平行排列于胶原纤维之间。渗出的浆液及炎性细胞逐渐消失。多数新生的毛细血管因胶原纤维收缩的挤压及瘢痕组织对营养的需要减少而渐渐地闭塞、退化、消失,一些幼稚型内皮细胞变为纤维性细胞。这时肉芽组织变成血管少、胶原纤维成分多的纤维性结缔组织,外观苍白,质地坚实,称为瘢痕。

瘢痕形成使创伤组织断裂处牢固接合,增加了创口局部组织的强度,但由于瘢痕组织缺乏弹性,当有大片瘢痕的组织受外力作用时,常发生无收缩力的伸展。例如,腹内压升高常使腹壁瘢痕形成腹壁疝;动脉壁较大的瘢痕受血管内压的作用,则形成动脉瘤。此外,发生在某些部位的瘢痕可严重影响组织器官的功能,如关节附近的瘢痕可引起肢体挛缩,腹腔的瘢痕可引起肠管的粘连,肠壁的瘢痕则可导致肠管狭窄等。

(5)表皮及其他组织的再生。创伤发生 24 h 以内,伤口边缘的表皮基底层增生,并在凝块下面向伤口中心移动,形成单层上皮,覆盖于肉芽组织的表面并增生、分化成为鳞状上皮。健康的肉芽组织对表皮再生十分重要,因为它可提供上皮再生所需的营养及生长因子,如果肉芽组织长时间不能将伤口填平,并形成瘢痕,则上皮再生将延缓;另外由于异物及感染等刺激而过度生长的肉芽形成,高出皮肤表面,也会阻止表皮再生,故临床上常需将其切除。

2.创伤愈合的类型

(1)一期愈合。又称直接愈合,多见于组织损伤小,创缘整齐,无感染的新鲜创、经黏合或缝合后创面对合严密的伤口。它的特点是：愈合时间短，形成的瘢痕小，无功能障碍。无菌外科手术创口多为一期愈合，多数手术创在手术后的 24 h 内，周围组织开始发生轻度炎症反应，在第 2 天末，创缘周围的结缔组织和毛细血管内皮细胞就开始增殖；第 3 天出现毛细血管的幼芽，并由新生的肉芽组织将创口联合起来。与此同时，创伤边缘的被覆上皮细胞也生长并覆盖于创口，此时愈合口呈淡红色，稍隆起。一般外科的无菌切口，在 7～10 d 纤维性结缔组织形成，就可拆除缝线，再经 1～2 周形成狭窄的线状瘢痕而痊愈（图 3-5）。

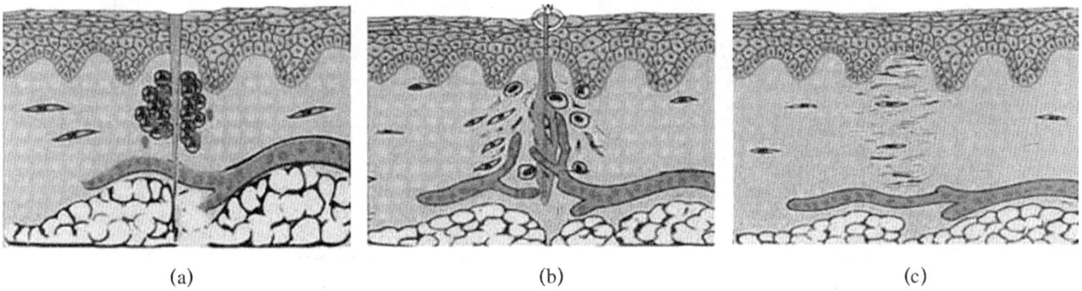

a. 创缘整齐，组织破坏少　b. 经缝合，创缘对接紧密，炎症反应轻　c. 表皮再生，新生肉芽组织将创口修复

图 3-5　创伤一期愈合模式图

（2）二期愈合。又称间接愈合，常见于组织缺损大，创腔内坏死组织较多，创缘不整齐以致无法对合而呈哆开状，或伴有细菌感染的创伤。它的特点是：愈合时间长，形成的瘢痕大，愈合后常造成器官功能障碍。此期愈合的基本过程是在创伤形成的 2～3 d，创腔周围组织发生明显的炎症反应，由于炎性渗出，腔内可见到多量淡红色、微浑浊、富有蛋白质与混有纤维素的黏稠分泌物，并可形成纤维素性薄膜被覆于创面。1 周后，创底部可见有粉红色颗粒状肉芽组织生成，肉芽组织不断向创面生长的同时，创缘的被覆上皮则开始由周围向中心生长、最后将创口覆盖。上皮覆盖完成后，变成瘢痕组织（图 3-6）。瘢痕部新生的表皮较薄，没有真皮乳头、被毛、皮脂腺和汗腺等。如果创口过大，则瘢痕稍隆突，以后由于瘢痕收缩而变形，愈合所需时间，视创伤大小，感染程度不同而异。

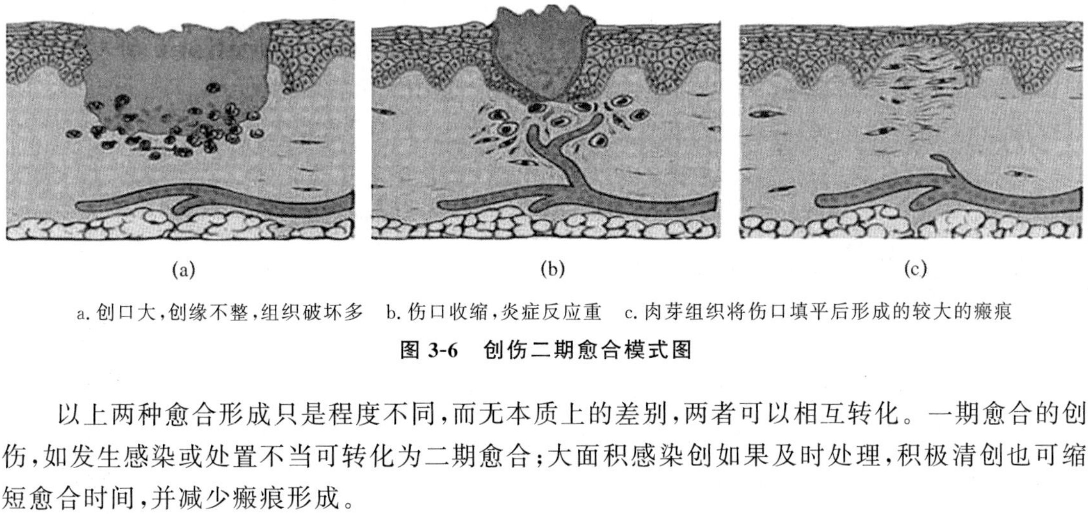

a. 创口大，创缘不整，组织破坏多　b. 伤口收缩，炎症反应重　c. 肉芽组织将伤口填平后形成的较大的瘢痕

图 3-6　创伤二期愈合模式图

以上两种愈合形成只是程度不同，而无本质上的差别，两者可以相互转化。一期愈合的创伤，如发生感染或处置不当可转化为二期愈合；大面积感染创如果及时处理，积极清创也可缩短愈合时间，并减少瘢痕形成。

三、骨折愈合

骨折愈合是指骨折后所发生的一系列结构修复和功能恢复过程。骨折的修复主要是由骨外膜和骨内膜细胞再生而完成的。在少数情况下也可由结缔组织直接化生为骨组织。一般骨折需经过以下几个修复阶段(图 3-7)。

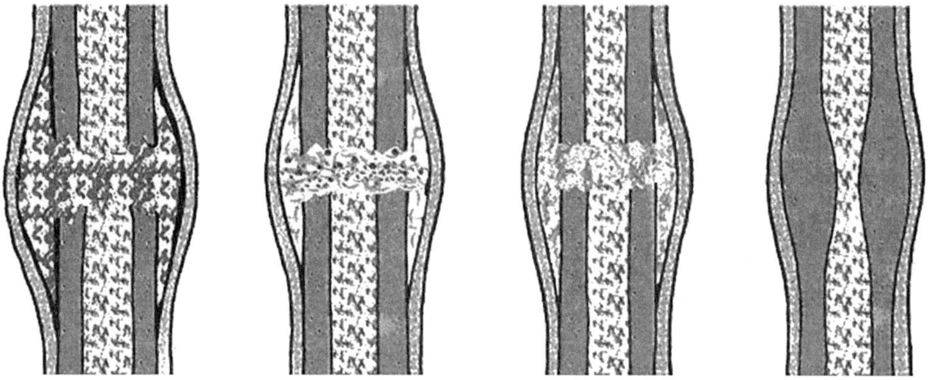

图 3-7 骨折愈合模式图

1. 血肿形成

骨折发生后,骨折处血管破裂出血,血液充满两断端及其周围,在此形成血肿,随后发生凝固,将两骨端形成初步连接,血凝块中的纤维蛋白网,如同支架,有利于肉芽组织向内生长。因此,如果出血不凝固,则影响愈合。

骨折局部的坏死组织、损伤骨片,以及血凝块逐渐由骨膜新生的大量破骨细胞及骨折部周围组织炎症反应游出的吞噬细胞,及组织内巨噬细胞吞噬、溶解而清除。

2. 纤维性骨痂形成

在创腔得到净化的同时,逐渐由骨外膜、骨内膜以及血管等处长出由成骨细胞,成纤维细胞和新生毛细血管组成的成骨性肉芽组织伸入血凝块,经 2～3 周,在凝血被溶解吸收的同时,新生的成骨细胞性肉芽组织则取代了血凝块,构成骨痂,将两断端进一步连接,局部形成梭形肿胀,此种骨痂柔软易损,称为纤维性骨痂或临时性骨痂。在管状骨,此处可分为骨外膜性、骨内膜性及中间性(断端间)骨痂三部分。

3. 骨性骨痂形成

纤维性骨痂形成后,成骨细胞则由梭形变成多角形,它们的突起互相连接,并分泌出半液状的骨基质,聚集于细胞之间,成骨细胞本身则成熟为骨细胞,它与其所分泌的基质一起构成类骨组织。这种骨组织称为骨性骨痂或终期骨痂。这一过程可持续几周。骨性骨痂虽然使断骨比较牢固的连接起来,但由于其结构不很致密,骨小梁排列比较紊乱,故比正常骨质脆弱。

在管状骨的骨折愈合过程中,若骨折断端错位,或两端相距较远而不易衔接,在此情况下,增生形成的成骨性肉芽组织中,有相当数量的成骨细胞分化为软骨细胞,并分泌软骨基质,变成软骨样组织,同时沉着钙盐。以后钙化的软骨组织再被破骨细胞破坏吸收,被类骨组织所取代,再钙化为骨组织,愈合过程相应延长。

4. 骨组织改建

骨组织改建是指新形成的骨性骨痂适应功能需要的过程。它包括多余的骨组织被溶解吸收和缺乏的骨组织进行再生，并使骨组织变得更加致密，骨小梁排列逐渐适应于力学方向。改建的过程是在骨性骨痂形成的同时，从骨髓内新生的血管长入已钙化的骨组织并由血管外膜细胞分化形成成骨细胞，其中一部分融合成多核破骨细胞，将已经钙化而多余的骨质溶解吸收；另一部分，则紧紧地围绕着血管，按照功能的需要形成新的骨组织或骨小梁，并在骨小梁之间形成骨髓腔，后者与骨折两断端的骨髓腔相通。这时骨折处的梭形肿胀逐渐消失，形成在结构与功能上完全符合生理要求的骨组织，此过程一般需几个月到几年才能完成。

骨组织愈合的另一种方式是由结缔组织直接化生为骨组织。多见于头骨受伤后的修复过程。此时，由骨膜增生的纤维性结缔组织先变为均质致密的骨样组织，以后钙盐沉着而转变为骨组织。

骨折后虽能愈合，但如果出现骨组织损伤过重（粉碎性骨折）、骨膜毁损过多、断端复位不良、断端之间有软组织嵌塞或断端活动等情况，常影响新骨形成或不能形成骨性骨痂，甚至发生断端间裂腔，致使两断端呈活动状，形成所谓假关节；若在骨断端有新生软骨被覆，则形成新关节。若新生骨组织过多，形成赘生骨痂，愈合后则有明显的骨变形。

四、病理产物改造

机体对病理性产物（如炎性产物、血栓、血凝块）及异物（如缝线）进行无害化清除的过程，称为病理产物改造。可分为以下 4 种形式。

1. 溶解吸收

如坏死范围较小，坏死组织可被分解、液化，由毛细淋巴管和毛细血管吸收，不能被吸收的碎片则由巨噬细胞吞噬消化。遗留的缺损部由邻近健康细胞再生予以修复。

2. 腐离脱落

皮肤或黏膜的较大坏死灶不能完全被溶解吸收时，白细胞释放溶蛋白酶，将坏死边缘溶解液化，使坏死灶与健康组织逐步分离脱落，称为腐离脱落。坏死灶脱落后，局部组织遗留缺损，浅的缺损称为糜烂，深的缺损称为溃疡。糜烂可通过周围健康组织再生而修复，溃疡则常以结缔组织增生来填补，最后形成瘢痕。肺脏组织的较大坏死灶脱落排出后留下的较大空腔则称为肺空洞。

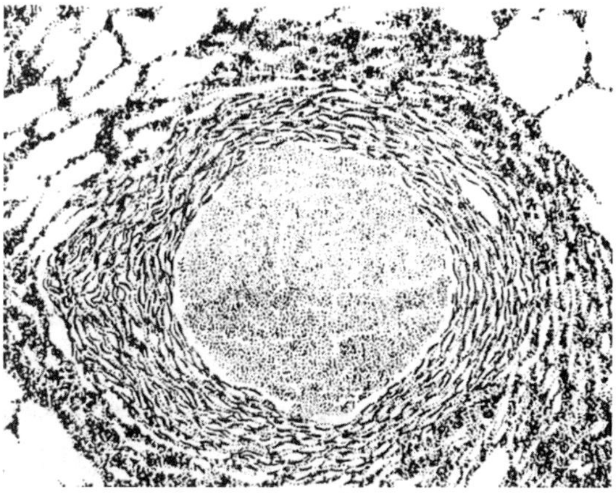

图 3-8　包囊形成

（肺坏死灶周围形成结缔组织的包囊）

3. 机化和包囊形成

在疾病过程中所出现的各种病理产物或异物（如坏死组织、炎性渗出物、血栓、血凝块、寄生虫、缝线等），被新生肉芽组织取代的过程称为机化。未能被机化者，结缔组织将各种病理产物或异物包围的过程称为包囊形成（图 3-8）。值得注意的是脑组织坏死后，机化不是由肉芽组织所取代，而是由神经胶质细胞来完成。

机化和包囊形成可以消除或限制各种病理性产物或异物的致病作用，是机体防御疾病的重要内容之一。但机化能造成永久性病理状态，故在一定条件下或在某些特定的部位，会给机体带来严重的不良后果。如心肌梗死后机化形成瘢痕，伴有心脏功能障碍；心瓣膜赘生物机化能导致心瓣膜增厚、粘连、变硬、变形，造成瓣膜口狭窄或闭锁不全，严重影响瓣膜功能；浆膜面纤维素性渗出物机化，可使浆膜增厚、不平，形成一层灰白色、半透明绒毛状或斑块状的结缔组织，有时造成内脏之间或内脏与胸膜、腹膜间的结缔组织性粘连；肺泡内纤维素性渗出物发生机化，肺组织形成红褐色，质地如肉的组织，称其为肺肉样变，使肺组织呼吸功能丧失。

4. 钙化

血液或组织液中溶解状态的钙盐，以固体状态沉积在病理产物或异物中的现象称为钙化。在正常的机体内，只有骨和牙齿有固体的钙盐。病理性钙化沉着的钙盐主要是磷酸钙，其次为碳酸钙。病理性钙化可分为营养不良性钙化和转移性钙化。

(1)营养不良性钙化。钙盐沉积在坏死组织、病理产物、寄生虫或其他异物中，称为营养不良性钙化。其特点是血钙不高。

(2)转移性钙化。钙、磷代谢紊乱或局部组织 pH 改变，使钙沉积在健康组织中的病理过程称为转移性钙化。

少量的钙化，有时可被溶解吸收。若钙化量多时，则难以溶解吸收而成为机体内长期存在的异物，可刺激周围结缔组织增生，将其包裹。一般来说，钙化是机体的一种防御适应性反应，可使病变局限化、固定和杀灭病原微生物，消除其致病作用。但是钙化也有不利的一面，即不能使病变部的功能恢复，有时甚至给局部功能带来障碍。例如，血管壁发生钙化时，血管壁失去弹性变脆，容易破裂出血；胆管寄生虫损害的钙化，可导致胆道狭窄。

实训技能　机体的代偿、适应与修复病变观察

一、目的要求

(1)掌握增生、肥大、肉芽组织、瘢痕组织、包囊形成等标本的眼观变化。

(2)了解肥大和肉芽组织镜检变化。

二、材料用具

大体标本、组织切片、光学显微镜、课件、电脑、投影仪等。

三、方法与步骤

1. 多媒体教学

运用现代化教学手段(如显微投影、课件)对病变标本进行观察，并对照正常组织讲解所要

观察标本的病理变化要点、临床诊断意义。

2. 大体标本观察

标本 1　肝脏的真性肥大

观察　肝脏体积增大，被膜紧张，边缘钝圆，切口外翻，肝脏增生部分穿过横膈膜伸入胸腔内与肺脏粘连。

标本 2　心脏的假性肥大

观察　心室肥大时，心脏的心界扩大，心尖钝圆，右心室肥大明显时，可见双心尖外观，甚至整个心尖层都由右心室占据。心腔扩张或正常或变小，腔内可能积血，乳头肌、肉柱和瓣膜相应变粗。心室壁和室中隔均增厚。

标本 3　纤维素性心外膜炎渗出物被机化

观察　肉芽组织表面覆盖以少量黄红色较黏稠的分泌物或黄白色的纤维膜片，其下的肉芽组织色泽鲜红，呈颗粒状，湿润，触之易出血。

标本 4　创伤性网胃炎渗出物被机化

观察　肉芽组织表面覆盖以少量黄红色较黏稠的分泌物或黄白色的纤维膜片，其下的肉芽组织色泽鲜红，呈颗粒状，湿润，触之易出血。

标本 5　创伤性心包炎渗出物被机化

观察　可见心包腔高度充盈，心包膜显著增厚，失去原有的透明光泽。心包腔内积聚污秽的脓性或纤维素性渗出物。心外膜变粗糙肥厚，心壁及心包上可见刺入的异物。

标本 6　猪皮肤的不完全再生(瘢痕组织)

观察　瘢痕部位不平，其表面光滑，无毛、灰白色、质硬。剖面呈灰白色，组织结构致密。

标本 7　肝脏的间质增生

观察　常见肝脏体积缩小，边缘锐薄，质地坚硬，表面呈凹凸不平的沟纹状、颗粒状或结节状隆起，色彩斑驳，常染有胆汁；肝脏被膜增厚，切面上可见十分明显的淡灰色结缔组织条索围绕着淡黄色圆形的肝脏实质。肝脏内胆管明显，管壁增厚。

病例：蛋鸡大肝大脾和卵黄性腹膜炎

病例：麻鸡大肠埃希菌病脏器粘连

适应代偿修复病例彩图

3. 病理组织切片观察

切片 1　心肌肥大

观察　心肌纤维普遍增粗，肌细胞核相应增大，胞浆丰富，肌原纤维数量多，有时见心肌纤维粗细不一致。间质相对减少，血管增粗。

切片2 肉芽组织

观察 肉芽组织为幼嫩的纤维结缔组织。表层为红染无结构的坏死物质，混杂有不少浓缩的炎症细胞核和核碎片，在坏死物和其下面的肉芽组织交界处，有大量中性粒细胞和其他炎症细胞浸润，可见出血。中层为丰富的毛细血管，包括：在接近表层的毛细血管大多垂直地向创面生长，并呈袢状弯曲，互相吻合。毛细血管内空虚或有一些红细胞，成纤维细胞椭圆形、长圆形或胞浆分支而呈星形，胞浆丰富，微嗜碱性；胞核多呈椭圆形泡沫状、淡染、常见到核仁，有较多的中性粒细胞与巨噬细胞，还有红细胞和浆液。深层胶质纤维增多。成纤维细胞转变为纤维细胞（细胞伸长，胞浆少，胞核深染，呈长椭圆形或长条状，核仁消失），数量减少。毛细血管明显减少，中性粒细胞减少或消失。

四、作业

（1）绘制心肌肥大显微图。

（2）绘制肉芽组织再生显微图。

学习要求

识记：适应、肥大、改建、化生、代偿、修复、再生、创伤愈合、骨折愈合、机化、包囊形成、钙化的概念及适应、代偿、修复的类型。

理解：创伤愈合、骨折愈合的基本过程；各种组织的再生能力。

应用：举例说明代谢性代偿、功能性代偿、结构性代偿的区别与联系；临床中常见的手术创伤及开放性创伤分别属于哪期愈合，愈合过程中分别有哪些组织参与。

知识拓展

再生的调控

就单个细胞而言，细胞增殖是受基因控制的，细胞周期出现的一系列变化是基因活化与表达的结果，已知的有关基因包括癌基因及细胞分裂周期基因。然而机体是由多细胞组成的极其复杂的统一体。部分细胞、组织丧失引起细胞再生来修复，修复完成后再生便停止，可见机体存在着刺激再生与抑制再生两种机制，两者处于动态平衡。刺激再生的机制增强或抑制再生的机制减弱，则促进再生，否则再生受抑。目前已知短距离调控细胞再生的重要因素包括以下三方面。

1. 细胞与细胞之间的作用

细胞在生长过程中，如果细胞相互接触，则生长停止，这种现象称为生长的接触抑制。细胞间的缝隙连接（可能还有桥粒）也许参与了接触抑制的调控。肿瘤细胞丧失了接触抑制的特性。

2. 细胞外基质对细胞增殖的作用

实验证明，正常细胞只有黏着于适当的基质才能生长，脱离了基质则很快停止于G1期或

G0期。基质各种成分对不同细胞的增殖有不同的作用，如层粘连蛋白可促进上皮细胞增殖，抑制成纤维细胞的增殖，而纤维粘连蛋白的作用则正好相反。组织中层粘连蛋白与纤维粘连蛋白的相对比值可能对维持上皮细胞与间质细胞之间的平衡有一定的作用。

3. 生长因子及抑素的作用

近年来分离出许多因子，是某些细胞分泌的多肽类物质，能特异性地与某些细胞膜上的受体结合，激活细胞内某些酶，引起一系列的连锁反应，从而调节细胞生长、分化。能刺激细胞增殖的多肽称为生长因子(cell growth factors)，能抑制细胞增殖的则称为抑素(Malone)。

目前已分离、纯化出一些重要的生长因子，如：①表皮生长因子(epidermal growth factor，EGF)，对上皮细胞、成纤维细胞、胶质细胞及平滑肌细胞都有促进增殖的作用；②血小板源性生长因子(platelet-derived growth factor，PDGF)，来源于血小板α颗粒，在凝血过程中释放，对成纤维细胞、平滑肌细胞及胶质细胞的增生有促进作用；③成纤维细胞生长因子(fibroblast growth factor，FGF)，能促进多种间质细胞增生及小血管再生；④转化生长因子(transforming growth factor，TGF)，最初从肉瘤病毒转化的细胞培养基中分离出来。其实许多正常细胞都分泌TGF。TGF-α与EGF在氨基酸序列方面有33%～44%同源，也可与EGF受体结合，故有相同作用。TGF-β能刺激间质细胞增生；⑤许多细胞因子(cytokines)也是生长因子，如白介素1(IL-1)和肿瘤坏死因子(TNF)能刺激成纤维细胞的增殖及胶原合成，TNF还能刺激血管再生。此外还有许多生长因子，如造血细胞集落刺激因子、神经生长因子、IL-2(T细胞生长因子)等。

抑素具有组织特异性，似乎任何组织都可产生一种抑素抑制本身的增殖。如已分化的表皮细胞能分泌表皮抑素，抑制基底细胞增殖。当皮肤受损使已分化的表皮细胞丧失时，抑素分泌中止，基底细胞分裂增生，直到增生分化的细胞达到足够数量和抑素达到足够浓度为止。前面提到的TGF-β虽然对某些间质细胞增殖起促进作用，但对上皮细胞则是一种抑素。此外干扰素-α，前列腺素E_2和肝素在组织培养中对成纤维细胞及平滑肌细胞的增生都有抑制作用。

复习思考题

一、名词解释

适应　肥大　化生　代偿　修复　再生　创伤愈合　肉芽组织　骨折愈合　机化
包囊形成　钙化

二、填空题

1. 适应在形态结构上一般表现为________、________和________。
2. 肥大是分为________和________。
3. 创伤愈合的基本过程有________、________、________及________。
4. 肉芽组织的主要成分有________和________，常伴有多少不等的________。
5. 创伤愈合的类型主要有________和________。

三、单项选择题

1. 下列各种细胞，哪种再生能力最强？(　　)

A. 血细胞　　B. 心肌细胞　　C. 平滑肌细胞
D. 肝细胞　　E. 骨细胞

2. 肉芽组织的基本成分是(　　)。

A. 新生毛细血管、成纤维细胞　　B. 新生毛细血管、炎细胞

C. 炎细胞、成纤维细胞　　D. 新生毛细血管、成纤维细胞、炎细胞

E. 以上都不是

3. 以下说法正确的是(　　)。

A. 肉芽组织将坏死组织包围称为机化

B. 肉芽组织长入并取代坏死组织称为包囊

C. 坏死是不可逆性改变,变性是可逆性改变

D. 陈旧的坏死与机化组织可发生转移性钙化

E. 肾、肺等器官坏死后果严重

4. 关于再生的说法,下列哪项是错误的?(　　)

A. 再生是修复的一种主要形式

B. 再生可分为生理性再生和病理性再生

C. 生理性再生是完全再生

D. 病理性再生是不完全再生

E. 再生是由邻近同种细胞分裂增殖来完成的

5. 下列哪项不符合一期愈合?(　　)

A. 伤口创缘整齐　　B. 无感染的伤口　　C. 出血少

D. 组织破坏范围小　　E. 伤后 8 h 以上未经处理的伤口

6. 关于肉芽组织,下列说法错误的是(　　)。

A. 肉眼观为红色、细颗粒状、状似肉芽

B. 触之易出血　　C. 有痛感

D. 为幼稚的纤维结缔组织　　E. 最终老化为瘢痕组织

四、判断题

1. 不完全再生也称为瘢痕修复。(　　)

2. 假性肥大是指间质组织增生而造成的器官外形增大。(　　)

3. 新生肉芽组织将坏死组织包裹起来,称为机化。(　　)

4. 通过肉芽组织增生创伤得到愈合,称为完全再生。(　　)

5. 组织器官的完整性被破坏时,由周围细胞组织修补的过程称为修复。(　　)

五、简答题

1. 简述肉芽组织的眼观与镜检的特点,说明其功能。

2. 简述创伤一期愈合与二期愈合的区别。

项目三复习思考题参考答案

项目四

局部血液循环障碍

学习目标

- 掌握充血、出血、贫血、血栓形成、栓塞、梗死的概念。
- 理解充血、出血、贫血、血栓形成、栓塞、梗死的类型、病理变化和发生原因。
- 了解淤血、血栓形成、栓塞、梗死的发生机理及对机体的影响。

学习内容

血液循环是维持动物生命活动的重要保证。通过血液循环向各器官组织输送氧气和各种营养物质,同时又不断地运走组织细胞代谢产生的二氧化碳和各种代谢产物,以保证器官组织的物质代谢和功能活动的正常进行。如果血液循环发生障碍,则可引起组织器官的代谢紊乱、功能失调,甚至发生形态结构的改变。组织细胞的变性、坏死及炎症等变化多与血液循环障碍有着密切的关系。

血液循环障碍按其波及的范围不同可分为全身性和局部性两种。全身性血液循环障碍是由于心血管系统的疾病或血液本身性状的改变而导致血液在血管内的运行发生异常,并于机体的相应部位形成一系列的病理性变化,如贫血、心力衰竭;而局部性血液循环障碍则是指某一器官或组织的循环障碍,表现为局部血量异常(充血、贫血)、血管内容物的性状改变(血栓形成、栓塞、梗死)以及血管壁通透性改变(水肿、出血)等。全身性与局部性血液循环障碍,虽然在表现形式和对机体的影响上有所不同,但两者之间关系密切。如心力衰竭可使肺、肝及下肢等局部发生淤血和水肿,而心肌梗死虽是局部血液循环障碍的结果,严重时可引起心力衰竭,导致全身血液循环障碍。

任务一 充　血

机体局部组织或器官的血管内血液含量增多的现象,称为充血。根据血量多少和发生的机理不同,分为动脉性充血和静脉性充血。

一、动脉性充血

在某些生理或病理因素的影响下，局部组织或器官的小动脉及毛细血管发生扩张，流入血液量增多，而静脉回流量仍保持正常，导致组织或器官内含血量增多，这种现象称为动脉性充血（图 4-1），简称充血。

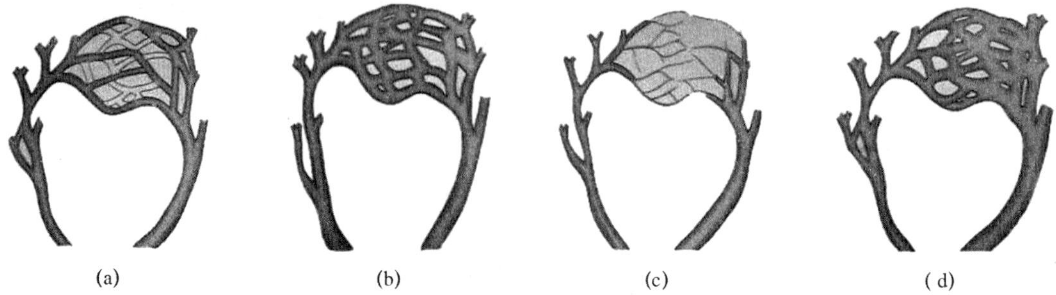

a. 正常的血流　b. 充血的血流（血管扩张、血流加快）
c. 贫血的血流（血管收缩、血流减少）　d. 淤血的血流（静脉血管扩张，血流减慢）

图 4-1　充血、淤血和局部贫血

（一）原因和分类

动脉性充血又可分为生理性充血和病理性充血。

1. 生理性充血

生理性充血是指在生理情况下，当某组织器官功能活动增强，就会引起充血。如采食后胃肠道黏膜充血、运动时肌肉充血、妊娠时子宫充血等。

2. 病理性充血

由致病因子作用于局部组织而引起的充血，称为病理性充血。

（1）炎性充血。在炎症早期或炎灶边缘，由于致炎因子刺激血管舒张神经或麻痹血管收缩神经及一些扩张血管的炎症介质（如组织胺、5-羟色胺、激肽、腺苷等）的作用，引起的局部组织小动脉及毛细血管扩张充血。

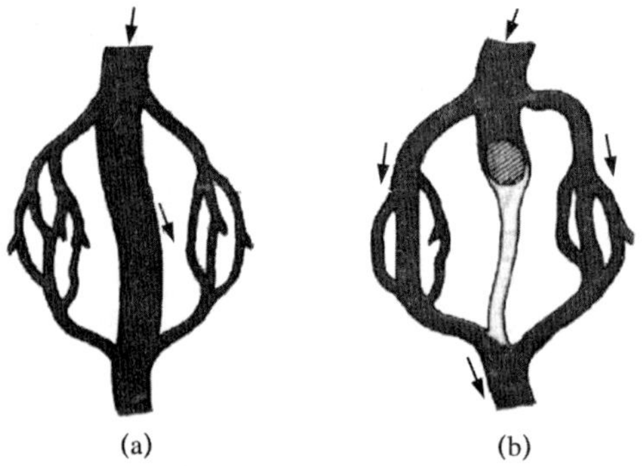

a. 正常循环图示　b. 中间主干支发生堵塞后周围侧支扩张增强血液供应

图 4-2　侧支循环模式图

（2）侧支性充血。某一动脉由于血栓形成、栓塞或肿瘤压迫等，动脉管腔狭窄或阻塞，其周围的动脉吻合枝（侧支）为增强血液供应发生扩张使缺血组织得到血液供应，称为侧支性充血（图 4-2）。

（3）贫血后充血（减压后充血）。动物机体某部位因血管长期受压引起局部组织缺血，小动脉血管张力降低，当压力突然解除后，原受压组织内的小动脉和毛细血管反射性地扩张充血，血容量剧增，称为减压后充血或贫血后充血。例如，牛瘤胃臌胀时，瘤胃内气体压迫腹腔内脏器官造成缺血。施行瘤胃穿刺放气治疗时，如放气过快，腹腔内压力迅速降低，腹腔内脏器官由缺血转为充血，大量血液积聚在腹腔内脏的血管内，造成腹腔以外器官的有效循环血量急剧减少，血压下降，严重时引起脑贫血，甚至导致动物死亡。所以，施行瘤胃放气时应特别注意防止速度过快。

（二）病理变化

组织发生充血时，眼观：色泽鲜红，温度增高，功能增强，体积稍大。皮肤和黏膜充血时，常称为“潮红”。镜检：小动脉和毛细血管扩张充满红细胞，平时处于闭锁状态的毛细血管开放，有毛细血管数量增多的感觉。炎性充血中可见炎性渗出、出血、实质细胞变性或坏死等病变。

（三）结局和对机体的影响

充血对机体的影响，常因其持续时间和发生部位的不同而有很大的差异。一般来说，短时间轻度的充血，对机体往往是有利的。因为充血时血流量增加和血流速度加快，一方面可以输送更多的氧、营养物质、激素、白细胞和抗体等到组织，从而增强局部的抵抗力；另一方面又可将局部产生的病理性产物及时地排除，这对于消除病因和恢复组织功能均有着积极的作用。因此，临床上常用理疗、热敷和涂擦刺激剂等疗法造成局部组织充血，促进组织代谢，以达到治疗某些疾病的目的。当病因作用较强或持续时间较长而引起持续性充血时，则可导致淤血、水肿和出血等。充血发生的部位不同，对机体的影响也有很大的差异。如脑部发生严重充血时（如中暑），常可因颅内压升高而使动物发生神经功能障碍，甚至发生昏迷。

二、静脉性充血

在局部组织器官内，动脉流入的血量保持正常，而静脉血液的回流受阻，使大量血液淤积于毛细血管和小静脉内，称为静脉性充血，又称淤血。在病理情况下，静脉性充血比动脉性充血多见。

（一）原因及分类

淤血按其发生原因可分为全身性淤血和局部性淤血两种。

1. 全身性淤血

（1）心脏功能障碍。在某些急性传染病和急性中毒等情况下，由于体内的有毒产物损害心脏，可引起严重的心肌变性，导致心肌收缩力减弱，心血输出量减少，静脉血液不能充分回流到心脏，使全身各组织器官发生淤血。

（2）胸膜及肺脏疾病。如胸膜炎时，胸腔内蓄积炎性渗出物使胸腔内压增高，可直接影响心脏的舒张。同时又因胸膜炎时胸廓疼痛和扩张受限，使前后腔静脉内的血液回流受阻，也可发生全身性淤血。

2. 局部性淤血

（1）静脉受压。静脉受压后管腔狭窄或闭塞，血液回流受阻，导致相应部位的器官和组织发生淤血。如肿瘤、肿大的淋巴结、寄生虫包囊对局部静脉的压迫，妊娠时子宫对髂静脉的压迫，绷带包扎过紧对肢体静脉的压迫，肠扭转或肠套叠对肠系膜静脉的压迫以及肝硬化时门静脉被增生结缔组织压迫等，均可引起相应组织器官淤血。

（2）静脉管腔阻塞。静脉内血栓形成、栓塞或因静脉内膜炎使血管壁增厚等，均可造成静脉管腔狭窄或阻塞，可引起相应器官、组织淤血。但由于静脉分支多，只有当静脉管腔阻塞而又不能建立有效的侧支循环时，才会发生淤血。

(二)病理变化

眼观：主要表现为淤血组织呈暗红色或青紫色(发绀)，体积增大，功能减退，温度降低。淤血时由于静脉回流受阻，血流缓慢，血氧过多地被消耗，血液中氧分压降低、氧合血红蛋白减少，还原血红蛋白含量显著增多，血管内充满紫黑色的血液，故局部组织呈暗红色或青紫色。淤血时血流缓慢局部组织缺氧，代谢率降低，产热减少，淤血区表现温度降低。且淤血时因局部血量增加，静脉内压升高而导致体液外渗(水肿)，使淤血组织的体积增大。

镜检：淤血组织的小静脉及毛细血管扩张充满红细胞，小血管周围的间隙及结缔组织内积聚水肿液，阻塞时间较长的毛细血管有时发生出血。如果淤血持续时间更长，淤血组织器官的实质细胞萎缩、变性，甚至坏死，而间质结缔组织发生增生。

不同器官的淤血，既有上述共同的规律性表现，又有各自的特点。

1. 肺淤血

肺淤血主要是由于左心功能不全，血液淤积在左心房，阻碍肺静脉血液回流而引起的。

眼观：急性肺淤血时，肺胸膜呈青紫色，体积膨大，质地稍微变韧，质量增加，被膜紧张而光滑，肺切面上流出大量混有泡沫的血样液体，取小块肺组织置于水中，呈半浮、半沉状态。肺长期淤血时，可引起肺间质结缔组织增生，同时常伴有大量含铁血黄素在肺泡腔和肺间质内沉积，使肺组织呈棕褐色，故又称为“褐色肺硬结”。

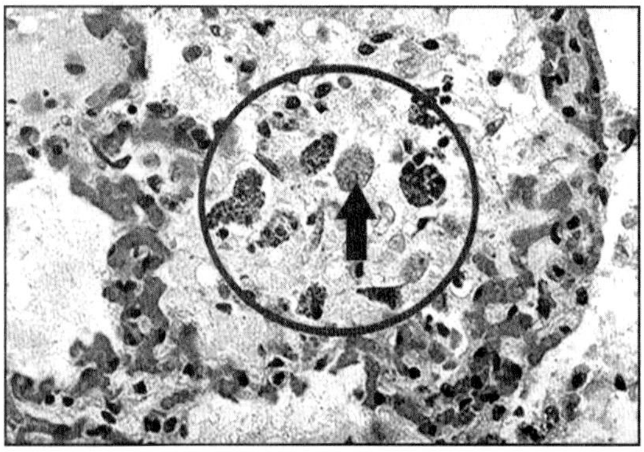

图 4-3 慢性肺淤血(箭头所指为心力衰竭细胞)

镜检：肺内小静脉及肺泡壁毛细血管扩张，充满大量红细胞，肺泡腔内出现淡红色的水肿液和数量不等的红细胞及巨噬细胞。若巨噬细胞的胞浆内含有含铁血黄素颗粒，称为心力衰竭细胞(图 4-3)。

2. 肝淤血

肝淤血主要是由于右心功能不全，肝静脉与后腔静脉回流障碍而引起的。

眼观：肝脏体积肿大，被膜紧张，边缘钝圆，质量增加，颜色紫红，质地坚实，切面流出多量暗红色血液。淤血较久时，肝组织伴发脂肪变性，肝切面上形成暗红色淤血区和土黄色脂肪变性区相间，其形状如槟榔切面，称为“槟榔肝”。

镜检：肝小叶中心部的窦状隙及中央静脉扩张，充满红细胞。病程稍久，肝小叶中心部肝细胞因受压迫而发生萎缩或消失，肝小叶周边肝细胞因缺氧而发生脂肪变性。若肝淤血较久，肝细胞萎缩消失后，发生网状纤维胶原化，间质结缔组织增生，此时肝脏眼观体积缩小、变硬，称为淤血性肝硬化。

(三)结局及对机体的影响

短暂的淤血在病因消除后可迅速恢复正常。如果淤血持续时间过长，侧支循环又不能有效建立时，淤血局部除水肿与出血外，还发生血栓形成，局部组织得不到足够的氧和营养物质供应，代谢中间产物蓄积，淤血组织或器官的代谢及功能下降，实质细胞萎缩、变性、坏死，间质结缔组织增生，组织或器官硬化等。淤血的组织抵抗力降低，损伤不易修复，容易继发感染。

任务二　出　血

血液（主要指红细胞）流出心脏、血管之外，称为出血。血液流出体外，称为外出血；血液流入体腔或组织间隙内，称为内出血。

一、原因及类型

根据出血的发生原因可将其分为破裂性出血和渗出性出血两种。

（一）破裂性出血

破裂性出血是指由心脏、血管破裂而引起的出血。可发生于心脏、动脉、静脉和毛细血管，而且多为局限性。引起心、血管破裂性出血的原因主要有机械性损伤（如咬伤、刺伤、挫伤）；血管壁被周围的病变侵蚀（如肿瘤、炎症、溃疡）；在心脏或血管壁本身病变（如心肌梗死、动脉硬化、动脉瘤、静脉曲张）的基础上，当动脉血压突然升高时，可引起血管破裂出血。

（二）渗出性出血

渗出性出血是指毛细血管和微静脉壁的通透性升高，血液通过扩大的内皮细胞间隙和损伤的血管基底膜而渗出到血管外。渗出性出血常见于浆膜、黏膜和脏器的被膜。引起渗出性出血的病因很多，但概括起来主要有以下几种。

1. 血管壁受损

常见的病因有：缺氧，可使毛细血管内皮细胞变性、坏死，使血管壁受损；败血症（如猪瘟、炭疽）、立克次氏体感染、流行性出血热、蛇毒、血液寄生虫病（如梨形虫病、弓形虫病）和有机磷中毒等使毛细血管壁损伤，增加其通透性；维生素 C 缺乏可引起毛细血管通透性升高；药物过敏时引起变态反应性血管炎。

2. 血小板数量减少

血小板是维持毛细血管通透性的重要因素，血小板减少到一定数量时即可发生渗出性出血，如再生障碍性贫血、白血病、骨髓内广泛性肿瘤转移等均可使血小板生成减少；原发性血小板减少性紫癜、血栓性血小板减少性紫癜、DIC 使血小板破坏或消耗过多；某些药物在体内诱发抗原抗体复合物免疫反应，血小板被巨噬细胞吞噬；一些细菌的内毒素和外毒素也有破坏血小板的作用。

3. 血小板功能障碍

血小板的结构和功能缺陷也能引起渗出性出血，这类疾患很多是先天性的，如血小板功能不全和血小板颗粒缺乏症时，血小板凝集能力降低，则可因凝血障碍而导致渗出性出血。

4. 凝血因子缺乏

凝血因子Ⅷ（血友病 A）、凝血因子Ⅸ（血友病 B）、纤维蛋白原、凝血酶原、凝血因子Ⅳ、凝血因子Ⅴ、凝血因子Ⅶ、凝血因子Ⅹ、凝血因子Ⅺ等因子的先天性缺乏或肝实质疾病时使凝血因子Ⅶ、凝血因子Ⅸ、凝血因子Ⅹ合成减少等，均可引起渗出性出血。

二、病理变化

(一)破裂性出血

破裂性出血的病理变化常因损伤的血管及出血部位的不同，有不同的名称。动脉血管发生破裂时，由于血压高、血流急、出血量多，从而压迫周围组织，在局部形成半球形，称为血肿；出血后血液积聚于体腔，称为积血(如胸腔积血、腹腔积血、心包积血)；组织内的出血，称为溢血(如脑出血)；肺出血，称为咯血；胃出血，称为吐血或呕血；混有血液的尿液，称为血尿；混有血液的粪便，称为血便。

(二)渗出性出血

渗出性出血时，肉眼或者在光学显微镜下看不出血管壁有明显的解剖学变化，红细胞可通过通透性增高的血管壁漏出血管之外，渗出性出血只发生于毛细血管、小动脉及小静脉。出血时常伴发组织或细胞的变性及坏死。

渗出性出血因出血范围大小不同而有所差别。其病变常见的有以下几种。

(1)点状出血。出血量少，出血直径范围在 1 mm 以内，通常见于浆膜、黏膜和肝、肾等器官的被膜。

(2)斑状出血。其出血量较多，出血部位直径在 1～10 mm。

(3)弥漫性出血。血液弥漫地浸透于组织间隙，使出血的局部呈大片暗红色。

此外，当机体有全身性出血倾向时，则称为出血性素质。

三、对机体的影响

出血对机体的影响取决于出血发生的原因、部位、出血量和出血持续的时间。当心脏或一些较大动脉发生破裂而出血时，常在短时间内引起大量失血，若失血量超过总血量的 30%时，血压急剧下降，发生休克而死亡。一般体表的小血管破裂出血，可自行止血，对机体的影响不大。如果出血发生在脑部或心脏，即使是少量的出血，也常常会造成严重的后果，甚至导致病畜死亡。流入体腔或组织内的血液，随着时间的延长而被吸收、机化或形成包囊。渗出性出血的过程比较缓慢，出血量较少，一般不会引起严重的后果。但发生长期持续性或广泛性的少量出血时，则可引起全身性贫血。

任务三　贫　　血

一、局部贫血

局部贫血是指局部组织的动脉血液供应减少的现象。局部贫血可以是全身性贫血的局部表现，也可以是局部血液循环障碍的结果。

(一)原因及类型

根据局部贫血发生的原因，可分为以下几种类型。

1. 压迫性贫血

因肿瘤、炎症包块、绷带过紧、腹水等对动脉血管的压迫，使血管腔变狭窄或闭塞所致。临床上大动物长期躺卧形成的褥疮，是因为倒卧侧血管受到压迫，局部组织缺血而造成的组织坏死。

2. 阻塞性贫血

动脉管腔内血栓形成、栓塞等，造成血管阻塞，以致血液供应受阻而发生局部贫血或缺血。

3. 血管痉挛性贫血

寒冷、严重创伤等，使血管收缩神经兴奋，反射性地引起动脉痉挛性收缩而造成贫血或缺血。

(二)病理特征

局部贫血的组织器官体积缩小、边缘变薄、质量减轻、被膜皱缩、颜色变淡，但仍能显出固有色彩(皮肤、黏膜呈苍白色，肝呈褐色，肺呈灰白色)。由于供血不足和发生缺氧，功能、代谢和局部温度均降低。脑组织对缺血缺氧最敏感，供血中断几分钟就会发生不可逆的病变。

二、全身性贫血

全身性贫血是指循环血液总量减少或单位体积的外周血液中血红蛋白量、红细胞总数低于正常值，并且有红细胞形态改变和运输氧气发生障碍的病理现象。动物的原发性贫血很少，多数是某些疾病的继发反应，因此兽医临床上必须研究贫血真正的原因、分类以及贫血和其他疾病的关系，否则往往治疗无效。贫血仅是一个症状，不是独立的疾病，它往往是许多疾病的主导环节。长期贫血动物机体可以出现疲倦无力，生长发育迟缓，消瘦，被毛粗乱，抵抗力下降等。贫血按其病因可分为失血性贫血、溶血性贫血、再生障碍性贫血、营养不良性贫血四类。以血色指数多少分为正色素性贫血、高色素性贫血、低血色素性贫血三类。

$$血色指数=\frac{被检动物血红蛋白数}{健康动物血红蛋白数}:\frac{被检动物红细胞数}{健康动物红细胞数}$$

(一)失血性贫血

1. 原因

常见于各类外伤或肝脾破裂等的急性出血。另外寄生虫病(内寄生虫如钩虫、胃虫、肝片吸虫等，外寄生虫如蜱虫、吸血虱和某些蚤类等)和出血性胃肠炎、消化道溃疡、体腔内肿瘤等可造成长期轻微失血和持续性慢性贫血。

2. 机制

红细胞大量丢失造成失血性贫血。

3.病理特征

(1)急性失血性贫血。短时间内血液总量减少,但单位体积血液的红细胞数和血红蛋白含量正常,经过一定的时间,血液总量暂时恢复,单位体积血液的红细胞数和血红蛋白含量低于正常值,再经过一定时间,外周血液中可见多量的网织红细胞、多染性红细胞和有核红细胞。

急性失血性贫血时,如血液大量丧失,机体来不及代偿,可导致低血容量性休克甚至死亡。如不出现危重症,机体可以发挥代偿作用,即当急性失血时血压降低,刺激主动脉体和颈动脉体的压力感受器,使交感神经反射性兴奋,儿茶酚胺分泌增多,引起肝脏、脾脏、肌肉等贮血器官内血管收缩,将排出的血液补充到体循环。同时血压降低还能使组织液进入血管,也能补充体循环血量的不足,使血液总量暂时恢复,但血液被稀释,单位容积的红细胞数和血红蛋白含量低于正常范围,此时红细胞形态正常,呈正色素性贫血。急性失血时因红细胞总数锐减,导致缺氧,引起肾脏产生促红细胞生成酶,使肝脏产生促红细胞生成素原,再转化为促红细胞生成素,增强骨髓的造血功能,骨髓内发育各个阶段的红细胞增多,并出现在外周血液中。如果失血后铁元素供应不足,血红蛋白的合成比红细胞再生速度慢,外周血液中出现淡染红细胞(红细胞中心变淡,甚至透亮),细胞体积小,血红蛋白平均浓度低于正常,为低色素性贫血。

(2)慢性失血性贫血。初期由于失血量少,骨髓造血功能可以实现代偿,贫血症状不明显。但是长期反复失血,因铁元素丧失过多,导致缺铁性贫血。血象特点为小红细胞低色素性贫血。红细胞大小不均,并呈异形性(椭圆形、梨形、哑铃形等),严重时,骨髓造血功能衰竭,肝脏、脾脏内可出现髓外造血灶。

(二)溶血性贫血

1.原因

(1)生物性因素。微生物感染(钩端螺旋体病和溶血性梭菌感染是两种最常见的造成贫血的疾病。另有溶血性链球菌、葡萄球菌)、病毒感染(如马传染性贫血)、寄生虫感染(主要有锥虫、焦虫、边虫、钩虫能引起红细胞大量破坏)。

(2)物理因素。包括高温、低渗溶液均能引起红细胞大量被破坏。

(3)化学因素。很多化学药品都能使动物发生溶血性贫血。其中最常见的是铜、铅、皂苷和某些药物,如硝基呋喃妥因、非那西汀及磺胺等药物超量使用时能够产生贫血。

(4)有毒植物。多种有毒植物都能使动物发生溶血性贫血。如蓖麻籽、栎树枝、金雀枝、毛茛属植物、旋花植物、黑黎芦及野葱等。

(5)代谢性疾病。产后血红蛋白尿是常见于高产乳牛的一种疾病,发生在产后2~3周,特征为发生贫血和血红蛋白尿,可能与磷元素不足有关。犊牛或青年牛常发生水中毒,导致血液低渗,红细胞水肿、破裂而发生溶血和血红蛋白尿。

(6)免疫反应。自然发生的自身免疫溶血性贫血(AIHA),贫血常为巨红细胞型。自身免疫现象的第二个综合征为具有代表性的全身性红斑狼疮。红斑狼疮的临床特征是出现血液、皮肤、肾脏和关节的病变。血液学变化是表现典型的AIHA和特发性血小板减少性紫癜。肾脏主要发生肾小球性肾炎,关节为对称性关节炎。确诊时,依据是在外周血液中查出红斑狼疮细胞。在形态上,红斑狼疮细胞含有2个细胞核。新生幼畜免疫溶血性疾病,见于马、犬、仔猪和犊牛。马驹在出生后12~96 h出现溶血性贫血。

2. 机制

各种疾病造成红细胞溶解，在体内破坏速度超过了骨髓的代偿能力引起的贫血。

3. 病理特征

血液总量一般不减少，由于红细胞大量被破坏，使单位体积血液（mm^3）的红细胞和血红蛋白减少。由于缺氧和红细胞分解产物的作用，使骨髓造血功能增强。血象特点是外周血中网织红细胞明显增多，还可见到有核红细胞和多染色性红细胞。

急性溶血性贫血时，大量释放血红蛋白，出现血红蛋白尿。同时血中间接胆红素增多，在心血管内膜、浆膜、黏膜等部位呈现明显的溶血性黄疸。红细胞大量崩解，肝脏、脾脏等多个器官组织内，单核巨噬细胞系统功能增强。肝脏、脾脏明显肿大，并有含铁血黄素沉着。

（三）再生障碍性贫血

1. 原因

（1）物理因素。动物机体长期暴露于 α 射线、γ 射线、X 射线、激光或放射性同位素的辐射环境，可以造成选择性的骨髓功能不全。

（2）化学因素。蕨类植物、50 多种化学药物（如氯霉素、保泰松、抗癌药、某些抗生素、有机砷化合物）及最常见的苯及其衍生物类化学物质能造成再生障碍性贫血。

（3）生物性因素。某些病毒性传染病（马传染性贫血、牛恶性卡他热、鸡传染性贫血、鸡包涵体性肝炎等）能造成再生障碍性贫血。

（4）骨髓疾病。白血病或骨髓瘤等使骨髓组织破坏或抑制，不能充分利用造血原料。

2. 机制

由物理因素、化学因素、中毒及某些疾病的继发反应，导致骨髓造血功能低下。如病毒感染抑制造血干细胞分化、增殖，导致干细胞数量下降或功能受损而引起再生障碍性贫血；如电离辐射和骨瘤等反复作用，使骨髓组织破坏或抑制，不能充分利用造血原料，使红细胞生成减少或消失。

3. 病理特征

再生障碍性贫血的血象特点是外周血中正常的红细胞和网织红细胞呈进行性减少或消失，红细胞大小不均，并呈异形性。除红细胞减少外，还有白细胞、血小板减少，皮肤、黏膜出血和感染等症状。骨髓造血组织发生脂肪变性和纤维化，红骨髓被黄骨髓取代。血清中铁和铁蛋白含量增高（区别于缺铁性贫血）。

（四）营养不良性贫血

1. 原因

营养不良性贫血是造血原料（铜、铁、钴、维生素 B_{12}、维生素 B_6、叶酸、蛋白质）缺乏或不足，红细胞生成不足造成的贫血。临床以营养性缺铁性贫血较为多见。

2. 机制

缺铁性贫血是指体内可用来制造血红蛋白的贮存铁已被用尽，红细胞生成障碍所致的贫血，特点是骨髓、肝脏、脾脏及其他组织中缺乏可染色铁，血清铁蛋白浓度降低，血清铁浓度和血清转铁蛋白饱和度均降低，表现为小细胞低色素性贫血和巨幼红细胞性贫血。除仔猪贫血外，动物在缺铁的草场放牧及犊牛在哺乳期不饲喂补料也会造成缺铁性贫血。钼中毒会干扰铜的代谢，进而又可干扰铁的利用。

铜元素是机体内必需微量元素之一，铜能促进铁的吸收利用，促进红细胞的成熟和释放。铜元素为许多酶的组成成分，直接参与造血过程。此外，铜元素能调节心搏，促进骨骼的生长发育；参与能量代谢，调节内分泌功能；参与水盐代谢，维护皮肤和毛发的正常色泽等。

维生素 B_{12} 和叶酸是构成红细胞核酸的必需物质，动物胃肠内微生物可以合成维生素 B_{12}，当机体合成障碍时，则导致维生素 B_{12} 缺乏。

钴是维生素 B_{12} 的组成成分，钴缺乏症伴有维生素 B_{12} 合成的下降。牛和羊在缺钴元素的土地上（土中钴元素低于 2 mg/kg）放牧，因维生素 B_{12} 合成的剧烈下降而造成严重贫血。叶酸和吡哆醇（维生素 B_6）缺乏症是罕见的，动物在正常情况下一般不会发生。

蛋白质缺乏能干扰血红蛋白的合成和造成贫血，老年动物这类贫血十分常见。常常由于饲料中缺乏蛋白质或胃肠消化功能障碍，蛋白质吸收不足，以及慢性消耗性疾病（如结核、鼻疽），造成蛋白质缺乏，均可引起贫血。

3. 病理特征

营养不良性贫血一般病程较长，动物消瘦，血液稀薄，血红蛋白含量降低，血色变淡。铁和铜缺乏时，血象特点是小红细胞低色素性贫血，红细胞平均体积及血红蛋白平均含量均降低。严重时，红细胞大小不均，并呈异形性（缺铁是红细胞的基质结构合成障碍所致）。钴元素和维生素 B_{12} 缺乏时，由于红细胞成熟障碍，血象特点为大红细胞高色素性贫血，血红蛋白含量比正常高。

三、贫血对机体的影响

（一）局部贫血对机体的影响

局部贫血的后果取决于贫血的程度、持续时间、器官组织对缺血、缺氧的耐受力及能否建立有效的侧支循环等因素。如动脉血流完全断绝，又不能建立侧支循环时，组织可发生急性坏死（心肌与脑的坏死，常引起动物急性死亡；肠道坏死易引起坏疽，甚至肠壁破裂，造成严重后果）。不同组织对缺氧的耐受程度不同，脑组织对缺氧最敏感。心肌与骨骼肌比较，心肌对缺氧较敏感，而骨骼肌的耐受能力较强。结缔组织与实质细胞比较，贫血、缺氧可导致实质细胞萎缩、变性或坏死，而结缔组织却大量增生。

（二）全身性贫血对机体的影响

1. 组织缺氧

红细胞是携带和运输氧的工具，它的主要功能是将氧从肺脏输送到全身组织，并将组织中的二氧化碳输送到肺脏，由肺脏排出。贫血时，毛细血管内的氧扩散压力过低，以致对距离较远的组织供氧不足，此外，血液总的携氧能力降低，输送至组织的氧气量减少，结果造成组织缺氧、酸中毒，各器官、组织随之出现细胞萎缩、变性、坏死。

2. 生理性代偿反应

即使在组织缺氧的情况下，血红蛋白中的氧实际上并未完全被释放和利用。身体能通过血红蛋白中氧的释放增加、心脏输出量增加和血液循环加速、血液总量的维持、器官和组织中血流的重新分布、红细胞增多等发挥多种代偿机制以便充分利用血红蛋白中的氧，使组织尽量获得更多的氧。

任务四 血栓形成

在活体的心脏或血管内，血液发生凝固或血液中有形成分析出、凝集，形成固体物质的过程，称为血栓形成。所形成的固体物称为血栓。

一、血栓形成的条件及发生机理

促使血栓形成的条件虽然很多，但大致可归纳为以下三方面。

1. 心脏、血管内膜损伤

正常心脏、血管内膜是完整而光滑的，完整的内皮细胞有抑制血小板凝集和抗凝血作用。当内膜受到损伤时，内皮细胞发生变性、坏死、脱落，内皮下的胶原纤维暴露，激活凝血系统形成血栓。心血管内膜的损伤多见于炎症，如猪丹毒时的心内膜炎，也见于血管结扎缝合等。

2. 血流状态改变

正常情况下，血液呈轴流状态，即血液的有形成分(红细胞、白细胞、血小板)在血管的中间流动，血浆在周边流动。当血流缓慢或有漩涡产生时，血小板离开中间而黏附于损伤血管壁，激活凝血系统形成血栓。血流状态的改变常见于心力衰竭、心血管的病变等。

3. 血液性质改变

血液性质改变主要是指血液凝固性增高，见于血小板和凝血因子增多。如在严重创伤、大面积烧伤、产后或大手术时，血液黏性增高、血小板数目增多，血浆中纤维蛋白原、凝血酶原及其他凝血因子(凝血因子Ⅻ、凝血因子Ⅶ)等含量也增加，为血栓形成创造了条件。

上述三种因素往往是同时存在，在血栓形成的不同阶段其作用又各有侧重。正确理解血栓形成的条件，就可以在动物临床实践中采取相应措施，防止或减少血栓形成。如外科手术过程中应尽量避免损伤血管，长期静脉注射时避免在同一部位进针等。

二、血栓形成的过程

血栓形成的过程包括血液中血小板的析出并凝集和血液凝固两方面，它是在血管内血液不断流动的情况下逐渐形成的。血小板从轴流中分离析出，在损伤的血管内皮处凝集成堆，随之有少量白细胞和纤维蛋白沉积，形成灰白色的小丘状物，为血栓的头部(白色血栓)。白色血栓形成后突入血管腔内，使血流变慢并产生漩涡运动，血小板进一步大量析出和凝集，形成许多有分枝的小梁，表面黏附许多白细胞，形如珊瑚。小梁间的血流逐渐变慢，血液中的凝血系统被激活，使纤维蛋白大量沉积在小梁之间构成网状结构，网状结构的网眼内网罗大量红细胞和少量白细胞，形成红白相间的层状波纹，为血栓的体部(混合血栓)。随着血栓体积增大，直至血管腔被阻塞，则血流停止，血液迅速凝固，呈暗红色，为血栓的尾部(红色血栓)(图 4-4)。

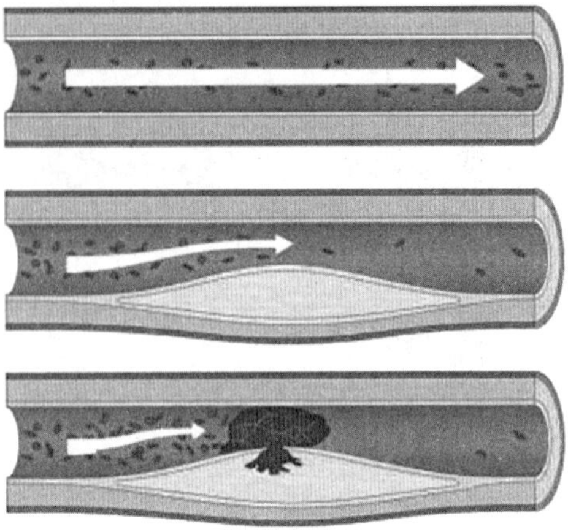

图 4-4　血栓形成过程模式图

三、血栓的种类

1. 白色血栓

常发生在血流速度较快的心脏或动脉内。眼观呈灰白色，表面粗糙有波纹，质地坚实，与血管壁紧密粘连不易脱落。光镜下，可见白色血栓主要由血小板和少量的白细胞及纤维蛋白构成。

2. 混合血栓

常构成静脉延续性血栓的体部。眼观呈红白交替的层状结构。光镜下，可见混合血栓主要由淡红色无结构的珊瑚状血小板小梁和充满于小梁间的纤维蛋白网及红细胞构成。血小板小梁边缘有许多中性粒细胞黏附。

3. 红色血栓

常发生在血流极度缓慢或血流停止之后，其形成过程与血管外凝血相同，往往构成静脉内延续性血栓的尾部。眼观呈暗红色，刚形成的红色血栓，表面光滑，湿润并富有弹性，与动物死后血凝块一样；陈旧的红色血栓由于水分被吸收，变得干燥，表面粗糙，失去弹性，质脆易碎，易脱落形成栓塞。光镜下，红色血栓见纤维蛋白网眼内充满正常血液分布的红、白细胞。

四、血栓与死后血凝块的区别

动物死后的数小时内，血液在心血管内凝固，血凝块内红细胞均匀分布，外观呈均匀一致的暗红色，称为死后血凝块。倘若动物缓慢死亡，血液凝固过程也缓慢，红细胞因体积质量较大，常沉降于血凝块的下方，而体积质量较轻的血小板、白细胞、纤维蛋白及血浆蛋白等，浮在血凝块的上层，呈淡黄色，很像鸡的脂肪，故称为鸡脂样血凝块。血栓与死后血凝块的区别见表 4-1。

表 4-1　血栓与死后血凝块的区别

项目	血栓	死后血凝块
表面	干燥、表面粗糙、无光泽	湿润、表面平滑、有光泽
质地	较硬、较脆	柔软、有弹性
色泽	色泽混杂，灰红相间，尾部暗红	暗红色或血凝块上层呈鸡脂样
与血管壁的关系	与心血管壁黏着	易与血管壁分离
组织结构	具有特殊结构	无特殊结构

五、血栓的结局

1. 软化、溶解、吸收

血栓形成后，其中的纤维蛋白吸附大量纤溶酶，血栓中的中性粒细胞崩解释放蛋白分解酶，促使血栓溶解软化。小的血栓溶解液化，可被全部吸收或被血流冲走不留痕迹；较大的血栓部分发生软化，残留部分发生机化或脱落成为栓子，随血流运行，可引起栓塞。

2. 机化与再通

血栓形成后的数天内，新生的肉芽组织从血管壁损伤处向血栓里面生长，逐渐取代血栓，称为血栓机化。血栓机化时，常由血栓内部或血栓与血管壁之间形成裂隙，裂隙的表面被增生的血管内皮细胞所被覆，最后形成与原血管相通的一个或数个小血管，使血流重新通过，称为血栓的再通。

3. 钙化

少数没有完全软化或机化的血栓，可发生钙盐沉着，称为血栓钙化。血栓钙化后成为结石存在于血管内，以静脉石较多见。

六、对机体的影响

血栓形成在一定条件下具有抗损伤的意义。如血管破裂时，血栓形成具有止血作用。然而，更常见的是血栓造成的血管管腔阻塞和其他影响，甚至造成致命的危害。血栓引起的危害主要有以下几种。

1. 堵塞管腔、阻断血流

动脉血栓未完全阻塞管腔时，可引起局部器官缺血性萎缩；如完全阻塞又缺乏有效的侧支循环时，可引起局部器官的缺血性坏死。静脉血栓形成后，若未能建立有效的侧支循环，则引起局部淤血、水肿和出血，甚至坏死。

2. 形成栓子、造成栓塞

在血栓未和血管壁牢固黏着之前，或血栓在溶解的过程中，常可整体或部分碎片脱落，形成栓子，随血流运行而引起栓塞。

3. 引起心脏瓣膜病

心瓣膜血栓机化，可引起瓣膜粘连，造成瓣膜狭窄。如在机化过程中纤维组织增生而后收缩，可造成瓣膜关闭不全，导致全身性血液循环障碍。

此外血栓对机体的影响也常取决于血栓形成的部位、大小以及侧支循环建立的情况。一般而言，较大的血栓对机体的影响也大，但这也不是绝对的，如心、脑等重要器官，即使发生很小的血栓，对机体也可能造成严重的不良后果。

任务五 栓 塞

在循环血液中出现不溶解于血液的异常物质，随血流运行堵塞血管的过程，称为栓塞。引起栓塞的异常物质称为栓子。栓子种类常见的有血栓、空气、脂滴、肿瘤细胞、细菌团块或寄生虫等。

一、栓塞的种类

1. 血栓性栓塞

由血栓或脱落的血栓碎片引起的栓塞，称为血栓性栓塞，是栓塞中最常见的一种。如患慢性猪丹毒时心脏二尖瓣上的白色血栓脱落后，随动脉血流运行至脾、肾等器官的小动脉内，引起栓塞。

2. 脂肪性栓塞

脂肪滴进入血流堵塞血管，称为脂肪性栓塞。多见于管状骨骨折或脂肪组织挫伤时，脂肪细胞破裂释放出的脂滴可通过破裂的静脉进入血流而引起肺部小动脉的栓塞。

3. 空气性栓塞

正常时血液仅能溶解极少量的空气，若大量空气于短时间内进入血液会引起空气性栓塞。在大静脉损伤时，由于大静脉的血压为负压，空气从破裂口被吸入血流，或静脉注射时误将空气注入。大量空气入血后，随血流抵达右心房，受到血流冲击后形成无数小气泡，严重妨碍静脉血向心脏回流和血液向肺动脉的输送，造成严重的血液循环障碍，从而引起动物急性死亡。

4. 生物性栓塞

生物性栓塞常见的有组织性栓塞、细菌性栓塞、寄生虫性栓塞等。

(1)组织性栓塞。在组织受损或坏死的情况下，组织碎片或细胞团块通过损伤的血管进入血流引起栓塞。恶性肿瘤细胞形成的瘤细胞栓塞不仅构成一般组织性栓塞，还可以引起肿瘤的转移。

(2)细菌性栓塞。机体内感染灶中的病原菌，可能以单纯细菌团块的形式或与坏死组织、血栓相混合，进入血液循环引起细菌性栓塞。它除具有一般栓塞的危害作用外，还能造成细菌的播散，在栓塞处引起新的感染灶，甚至可引起脓毒败血症。

(3)寄生虫性栓塞。某些寄生虫虫体或虫卵也可成为栓子，如猪蛔虫的幼虫经肝静脉随血流进入肺脏；旋毛虫进入肠壁淋巴管，经胸导管进入血液，均可形成寄生虫性栓塞。

二、栓子的运行途径

栓子在体内运行的途径和血流方向一致(图 4-5),栓子随血流运行堵塞直径比它小的血管。来源于肺静脉、左心或动脉系统的栓子,随动脉血流运行,堵塞于脾脏、肾脏、脑等器官的小动脉;来自大循环静脉系统的栓子,经右心室进入肺动脉,在肺部小动脉形成栓塞;来自门静脉的栓子,大多随血流进入肝脏,在肝脏的门静脉分支处形成栓塞。

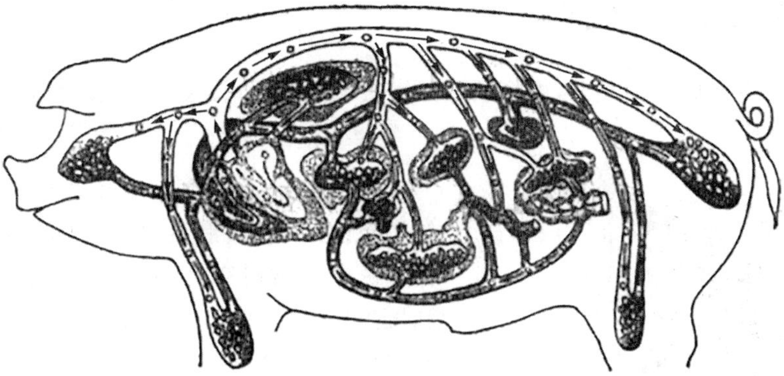

图 4-5　栓子运行示意图

(空白代表动脉,黑点代表静脉,箭头代表栓子运行方向)

三、栓塞对机体的影响

栓塞对机体的影响取决于栓塞形成的部位、有效侧支循环的建立。发生栓塞时,如果有足够的侧支循环,一般不会造成严重影响,若是侧支循环未能及时建立,则局部组织因供血停止而坏死。脑动脉和心脏冠状动脉发生栓塞时,往往导致心、脑功能障碍,引起动物急性死亡。

任务六　梗　死

局部组织或器官因动脉血流中断而引起的组织坏死,称为梗死。

一、梗死的原因

任何动脉血管腔闭塞的原因均可引起梗死。

1. 动脉阻塞

血栓形成和栓塞是动脉阻塞而导致梗死的最常见原因。如心脏冠状动脉和脑动脉的血栓,可引起心肌梗死和脑梗死。

2. 动脉受压

动脉受机械性压迫而致管腔闭塞也可引起梗死。如肿瘤、炎症包块、腹水、肠套叠、肠扭转等引起梗死。

3. 动脉痉挛

单纯动脉痉挛一般不会引起梗死，但在严重的动脉粥样硬化病变的基础上，当动脉壁受到刺激时，可引起反射性痉挛（如冠状动脉、脑动脉粥样硬化时发生的持续痉挛），可使管腔完全闭塞而引起梗死。

二、梗死的类型及病理变化

根据梗死灶内含血量的多少，可将梗死分为贫血性梗死（白梗死）和出血性梗死（红梗死）。

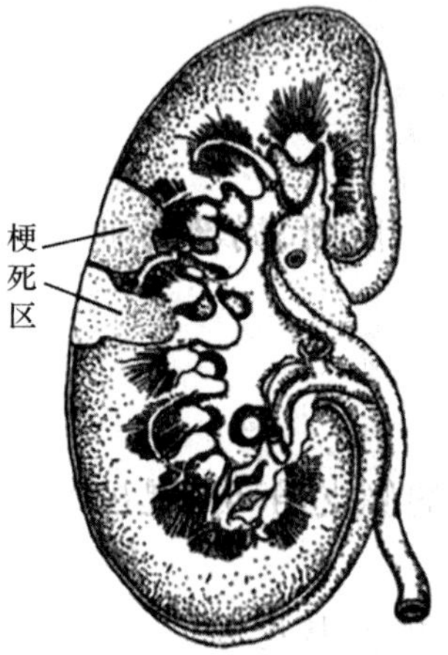

图 4-6 肾贫血性梗死

1. 贫血性梗死

贫血性梗死常发生于侧支循环不丰富、组织结构致密的心脏、肝脏、肾脏、脑等器官。当这些器官的动脉被阻塞时，血流中断，其分支及邻近动脉发生反射性痉挛，将梗死灶内的血液排挤出去，使梗死灶呈灰白色，故称为贫血性梗死（白梗死）。

贫血性梗死灶的形态与梗死区的血管分布相一致。肾脏的动脉呈树枝状分布，梗死灶呈锥体形，表面呈圆形或不正圆形，切面呈楔形（图 4-6）。心脏冠状动脉分支不规则，故心肌梗死灶呈不规则状（地图形）。

梗死灶形成后，多因其吸收水分，常肿胀隆起于器官表面。经数日后，梗死组织则变干、变硬，表面略微凹陷；梗死灶与正常组织分界处常有一明显的充血和出血带，称为炎性反应带。镜检见梗死区内的实质细胞坏死，坏死细胞均质红染，核浓缩、碎裂或溶解消失。有时坏死灶中还见有钙盐沉着和结缔组织增生。

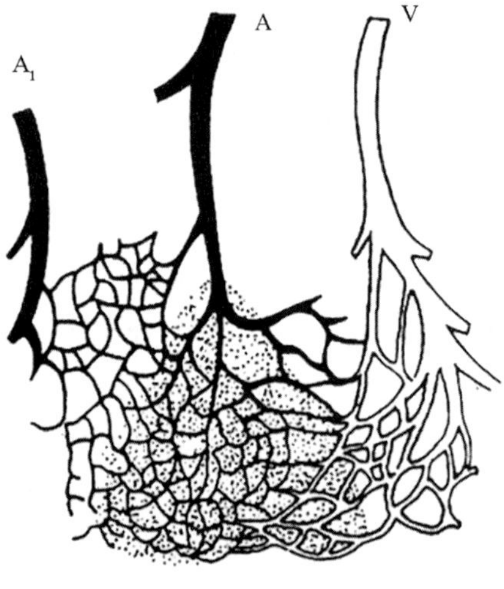

A、A_1. 动脉血管 V. 静脉血管

图 4-7 出血性梗死模式图

2. 出血性梗死

出血性梗死常发生于组织结构疏松，血管吻合支丰富的肺脏、脾脏、胃、肠等器官组织。除动脉血管阻塞外，往往还有严重的淤血，此时由于静脉和毛细血管内压升高，影响动脉侧支循环的建立。再如肺脏有双重血液循环供应，一支被阻塞，另一支虽有血液流注，但它不能克服梗死灶内淤血的阻力，于是血液停滞在梗死灶内，血管壁由于缺氧，通透性升高而出血，梗死灶呈暗红色，故称为出血性梗死（红梗死）（图 4-7）。眼观梗死灶切面湿润，呈黑红色，与周围组织界线不甚清楚。光镜下，组织结构模糊，甚至消失，小血管内充满血液，间质水肿、出血。

三、结局和对机体的影响

梗死对机体的影响常因梗死发生的器官、部位、大小以及梗死区有无感染等不同而异。总的来看，一般器官发生的小梗死灶通常对机体的影响不大，但当心脏和大脑发生梗死时，即使是范围很小的梗死灶也可引起严重的后果。当梗死灶内有病原微生物感染时，则易继发化脓或腐败，使动物继发败血症而死亡。

梗死灶形成时，病灶周围的血管扩张充血，并有白细胞和巨噬细胞浸润，继而形成肉芽组织。在梗死发生24～48 h后，肉芽组织已开始从梗死灶周围长入病灶内，小的病灶可被肉芽组织取代后变为瘢痕；大的梗死灶不能被完全机化时，则由肉芽组织予以包裹，有时可发生钙化。

实训技能　局部血液循环障碍病变观察

一、目的要求

通过大体标本观察、显微镜观察和多媒体课件教学，掌握并准确辨认充血、淤血、出血、贫血、栓塞和梗死的宏观病理变化和微观病理变化。深入理解局部血液循环障碍对机体的影响，为病理检查诊断打好基础。

二、材料用具

大体标本、组织切片、幻灯片、挂图、光学显微镜、电脑、投影仪等。

三、方法与步骤

1. 多媒体教学

运用现代化教学手段（如显微投影、课件、幻灯片）对病变标本进行观察，并对照正常组织讲解所要观察标本的病理变化要点、临床诊断意义。

2. 大体标本观察

标本1　猪瘟肠溃疡灶周边充血

观察　眼观肠黏膜上散在一些大小不一的圆形病灶。病灶表面呈黄色，并附有炎性渗出物与坏死组织，为溃疡灶所在的部位。每个溃疡灶周围有一暗红色圆圈，即为黏膜的炎性充血带。其中还有一些深红色针尖大的小点，为黏膜出血点。

标本2　肝淤血

观察　眼观肝脏体积增大，被膜紧张，表面光滑，呈暗红色。切开新鲜标本时，为红黄相间花纹状外观，状如槟榔，又称“槟榔肝”。暗红色的斑纹是肝小叶中央静脉及其周围肝血窦扩张充血，黄褐色条纹是小叶周边肝细胞发生脂肪变性所致。

标本3 肺淤血

观察 眼观病变肺脏膨隆，暗红色至黑红色，手感沉重，致密。切开时，流出大量黑红色较稠的血液，可能还混有泡沫，肺小叶间隔增宽且呈胶冻样。

标本4 肾出血

观察 眼观肾脏的被膜及切面皮质部有散在、圆形、鲜红色的针尖大至粟粒大的小点，有的部位呈斑块状。

标本5 肠黏膜出血

观察 眼观肠黏膜上有鲜红色的针尖大至粟粒大的小点，有的部位呈斑块状，甚至更大。

标本6 膀胱黏膜出血

观察 眼观膀胱黏膜上有鲜红色的针尖大至粟粒大的小点，有的部位呈斑块状，甚至更大。

标本7 静脉血栓

观察 眼观静脉的病变部增大，呈球形、纺锤形或圆筒形等。病变部血管壁明显增厚，其内膜上附着大小不等的血栓。血栓呈黄白色、黄褐色至红褐色，表层的血栓可以剥脱。

标本8 血栓机化

观察 眼观慢性猪丹毒心内膜炎时，心瓣膜上有形状不规则，状似菜花样的赘生物，质地较脆而硬，与瓣膜或心壁牢固相连，不易剥离。在切面上，表层为黄白色的血栓，深层可见从瓣膜伸入的灰白色致密纤维组织条索。

标本9 肾贫血性梗死

观察 眼观肾梗死灶在皮质部呈锥体形，底端朝着肾表面，呈色灰白或黄白，界线清楚，大小不一，稍隆起，硬实，有红色的出血和炎症反应带环绕。在肾纵切面上，黄白色的梗死灶大小不一，但都呈楔形。

标本10 脾出血性梗死

观察 眼观脾脏体积正常或稍增大，其边缘或表面有暗红色单个或多个，大小不等、略高于周围组织的梗死灶，分界清楚，质地硬实。梗死灶多时，可互相融合。切面上见梗死灶呈结节状或圆锥状，锥体状的梗死灶底部位于表面，尖端指向脾脏中心。梗死灶为黑红色，但中央色稍淡，较干燥，无光泽，脾脏结构轮廓尚能辨别，梗死灶周围有暗红色的出血性浸润带。

3. 病理组织切片观察

切片1 子宫内膜动脉性充血和出血

观察 低倍镜观察切片，找到子宫内膜的固有膜，见其中的毛细血管显著扩张，管腔内充满大量红细胞（动脉性充血）。在接近内膜表层发生损伤的区域见一些血管周围有散在的红细胞（渗出性出血）。

切片2　肝淤血

观察　先以低倍镜观察，见肝小叶轮廓清楚。在肝小叶中心带，中央静脉及周围的静脉窦扩张，充满大量红细胞，肝细胞索被压迫变得细小或消失。

选定淤血比较典型的肝小叶，视野对准中央静脉，然后转换高倍镜观察，见肝小叶中心带的肝细胞索零乱不整，肝细胞因淤血压迫体积变小或消失。在肝小叶周边带，肝细胞肿大、变性，变性的细胞胞浆中出现空泡。

切片3　肺淤血

观察　低倍镜见肺泡壁毛细血管显著扩张充血，使肺泡壁增宽，许多肺泡内可见有内含棕褐色颗粒的大细胞。

高倍镜观察，在肺泡腔内有淡粉色的浆液，并混有红细胞和少量的脱落上皮细胞。另外，在肺泡腔内可见心力衰竭细胞（胞浆内形成含铁血黄素颗粒的巨噬细胞），以及不含有含铁血黄素颗粒的巨噬细胞，有的巨噬细胞胞浆内尚有一些尘埃颗粒。

切片4　肾贫血性梗死

观察　低倍镜观察，可见粉红色区域，多无细胞核成分，但可见肾组织结构的轮廓存在，梗死区周围可见出血带。

高倍镜观察，肾小管上皮细胞崩解成碎片，多数细胞核消失，肾小球血管网极度空虚并且体积缩小。健康部肾小管结构完整，上皮细胞排列整齐，可与梗死区作对照观察。

切片5　肺出血性梗死

观察　低倍镜可见梗死区肺组织坏死，但部分区域肺泡及血管的轮廓仍存在。肺泡内充满已溶解或未溶解的红细胞。梗死区周围肺泡壁毛细血管扩张充血，肺泡腔内有大量红细胞、吞噬细胞等细胞成分。

病例：羊子宫脱出，水肿出血

病例：麻鸡小肠球虫病

病例：鸭胰腺出血脾坏死

病例：鸡肠道、法氏囊等脏器出血

四、作业

（1）观察充血、淤血、出血、血栓、梗死等器官或组织的大体标本，并叙述它们的发生原因和机理。

（2）绘出肺淤血、肝淤血、肾梗死的显微图。

局部血液循环障碍病例彩图

学习要求

识记：充血、淤血、出血、贫血、血栓形成、栓塞、梗死的概念及类型。

理解:各类局部血液循环障碍形成的机理及相互转化的规律性。

应用:尸体剖检过程中能区分充血、淤血及出血最基本的病理变化;能准确描述渗出性出血的病理变化;贫血性梗死与出血性梗死病理变化的区别;血栓的形成过程中动脉血管、静脉血管及心腔内可能发生的血栓种类。

知识拓展

各类全身性贫血的特点

项目	失血性贫血		溶血性贫血	营养不良性贫血	再生障碍性贫血
	急性	慢性			
原因	外伤、肝脾破裂、产后大出血等	寄生虫病、胃溃疡等	溶血性微生物、毒物、血液原虫、免疫性因素等	长期缺乏蛋白质、铁、铜、维生素B_{12}等	某些中毒、病毒性传染病、放射性物质照射等
红细胞数量	减少	减少	减少	略减少	减少
血红蛋白含量	降低	降低	降低	铁和铜缺乏时降低,钴和维生素B_{12}缺乏时比正常高	降低
血色指数	初期正色素性,后期为低色素性	正色素性,补铁不足呈低色素性	初期为高色素性,后期为低色素性	缺铁为低色素性贫血,缺维生素B_{12}为高色素性贫血	无明显变化
血细胞象	红细胞基本正常,后期网织红细胞、有核红细胞增多,也见多染性红细胞	红细胞染色淡、大小不均,严重时有异型性红细胞出现	网织、有核红细胞增多、出现多染性红细胞	红细胞淡染、体积小,有时呈异型性	红细胞大小不均,出现异型红细胞,白细胞和血小板都减少
病变	贫血性心衰、休克	见肝脾髓外造血灶,肝脂变,管状骨内红髓区扩大	贫血、黄疸、脾肿大三联征并有血红蛋白尿	呈恶病质(严重水肿、贫血、消瘦)	黏膜、皮肤有出血和感染,反复发热抗贫血药治疗无效,管状骨内红髓区缩小
	全身性贫血时全身综合表现:被毛粗乱、消瘦、乏力、呼吸急促、生长慢、不愿动。脉增数、血液稀薄、皮下水肿、可视黏膜苍白、食欲减退、消化不良				

Rh 血型系统

Rh(Rhesus monkeys)血型系统,也称恒河猴血型系统,是人类的一种血型系统,有阴性与阳性之分。大部分人都为阳性,Rh 阴性者不能接受 Rh 阳性者血液,因为 Rh 阳性血液中的抗原将刺激 Rh 阴性人体产生 Rh 抗体。如果再次输入 Rh 阳性血液，即可导致溶血性输血反应。但是 Rh 阳性者可以接受 Rh 阴性者的血液。Rh 血型系统的重要性仅次于 ABO 血型系统。兰德斯坦纳等科学家在 1940 年做动物实验时，发现恒河猴和多数人体内的红细胞上存在 Rh 血型的抗原物质，故而命名的。凡是人体血液红细胞上有 Rh 凝集原者，为 Rh 阳性。反之为阴性。这样就使已发现的红细胞 A、B、O 及 AB 四种主要血型的人，又都分别一分为二地被划分为 Rh 阳性和 Rh 阴性两种。随着对 Rh 血型的不断研究，认为 Rh 血型系统可能是红细胞血型中最为复杂的一个血型系统。Rh 血型的发现，对更加科学地指导输血工作和进一步提高新生儿溶血病的实验诊断和维护母婴健康，都有非常重要的作用。根据有关资料介绍，Rh 阳性血型在我国汉族及大多数民族人中约占 99.7%，个别少数民族约为 90%。在国外的一些民族中，Rh 阳性血型的人约为 85%，其中在欧美白种人中，Rh 阴性血型约占 15%。

人类红细胞血型由 20 多种的血型系统组成，ABO 和 Rh 血型是与人类输血关系最为密切的两种血型系统。当一个人的红细胞上存在一种 D 抗原（血型物质）时，则称为 Rh 阳性，用 Rh(+)表示；当缺乏 D 抗原时即为 Rh 阴性，用 Rh(−)表示。

复习思考题

一、名词解释

充血　淤血　心力衰竭细胞　出血　血肿　贫血　血栓形成　栓塞　梗死

二、填空题

1. 局部充血可分为__________和__________2 类。

2. 病理性动脉充血包括__________、__________和__________。

3. 出血的类型有__________和__________。

4. 血栓的结局有__________、__________和__________。

5. 根据病因和发病机理可将贫血分为__________、__________、__________、__________。

6. 梗死可分为__________和__________2 类。

三、单项选择题

1. 由血管壁通透性增高引起的出血是（　　）。

A. 破裂性出血　　B. 体腔积血　　C. 外出血

D. 渗出性出血　　E. 滤出性出血

2. 下列哪个器官的梗死灶呈节段性？（　　）

A. 小肠　　B. 心脏　　C. 脑

D. 卵巢　　E. 肝

3. 右心衰竭可导致（　　）。

A. 肝细胞透明变性　　B. 槟榔肝　　C. 肝出血性梗死

D. 肝贫血性梗死　　E. 坏死后性肝硬化

4. 心肌梗死灶的肉眼形状常为（　　）。

A. 楔形　　B. 不规则形　　C. 锥体形

D. 圆形　　E. 三角形

5.出血性炎症时,出血的主要原因是(　　)。

A.血管壁通透性增高　B.静脉淤血　C.组织缺血缺氧

D.组织内胶体渗透压增高　E.血浆胶体渗透压增高

6.混合血栓通常见于(　　)。

A.静脉血栓尾部　B.动脉血栓头部　C.毛细血管内

D.静脉血栓体部　E.心瓣膜附近

7.休克死亡者,在某些脏器的组织切片中可见(　　)。

A.混合血栓　B.红色血栓　C.透明血栓

D.白色血栓　E.附壁血栓

8.易发生贫血性梗死的脏器是(　　)。

A.肝脏、心脏、肾脏　B.心脏、脑、肠　C.脾脏、心脏、肺脏

D.肾脏、肠、脑　E.肾脏、心脏、肺脏

9.肾梗死区的坏死多为(　　)。

A.液化性坏死　B.干酪样坏死　C.凝固性坏死

D.脂肪坏死　E.坏疽

10.下列哪种梗死灶常发生化脓?(　　)

A.心脏附壁血栓脱落造成的梗死灶

B.心肌梗死

C.急性细菌性心内膜炎赘生物脱落造成的梗死灶

D.肺出血性梗死灶

E.卵巢肿瘤蒂扭转性梗死灶

11.出血性梗死最常发生在哪一个器官?(　　)

A.肾脏　B.肺脏　C.脑

D.脾脏　E.心脏

12.栓塞最常见的类型是(　　)。

A.气体栓塞　B.血栓栓塞　C.羊水栓塞

D.脂肪栓塞　E.瘤细胞栓塞

13.下列有关脾梗死病理特点的叙述哪一项是错误的?(　　)

A.多由血栓栓塞所致

B.梗死灶呈灰白色,锥体形

C.交界处有明显的充血、出血带

D.属于出血性梗死

E.梗死组织呈凝固性坏死

14.脑动脉充血时可能引起的最严重后果是(　　)。

A.颅内压升高　B.脑水肿　C.头痛头晕

D.脑血管破裂出血　E.脑脊液增多

15. 下述有关死后血凝块的记述中，错误的为（　　）。
A. 湿润、有光泽　B. 质地柔软　C. 有弹性
D. 暗红色、均匀一致，上层似鸡脂样
E. 与血管壁粘连紧密，不易剥离

16. 下列哪一项不属于血栓形成的结局？（　　）
A. 溶解吸收　B. 排出血管外　C. 机化
D. 再通　E. 钙化

17. 血栓形成对机体的影响中，哪一项对机体有利？（　　）
A. 阻塞血管　B. 淤血　C. 止血
D. 栓塞　E. 形成心瓣膜病

18. 下列哪一项不是血栓形成的条件？（　　）
A. 心血管内膜损伤　B. 血流缓慢　C. 血流形成旋涡
D. 血液凝固性增加　E. 纤维蛋白溶酶增加

19. 淤血器官（　　）。
A. 色暗红，体积增大，切面干燥，功能增强，温度降低
B. 色苍白，体积增大，切面干燥，功能减退，温度降低
C. 色暗红，体积增大，切面湿润，功能增强，温度降低
D. 色暗红，体积增大，切面湿润，功能减退，温度降低

20. 下列哪一项不符合静脉性充血时受累器官的病变特点？（　　）
A. 体积增大　B. 颜色鲜红　C. 代谢功能减弱
D. 小静脉和毛细血管扩张　E. 温度降低

21. 渗出性出血多发生于（　　）。
A. 毛细血管　B. 小静脉　C. 小动脉
D. 大静脉　E. 大动脉

22. 动脉性充血的主要病理变化是（　　）。
A. 组织器官的体积增大　B. 组织器官质量增加
C. 局部呈鲜红色　D. 小动脉和毛细血管扩张，充满红细胞
E. 局部温度升高

23. 血液中正常状态下不存在的物质，随着血流运行堵塞血管的过程称为（　　）。
A. 血栓　B. 栓塞　C. 梗死
D. 淤血　E. 坏死

24. 下列哪一种梗死可发生软化并形成囊腔？（　　）
A. 肺梗死　B. 肠梗死　C. 脾梗死
D. 脑梗死　E. 肾梗死

25. “虎斑心”是指心肌细胞发生下列哪一种病变的眼观变化？（　　）
A. 水肿　B. 脂肪变性　C. 出血
D. 淀粉样变性　E. 细胞肿胀

26.（全国执业兽医资格考试试题）“心力衰竭细胞”出现在（　　）。

A. 心脏　　B. 肝脏　　C. 脾脏

D. 肺脏　　E. 肾脏

27.（全国执业兽医资格考试试题）血液弥漫性分布于组织间隙，使出血组织呈现大片暗红色的病变称为（　　）。

A. 出血性素质　　B. 溢血　　C. 点状出血

D. 出血性浸润　　E. 斑状出血

28.（全国执业兽医资格考试试题）皮肤、黏膜、浆膜、肝以及肾等器官表面的出血点、出血斑属于（　　）。

A. 渗出性出血　　B. 破裂性出血　　C. 出血性浸润

D. 出血性素质　　E. 以上都不是

29.（全国执业兽医资格考试试题）下列哪一种物质进入血管后不能形成栓塞？（　　）

A. 水　　B. 气体　　C. 脂肪组织

D. 坏死细胞团块　　E. 细菌集落

30.（全国执业兽医资格考试试题）心瓣膜上形成血栓，常见的类型是（　　）。

A. 白色血栓　　B. 混合血栓　　C. 红色血栓

D. 透明血栓　　E. 败血型血栓

四、多项选择题

1. 肉眼观察混合血栓的病理特点是（　　）。

A. 干燥、易碎　　B. 红白相间、分层　　C. 均质、柔软

D. 与血管壁分离　　E. 无光泽

2. 可以成为栓子的物质有（　　）。

A. 血栓　　B. 脂肪　　C. 坏死组织　　D. 空气　　E. 瘤细胞

3. 可发生湿性坏疽的器官主要是（　　）。

A. 肝脏　　B. 肠　　C. 肾脏　　D. 脾脏　　E. 子宫

4. 内出血可以是（　　）。

A. 胃、十二指肠溃疡出血　　B. 血胸　　C. 胆道出血

D. 小腿肌肉拉伤出血　　E. 脾破裂出血

5. 血栓的转归有（　　）。

A. 钙化　　B. 溶解　　C. 化生　　D. 形成栓子　　E. 机化、再通

6. 肝淤血的镜下变化有（　　）。

A. 肝小叶结构被破坏　　B. 纤维组织增生　　C. 肝细胞脂肪变性

D. 中央静脉和肝血窦扩张淤血　　E. 肝细胞萎缩

7. 左心房血栓脱落可引起（　　）。

A. 脑梗死　　B. 脾梗死　　C. 肺梗死

D. 心肌梗死　　E. 肾梗死

8. 慢性猪丹毒的剖检特征是（　　）。

A. 皮肤疹块　　B. 心内膜炎　　C. 关节炎

D. 丹毒性红斑　　E. 皮肤坏死

9. 下列哪些器官的梗死灶常为楔形？（　　）

A. 肾脏　　B. 脾脏　　C. 肺脏　　D. 心脏　　E. 脑

10. 淤血可引起（　　）。

A. 水肿　　B. 局部缺氧　　C. 出血

D. 胶原纤维增生　　E. 实质细胞增生

11. 出血性梗死的病理特点是（　　）。

A. 梗死区淤血、出血明显　　B. 呈楔形　　C. 常可合并细菌感染

D. 充血、出血带不明显　　E. 组织结构常不清

12. 下列哪些器官的梗死常为贫血性梗死？（　　）

A. 肺脏　　B. 子宫　　C. 心脏　　D. 肾脏　　E. 脾脏

13. 下列哪些器官的梗死常为出血性梗死？（　　）

A. 肺脏　　B. 肾脏　　C. 脾脏　　D. 卵巢　　E. 小肠

14. 贫血性梗死的病理特点是（　　）。

A. 形态与脏器的血管分布有关

B. 梗死灶边界不清

C. 实质细胞发生凝固性坏死

D. 梗死区呈贫血苍白状

E. 梗死边缘常有充血、出血反应带

15. 在肺动脉及其分支形成栓塞，其栓子来自（　　）。

A. 左心室　　B. 右心室　　C. 大循环动脉

D. 大循环静脉　　E. 门脉系统

五、判断题

1. 由血管阻塞引起的局部组织的缺血性坏死称为梗死。（　　）

2. 贫血性梗死的原因是动、静脉同时受阻。（　　）

3. 淤血也是充血的一种。（　　）

4. 血栓形成时，所形成的固体物称为栓子。（　　）

5. 脾静脉血栓脱落可引起肺动脉栓塞。（　　）

6. 血栓形成时所形成的固体物称为血块。（　　）

7. 栓子的运动方向是由大血管向小血管运动。（　　）

8. 梗死是由局部血液循环障碍造成的。（　　）

9. 动脉性充血只发生于生理状况下。（　　）

10. 动脉性充血又称为淤血。（　　）

11. 血栓形成时所形成的固体物称为栓子。（　　）

12. 脾、肾、肠易发生贫血性梗死。（　　）

13. 透明血栓是由纤维蛋白和血小板构成的。（　　）

14. 血栓共有三类，即红色血栓、白色血栓和混合血栓。（　　）

15. 瘤胃穿刺放气过快，腹腔内脏由充血转变为缺血。（　　）

六、简答题

1. 简述栓塞的类型及其产生的后果。
2. 简述梗死的原因、类型及其不同类型梗死的形成条件。
3. 简述淤血的原因、病变及其结局。
4. 简述血栓形成的条件及其对机体的影响。
5. 简述全身性贫血的类型与特点。

项目四复习思考题参考答案

项目五
水、盐代谢紊乱

学习目标

- 掌握水肿概念、各类型水肿的特点；各类型脱水的概念和特点。
- 理解水肿的发生机理、常见水肿的病理变化；各类型脱水的发生原因和机理。
- 了解水肿、脱水对机体的影响。

学习内容

水和无机盐是体液的重要组成成分，体液可分为细胞内液和细胞外液两部分。细胞内液是大多数生物化学反应进行的场所，而细胞外液则是组织细胞赖以生存的内环境，组织细胞通过内环境摄取营养、排出代谢产物，因此，体液总量、分布、渗透压及酸碱度的相对稳定，是维持机体正常生命活动的重要基础，一旦这种稳定遭到破坏，即可引起水盐代谢紊乱和酸碱平衡紊乱，从而影响机体各种生理活动的正常进行。

任务一　水　　肿

一、概述

过多的体液在组织间隙或体腔内潴留称为水肿。水肿发生部位不同，表现的病理变化也不同，因此有不同的名称，大量体液积聚于体腔内，称为积水，如心包积水、胸腔积水（胸水）和腹腔积水（腹水）等；皮下水肿称为浮肿。

水肿不是一种单独的疾病，而是多种疾病中都可能出现的一种共同的病理过程，如心衰时会出现全身水肿、局部炎症常见局部水肿等。

水肿有多种分类方法。按发生原因，可分为心性水肿、肾性水肿、肝性水肿、炎性水肿、过敏性水肿、中毒性水肿、内分泌性水肿等；按发生的部位可分为皮下水肿、肺水肿、脑水肿、喉头水肿等；按水肿发生的范围，可分为局部性水肿（水肿局限于某个组织或某个器官）和全身性水肿（机体多处同时或先后发生水肿）等；按水肿发病的主要环节，可分为血管源性水肿、脑源性水肿、血管神经源性水肿、静脉阻塞性水肿、通透性增高性水肿、淋巴阻塞性水肿等。

二、水肿的发生机理

不同类型水肿发生的原因和机理不尽相同，但多数具有共同的发生环节，归纳起来主要是组织液生成量大于回流量及水钠潴留两个方面的因素。

（一）组织液生成量大于回流量

生理状态下，在毛细血管动脉端，血液中的液体成分通过血管壁进入组织间隙，而在静脉端又从组织间隙通过血管壁和淋巴管回流进入血液，通过这种循环，组织液和血液中的液体成分不断地进行交换，但组织液的生成和回流始终处于动态平衡，维持这种平衡的力主要有血管壁内外的流体静压（血压和组织液压）、胶体渗透压（血浆胶体渗透压和组织胶体渗透压），其中毛细血管血压和组织渗透压能促使组织液生成，而血浆胶体渗透压和组织液压可使组织液回流到血管内。另外，还有一定量的组织液必须经组织间的淋巴管来回收，从而维持了组织液生成和回流之间的动态平衡（图 5-1）。

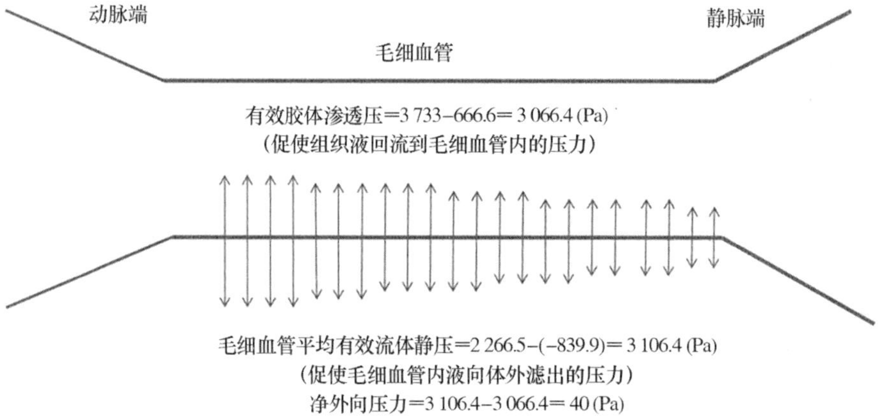

图 5-1　正常血管内外液体交换示意图

在病理条件下，组织液生成和回流之间的动态平衡遭到破坏，使组织液生成的量大于回流的量，组织液在组织间隙过多积聚，则发生水肿。引起组织液生成大于回流的因素如下。

1. 毛细血管内压（流体静压）升高

当毛细血管内压升高时，其动脉端有效滤过压增大，可促使血浆的液体部分过多地滤出，如超过淋巴回流的代偿限度时则发生水肿。动脉充血（如炎症时）和静脉压增高（如血栓、肿瘤、心力衰竭和肝硬化等），都可引起毛细血管内压升高。

有效滤过压＝（毛细血管内压＋组织液渗透压）－（血浆胶体渗透压＋组织液静水压）

2. 组织间液渗透压升高

组织间液的渗透压具有阻止组织间液进入淋巴管和回流入血的作用，故当其升高时，大量组织液在组织间隙潴留而发生水肿。组织间液渗透压升高主要见于炎症病灶。因炎症时局部组织分解代谢加强，大分子蛋白分解成小分子蛋白胨、多肽等；局部组织细胞大量坏死、崩解，离子释放，毛细血管壁的通透性增大，大量血浆蛋白渗入组织间隙，这些因素都可使组织间液渗透压升高。

3. 血浆胶体渗透压降低

血浆胶体渗透压是组织液回流入血管的主要动力，当其下降时，组织液回流入血管不足，组织液回流量减少，则出现水肿，水肿液中蛋白质含量较低。血浆胶体渗透压主要靠血浆中的蛋白质来维持，所以凡能引起血浆蛋白减少的因素，都可引起水肿。引起血浆胶体渗透压下降的因素如下。

(1)血浆蛋白合成不足。营养不良、消化吸收障碍和严重肝病(如肝硬化)等。

(2)血浆蛋白质丢失过多。如肾病综合征病畜，每天从尿中丢失大量的白蛋白。

4. 微血管壁通透性增高

正常时毛细血管只允许水分、电解质及葡萄糖等小分子物质自由通过，而大分子蛋白只有微量滤出。但当毛细血管壁受损伤时，其通透性增高，就有较多的蛋白渗出到组织间隙，使血浆胶体渗透压降低而组织液胶体渗透压升高，引起组织液生成大于回流而发生水肿。

各种炎性刺激(如感染、创伤、化学伤等)和某些变态反应原所引起的水肿主要是血管壁通透性增高所致。引起血管壁通透性增大的主要物质有：血管活性胺(组织胺、5-羟色胺)、激肽(胰激肽、缓激肽)、某些细菌的毒素(葡萄球菌毒素，产气荚膜杆菌毒素)和组织代谢或崩解的一些产物(腺苷、乳酸)等。

5. 淋巴回流受阻

正常形成的组织液有一小部分(约 1/10)经淋巴管回流，从毛细血管动脉端滤出的少量蛋白质也经淋巴回流入血液。当淋巴回流受阻时，一方面使组织液不能经淋巴回流入血而使组织间液过多，另一方面从毛细血管中漏出的蛋白质也不能由淋巴管运走，使组织液的渗透压升高而促使血浆中的液体成分滤出到组织间隙，从而引起水肿。引起淋巴回流受阻的因素有淋巴管阻塞(寄生虫、恶性肿瘤细胞等阻塞淋巴管或瘢痕、肿瘤等压迫淋巴管)、淋巴管痉挛、淋巴管炎等。

(二)水钠潴留

动物不断从饲料和饮水中摄取水和钠盐，并通过呼吸、汗液及粪尿将其排出。正常成年动物水、钠的摄入量和排出量始终保持着动态平衡，维持着体液总量和组织间液量的相对平衡，这种动态平衡的维持是通过神经体液调节得以实现的，其中肾脏对水、钠排泄的调节最为重要。肾脏通过肾小球的滤过和肾小管的重吸收作用而维持动物体水、钠的平衡(称为肾小球-肾小管平衡或球管平衡)。当肾脏发生疾病时，肾小球滤过减少或肾小管对水、钠的重吸收增强，则可导致水、钠在体内的潴留(肾小球-肾小管失平衡)。水钠潴留是水肿发生的物质基础。

1. 肾小球滤过率降低

肾小球滤过作用受有效滤过压、肾血流量及肾小球滤过膜通透性等因素的影响。一般认为，肾小球滤过率降低的主要原因如下。

(1)广泛的肾小球病变可严重影响肾小球的滤过。如急性肾小球肾炎由于炎性渗出物阻塞肾小球血管和血管内皮细胞增生、肿胀，致使肾小球完全或部分阻塞，阻碍了肾小球的滤过。慢性肾小球肾炎则由于肾小球严重纤维化而影响滤过。

(2)有效循环血量下降。如出血、休克、充血性心力衰竭,可引起肾血流量减少而导致肾小球滤过降低。此外,有效循环血量下降还可反射性地引起交感-肾上腺髓质系统、肾素-血管紧张素-醛固酮系统兴奋,使肾小球小动脉广泛地收缩,导致肾血流量更加减少。一方面引起肾小球滤过减少,另一方面也引起肾素的释放。它们的作用都能使水钠在体内潴留。

2.肾小管重吸收增多

肾小管重吸收增多是决定体内水钠潴留的主要方面。引起肾小管重吸收水、钠增多的因素有如下几方面。

(1)激素。醛固酮有促进肾小管重吸收钠的作用;抗利尿激素有促进远曲小管和集合管重吸收水的作用。任何能使抗利尿激素或醛固酮分泌增多的因素,都可引起肾小管重吸收水、钠增多。另外,肝功能严重损伤影响抗利尿激素和醛固酮的灭活,也可促进或加重水肿的发生。

(2)肾血流重新分布。动物的肾单位有皮质肾单位和髓旁肾单位两种。皮质肾单位接近肾脏表面,它们的髓袢较短,因此重吸收水、钠的作用较弱。髓旁肾单位靠近肾髓质,它们的髓袢长,重吸收水、钠的作用也比皮质肾单位强得多。正常时,肾血流大部分通过皮质肾单位,只有小部分通过髓旁肾单位,但在某些病理情况下(如心力衰竭、休克),可出现肾血流的重新分配,这时肾血流大部分分配到髓旁肾单位,使较多的水、钠被重吸收,导致水钠潴留。

水肿在发生和发展过程中,往往是多种因素先后或同时发挥作用,常常是组织间液循环障碍发生后,造成有效循环血量减少,进一步导致肾脏排水、钠减少,引起水钠潴留,加重了水肿。

(三)常见水肿及其发生机理

上面分析了水肿发生的一般机理,但不同类型的水肿,原因不同,其发生的机理也有所差异,现将常见水肿的发生机理分述如下。

1.心性水肿

心功能不全(心衰)可引起水肿。左心功能不全引起肺水肿,而右心功能不全(充血性心力衰竭)可引起全身水肿。右心功能不全早期,轻者水肿出现在身体下垂部或皮下组织比较疏松处,后期则可出现胸水和腹水等。心性水肿发生与下列因素有关。

(1)水钠潴留。心功能不全时,心输量降低导致肾血流量减少,可引起肾小球滤过率降低;有效循环血量减少,引起抗利尿激素和醛酮分泌增多,肾小管对水、钠的重吸收增多,导致水钠潴留。

(2)毛细血管流体静压升高。心衰时,心输出量降低导致静脉回流障碍,进而引起毛细血管流体静压升高,尤其是机体的低垂部位,由于重力作用,毛细血管流体静压更高,水肿也越明显。

(3)其他。右心功能不全可引起胃肠道、肝脏、脾脏等腹腔器官发生淤血和水肿,造成营养物质吸收障碍,对蛋白的消化、吸收及合成减少,导致血浆白蛋白减少,血浆胶体渗透压降低而引发水肿;静脉回流障碍引起静脉压升高,妨碍淋巴回流,有助于水肿形成。

2.肾性水肿

肾脏疾病时常常发生水肿,如肾病综合征、急性肾小球肾炎和肾功能不全等都可发生水肿。肾性水肿属全身性水肿,严重的病例也出现胸水和腹水。其发生机理如下。

(1)肾排水排钠减少。急性肾小球肾炎时,肾小球毛细血管内皮细胞及间质细胞肿胀、增生,又有炎性渗出物的挤压,使肾小球毛细血管极度狭窄,导致肾小球血流量及有效滤过压明显减少，肾小球滤过率明显降低，导致水钠潴留。慢性肾小球肾炎时，当肾小球发生严重纤维化，大量肾单位遭到破坏使滤过面积显著减少，也可引起水钠潴留。

(2)血浆胶体渗透压降低。肾炎时肾小球毛细血管基底膜受损，通透性增高，大量血浆白蛋白滤出，最后形成蛋白尿而排出体外，使血浆胶体渗透压下降，这样不但可引起血液的液体成分向细胞间隙转移，另外也可导致血容量减少，血容量减少又可引起抗利尿激素、醛固酮分泌增加而使肾小管对水、钠的重吸收增多。

3.肝性水肿

许多严重的肝病特别是肝硬化可引起水肿(主要表现为腹水)。其发生机理如下。

(1)肝静脉回流受阻。肝硬化时，结缔组织增生，压迫肝内血管，使肝静脉回流不畅，而引起肝窦压力增高，经肝窦滤出的液体(含蛋白质成分多)增多，当超过淋巴回流的能力时则由肝表面漏出形成腹水。

(2)门静脉高压。门静脉高压可由肝硬化、门静脉分支阻塞(寄生虫卵、血栓)等原因引起。门静脉高压可导致肠系膜毛细血管流体静压升高、肠壁水肿，液体漏入腹腔形成腹水。

(3)水钠潴留。肝功能不全时，对醛固酮和抗利尿激素的灭活功能降低，使肾小管对水、钠重吸收增多。腹水一旦形成，则血容量降低，又可引起醛固酮和抗利尿激素分泌增多，进一步导致水钠潴留，加剧肝性水肿。

(4)血浆胶体渗透压下降。严重肝病时，首先机体对蛋白质的消化、吸收及合成减少，血浆胶体渗透压下降；其次肝脏淋巴液含较多的蛋白质，腹水的形成使大量白蛋白潴留于腹腔内，血浆胶体渗透压降低；最后水钠潴留对血浆蛋白有稀释作用，使血浆胶体渗透压下降，在一定程度上可促使水肿的发生。

4.营养不良性水肿

营养不良性水肿又称恶病质性水肿。在慢性消耗性疾病(如严重的寄生虫病、慢性消化道疾病、恶性肿瘤)和动物营养不良(如缺乏蛋白性饲料或其他某些物质)时，机体缺乏蛋白质，造成低蛋白血症，引起血浆胶体渗透压降低而导致水肿的发生。另外有毒代谢产物蓄积，损伤毛细血管壁，也能引发水肿。

5.肺水肿

在肺泡腔内及肺泡间隔内蓄积多量体液称为肺水肿。其发生机理如下。

(1)肺泡壁毛细血管内皮和肺泡上皮损伤。由各种化学性因素(如硝酸银、氨气)、生物性因素引起的中毒性肺水肿的发生机理是有害物质损伤肺泡壁毛细血管内皮和肺泡上皮，使其通透性升高，导致血液的液体成分甚至蛋白质渗入肺泡内和肺泡间隔而引发肺水肿。

(2)肺毛细血管流体静压增高。左心功能不全、二尖瓣口狭窄可引起肺静脉回流受阻，肺毛细血管流体静压升高，若伴有淋巴回流障碍或生成的水肿液超过淋巴回流的代偿限度时，易发生肺水肿。

6.脑水肿

脑组织内体液量增多而引起的脑容积增大，称为脑水肿。脑水肿引起颅内压增高，扰乱脑的血液循环和脑脊液循环，影响脑细胞的功能并产生一系列的神经症状。其发生机理如下。

(1)毛细血管通透性升高。当发生脑炎、脑外伤、出血、栓塞、梗死时，脑毛细血管壁受损，毛细血管通透性增高，大量富含蛋白的液体渗入脑组织间隙而引起脑水肿。

(2)细胞膜钠泵功能障碍。缺氧、窒息、休克、脑动脉供血中断等情况下，脑细胞膜钠泵活性急剧降低，细胞内的钠不能泵出细胞外而导致细胞水肿；当细胞外液渗透压降低时，水分进入细胞，而引起细胞水肿。

(3)脑脊液循环障碍。脑脊液循环障碍时可引起脑积水，脑室内体液增多。正常时，脑脊液的产生、流通和吸收处于动态平衡，因而不发生增多。在病理状态下，脑脊液产生过多(如脉络丛分泌过多)、流通途径阻塞(如脑室内或第四脑室出口处受到梗阻)或吸收过少(如硬脑膜内静脉窦血栓形成可影响吸收)都会导致颅腔内脑脊液量增多，引起脑积水。脑积水时，脑脊液也可经脑室壁溢入附近的白质中，引起间质性水肿。

三、常见水肿的病理变化

一般来说，发生水肿的组织器官体积增大，颜色变淡，被膜紧张，切面有不同数量的体液流出。但不同组织发生水肿时其形态学变化又有所不同。

(一)皮下水肿

皮下水肿的初期或水肿程度轻微时，水肿液与皮下疏松结缔组织中的凝胶网状物(胶原纤维和由透明质酸构成的凝胶基质等)结合而呈隐性水肿。随病情的发展，可产生自由体液，扩散于组织细胞间，指压留痕，称为凹陷性水肿。外观皮肤肿胀，颜色呈苍白色或灰白色，弹性降低，触之质如面团，指压留痕，切开皮肤有大量浅黄色体液流出，皮下组织呈淡黄色胶冻状。

镜检可见皮下组织间隙增宽，其中有多量体液，间质中胶原纤维肿胀，甚至崩解。结缔组织细胞、肌纤维、腺上皮细胞肿大，胞浆内出现水泡，甚至发生坏死。腺上皮细胞往往与基底膜分离，淋巴管扩张，HE 染色标本中水肿液可因蛋白质含量不同而呈深红色、淡红色或不着色(仅见于组织疏松或出现空隙)等变化。

(二)肺水肿

眼观：肺脏体积增大，质量增加，质地变实，肺胸膜紧张而有光泽，肺表面因高度淤血而呈暗红色，肺间质增宽，肺切面呈紫红色，从支气管和细支气管内流出大量白色泡沫状液体。

镜检：可见肺泡壁毛细血管高度扩张，肺泡腔内出现多量红染的浆液，其中混有少量脱落的肺泡上皮。肺间质因水肿液蓄积而增宽，结缔组织疏松呈网状，淋巴管扩张。炎性水肿时，还可见肺泡壁结缔组织增生，有时病变肺组织发生纤维化。

(三)脑水肿

眼观：可见软脑膜充血，脑回变宽而扁平，脑沟变浅。脉络丛血管常淤血，脑室扩张，脑脊液增多。

镜检：可见软脑膜和脑实质内毛细血管充血，血管周围淋巴间隙扩张，充满水肿液。神经细胞肿胀，体积变大，胞浆内出现大小不等的水泡，核偏位，严重时可见核浓缩甚至消失，神经细胞内尼氏小体数量明显减少，细胞周围因水肿液积聚而出现空隙。

(四)实质器官水肿

肝脏、心脏、肾脏等实质性器官发生水肿时，器官的肿胀比较轻微，眼观变化不明显，只有镜检才能发现明显的病理变化。肝脏水肿时，水肿液主要蓄积于狄氏间隙内，使肝细胞索与窦状隙发生分离。心脏水肿时，心肌纤维之间出现水肿液，心肌纤维彼此分离，心肌纤维因受挤压发生变性。肾脏水肿时，水肿液蓄积在肾小管之间，使间质增宽，也可导致肾小管上皮细胞变性并与其底膜分离。

（五）浆膜腔积水

浆膜腔积水时，水肿液一般为淡黄色透明的体液。浆膜小血管和毛细血管扩张充血，浆膜面湿润有光泽，若伴有炎症，则水肿液内含有较多蛋白质，并混有渗出的炎性细胞、纤维蛋白和脱落的间皮细胞，水肿液浑浊黏稠，呈黄白色或黄红色。浆膜肿胀、充血或出血，表面常被覆灰白色的网状纤维蛋白。

四、水肿对机体的影响

水肿对机体的影响程度取决于水肿的原因、发生部位、严重程度和持续时间。轻度水肿和持续时间短的水肿，当病因祛除后，随着心血管功能的改善，水肿液可被吸收，水肿组织的形态结构和功能也可恢复正常，对机体影响不大；如果水肿长时间不消失，组织细胞与毛细血管间距离增大，毛细血管受压，实质细胞可因缺氧、缺乏营养物质而发生变性，结缔组织增生而硬化，这时即使病因祛除，组织器官的结构和功能也难以恢复。机体重要器官发生水肿时，可造成严重的后果，甚至危及生命。如脑水肿，脑室内积聚大量的体液，颅内压升高，压迫脑组织，病畜出现神经功能障碍，严重时引起死亡。水肿对机体的影响主要表现在以下几方面。

1. 管腔不通或通路阻塞

如支气管黏膜水肿可妨碍肺通气。

2. 器官功能障碍

如肺水肿会影响气体交换，胃肠黏膜水肿可影响消化吸收功能，心包积水妨碍心脏的泵血功能，脑水肿影响中枢神经系统的正常活动等。

3. 组织营养供应障碍

水肿可引起组织内压增高，特别是有限制性的器官如脑（颅腔）和肾（包膜）等，使血液供应减少。此外，因水肿液的存在，增加了毛细血管和细胞间的距离、增加了物质交换的困难，组织营养不良，使抗感染力和再生能力减弱，伤口易发生感染而不易愈合。

水肿除对机体产生不利影响外，有时也有一定的益处，如炎性水肿时，水肿液对毒素或其他有害物质有一定的稀释作用；水肿液可输送抗体到炎症部位；渗出的蛋白质能吸附有害物质，阻止其被吸收入血；纤维蛋白凝固可限制微生物在局部的扩散等。心力衰竭时，水肿液的形成起着降低静脉压，减轻血液循环负担，改善心肌收缩功能的作用。

病例：鸭腹水，肝周炎

任务二　脱　　水

机体在某些情况下，由于水的摄入不足或丢失过多，引发体液总量明显减少的现象，这种现象称为脱水。机体在丢失水分的同时，电解质特别是钠离子也发生不同程度的丧失，所以脱水实际上包括水分和电解质的共同丢失。通常按照细胞外液渗透压的不同将脱水分为三种类型:高渗性脱水、低渗性脱水和等渗性脱水。

一、高渗性脱水

高渗性脱水又称为缺水性脱水或单纯性脱水,是指以水分丧失为主而盐类丧失较少的一种脱水。该型脱水的主要特点是:血钠浓度和血浆渗透压均超过正常值,病畜表现口渴、尿少和尿的比重增加等。

(一)发生原因

1.饮水不足

多见于在山地或沙漠放牧的动物,因水源缺乏而引起饮水不足。也可见于咽部发炎、食道阻塞以及破伤风等疾病时,因饮水障碍而引起饮水不足。

2.失水过多

失水的途径很多,常见的如下。

(1)经胃肠道丢失。如肠炎时,由于在短时间内排出大量的低钠性水样便,故易造成机体丢失水多于钠。

(2)经皮肤、肺脏丢失。如过度使役,常使动物大汗淋漓;换气过度,导致大量水分随呼吸运动而丢失。

(3)经肾丢失。可见于丘脑因受肿瘤等压迫,抗利尿激素合成、分泌障碍;或由于肾小管上皮细胞代谢障碍而对抗利尿激素反应性降低,经肾排出大量低渗性尿液;也可见于因服用过量的利尿剂,大量水分随尿排出而造成高渗性脱水。

(二)病理过程

高渗性脱水初期,由于血浆渗透压升高,机体常出现一系列代偿适应性反应,以保水排钠,恢复细胞内外的等渗环境,其表现如下。

(1)由于血浆渗透压升高,组织间液中大量水分被吸收入血,以降低血浆渗透压,但却使组织间液的渗透压升高。

(2)血浆渗透压增高,可直接刺激丘脑下部视上核的渗透压感受器,一方面反射性地引起患病动物产生渴感,促使其从外界环境中摄入水分;另一方面又使脑垂体后叶释放抗利尿激素,加强肾小管对水分的重吸收,减少水分的排出,故此时患病动物的尿量减少。

(3)血浆钠离子浓度升高,通过渗透压感受器可抑制肾上腺皮质分泌和释放醛固酮,减弱肾小管对钠离子的重吸收,使大量钠盐随尿排出,故尿液比重增大;另外,脱水时有效循环血量降低,通过容量感受器促进抗利尿激素的分泌,加强远曲小管重吸收水分,故尿量减少。

经上述调节,可使血浆渗透压有所降低,循环血量有所恢复,但如果病因未除,脱水过程持续发展,则进入失代偿期,对机体造成较大的影响。

(4)如果脱水持续下去,则因组织间液的渗透压继续升高,细胞内水分不断被吸出,造成细胞内脱水,引起细胞皱缩,细胞内氧化酶的活性降低,分解代谢增强,酸性代谢产物堆积,非蛋白氮含量增多,再加上尿液生成减少,故易导致酸中毒和氮质血症。

(5)脱水持续进行,从皮肤和呼吸器官蒸发的水分相应减少,散热发生障碍,因而使体温升高。此种因脱水所致的发热，通常称为脱水热。严重脱水时，由于细胞外液的渗透压极度增高，故可导致细胞脱水。此时，脑组织体积缩小，内压降低，引起大脑皮层和皮层下各级中枢的功能相继紊乱，所以患病动物呈现出运动障碍和昏迷等神经症状，甚至可导致死亡。

二、低渗性脱水

低渗性脱水又称为缺盐性脱水，是指盐的丢失大于水分丧失。该型脱水的特点是：血钠及血浆渗透压均降低、血浆容量及组织间液减少，血液浓稠，细胞水肿。临床上病畜无口渴感，尿量较多，尿比重降低。

（一）发生原因

1. 补液不当

最常见的原因是腹泻、剧痛、中暑和过劳等引起体液大量丧失后只补充水分，忽略了电解质的补充，使血浆和组织间液的钠含量减少、渗透压降低。

2. 丢钠过多

慢性肾功能不全时，醛固酮分泌减少，抑制肾小管对钠的重吸收。此外，治疗水肿时，使用排钠利尿的药物也可引起低渗性脱水。例如，长期连续给予氯噻嗪类等抑制肾小管对钠重吸收作用的利尿剂，导致钠离子大量丢失，同时还限制钠盐的摄入时，常可引起明显的低渗性脱水。

（二）病理过程

由于本型脱水主要表现为盐类的丢失多于水的丧失，血浆中钠离子浓度降低，故使血浆渗透压降低。血浆渗透压降低是导致本型脱水出现一系病理变化的关键环节。由于血浆渗透压降低，机体常出现一系列代偿适应性反应，以保存钠离子，恢复和维持血浆渗透压。

（1）血浆渗透压降低可直接抑制丘脑下部视上核中的渗透压感受器，反射性地抑制垂体后叶释放抗利尿激素，使肾小管对水的重吸收减少，尿量增多，血容量减少。

（2）血浆中钠离子浓度降低，可使 Na^+/K^+ 的值减少和容量减少，通过渗透压感受器，使肾上腺皮质分泌醛固酮增多，促进肾小管上皮细胞对钠离子的重吸收，因此，尿液比重降低。血浆渗透压降低，抑制抗利尿激素的分泌，远曲小管和集合管对水的重吸收减少，故尿量增多。

（3）血浆渗透压降低，组织间液中的钠离子向血管内透入，以此使血浆渗透压得以调节。

机体通过上述保钠、排水的调节，常可使血浆渗透压有所恢复，可使轻度的脱水得到缓解而不致对机体造成严重的危害。如病因未除，钠的丧失持续进行，则可引起严重的后果。

（4）细胞水肿。盐类继续丢失，则可使组织间液中钠盐也随之丢失，组织间液渗透压降低，组织液中的水分可通过细胞膜进入渗透压相对较高的细胞内，引起细胞水肿，神经细胞水肿可引起颅内压升高，而出现神经症状。组织间液因之而显著减少。

（5）低血容量性休克。组织间液减少，水分又不断地由肾脏排出，从而使血浆的容量越来越少，进一步导致循环血量明显不足，血液浓稠，黏度增大，流速减慢，血压下降，甚至出现低血容量性休克。

（6）氮质血症。随着血液循环障碍的发生，肾脏的血流量也显著的减少，肾小球滤过率降低，因此尿量也急剧减少，排尿减少可导致血中非蛋白氮浓度不断升高，从而引起氮质血症。

此时，患病动物呈现四肢无力，皮肤弹性减退，眼球内陷，静脉瘪缩等症状。

(7)自体中毒。严重的低渗性脱水，常由于神经细胞内严重低渗(脑细胞水肿)，影响细胞内酶系统的活性，引起中枢神经系统功能紊乱，最后，患病动物常因血液循环衰竭、有毒代谢物在体内蓄积引起自体中毒而死亡。

三、等渗性脱水

等渗性脱水又称为混合性脱水，是指体内水分和盐类都大量丧失的一种脱水。该型脱水的特点是：血浆渗透压保持不变，水的丧失比钠盐稍多一些。

(一)发生原因

等渗性脱水是一些疾病过程中水分和钠盐同时丧失而引起的，多见于急性肠炎、剧烈而持续性腹痛及大面积烧伤等疾病。如急性肠炎时，由于肠液分泌增多，吸收障碍和严重的腹泻；剧烈而持续性腹痛(肠变位、肠扭转等)时，因大量出汗，肠液分泌增多和大量血浆漏入腹腔；大面积烧伤时，体表失去皮肤遮盖，使大量浆液从创面流出等。上述这些病变，均可使机体内的水和盐大量丧失而引起等渗性脱水。由于消化液和汗液偏于低渗，所以此型脱水时，水的丢失略多些。

(二)病理过程

等渗性脱水病初，由于体内的水分和钠盐同时等比例丧失，所以血浆渗透压一般保持不变。但是，随着病情的发展，水分不断地通过呼吸道和皮肤蒸发而丢失，因此丧失的水分略多于盐，血浆渗透压则相对升高。血浆渗透压升高，使丘脑下部视上核的渗透压感受器兴奋，引起患病动物饮欲增加；又可抑制肾上腺皮质分泌醛固酮，使钠排出增多；还可使细胞内、外液渗入血液而使血容量有所增多。上述这些变化，对于维持血浆渗透压的正常，起着重要的调节作用。但此时又常因血液中的盐类也从肾脏丢失，从组织间液和细胞内吸收而来的水分以及外界摄入的水分仍不能保持而被排出体外，故最终导致血液浓缩，血流变慢乃至发生低血容量性休克。

由此可见，等渗性脱水与高渗性脱水不同之处，在于前者缺盐程度较重，若单纯补水，则缺盐症状就会急速表现出来。它与低渗性脱水的不同之处是，其水分的损失较低渗性脱水多，故细胞外液处于高渗状态，细胞内液也因之丧失。因此，等渗性脱水具有高渗性脱水与低渗性脱水的综合特征。

四、脱水时补液的原则

脱水是一种常见的病理过程，在控制原发性疾病的基础上，可通过补液来纠正、治疗。补液的基本原则是缺什么补什么，缺多少补多少。

高渗性脱水时，血钠浓度虽高，但仍有钠的丢失，故除须补充足量的水分(等渗葡萄糖溶液及适量碳酸氢钠)外，还要补充一定量的钠溶液，以防因补充大量水分而使机体的细胞外液处于低渗状态。临床上常用 2 份 5%葡萄糖溶液加 1 份生理盐水来治疗。

低渗性脱水时，一般给予足量的等渗性电解质溶液就可以治愈。仅补充葡萄糖溶液，而不补充钠，则会加重病情，使之恶化，甚至导致严重的水中毒。对缺钠明显者应先补充高渗盐水，以迅速提高细胞外液的渗透压，然后再补充一定量的等渗电解质溶液，使机体完全恢复水、钠平衡。

等渗性脱水时，因其缺水较缺钠更多，故补液时应输入低渗的溶液，临床上常用 1 份 5% 葡萄糖溶液加 1 份生理盐水来治疗。

实训技能　水肿实验

一、实验性蛙腿水肿

(一)目的要求

人为地结扎蛙腹股沟部，阻碍其后肢静脉回流，观察淤血性水肿的形成。

(二)材料用具

蛙 1 只、注射器 1 个、小软尺 1 个、缝合线及纱布少量。

(三)方法步骤

(1)取蛙 1 只，测量其两后肢最大周径，观察蛙腿、皮肤状态，并做记录。

(2)将蛙一后肢用线结扎于腹股沟部(注意不要扎得太紧而影响动脉血液流入)。

(3)经 1～2 d 后，再测量蛙腿周径大小，证明其是否肿大。观察和触摸被结扎侧后肢有无液体波动状，温度变化及颜色变化，有无出血等。

(4)用注射器于结扎后肢皮下抽取淋巴囊内的水肿液，记录其量和色泽变化。

(四)作业

记录实验结果并分析水肿发生原因。

二、实验性小鼠腿水肿

(一)目的要求

人为地结扎小鼠 1 后肢腹股沟部，阻碍该后肢静脉回流，观察淤血性水肿的形成。

(二)材料用具

小鼠 1 只、注射器 1 个、小软尺 1 个、缝合线及纱布少量。

(三)方法步骤

(1)取小鼠 1 只，测量其 2 后肢最大周径，观察小鼠腿、皮肤状态，并做记录。

(2)将小鼠 1 后肢用线结扎于腹股沟部(注意不要扎得太紧而影响动脉血液流入)。

(3)经 1～2 d 后，再测量小鼠腿周径大小，证明其是否肿大。观察和触摸被结扎侧后肢有无液体波动状，温度变化及颜色变化，有无出血等。

(4)用注射器于结扎后肢皮下抽取淋巴囊内的水肿液，记录其量和色泽变化。

(四)作业

记录实验结果并分析水肿发生原因。

三、实验性蛙水肿

(一)目的要求

观察渗透压的改变在水肿发生时的作用。

(二)材料用具

同等大小的蛙2只、小天平1台、2 mL或5 mL注射器1个(附针头)、脸盆或大烧杯1个(内盛水)、生理盐水适量、20%氯化钠溶液适量。

(三)方法步骤

(1)分别向2蛙背部皮下淋巴囊内注入生理盐水及20%氯化钠溶液各2 mL(将注入生理盐水的蛙腿扎一线做记号)。

(2)分别称其体重后,放入盛水脸盆(或烧杯)内。经1~2 h后把2只蛙取出,观察它们腹部膨隆情况,分别测量其腹围及体重。

(四)作业

记录实验结果,分析发生水肿的原因。

四、实验性兔中毒性肺水肿

(一)目的要求

某些毒物能使血管壁通透性增高而引起水肿。通过对兔血管内注入硝酸银(毒物),引起肺脏血管壁损伤,观察水肿的形成及对机体的影响。

(二)材料用具

家兔1只、小手术器械1套、注射器2个、2%普鲁卡因、0.25%硝酸银适量,碘酊、酒精、脱脂棉、纱布等适量。

(三)方法步骤

(1)将家兔腹部向上固定于手术台上,颈部剪毛、消毒、局部麻醉、暴露气管及左侧颈动脉,分别连接呼吸及血压描记装置,并描记一段正常曲线。

(2)由兔耳静脉缓缓地注入0.25%硝酸银溶液3 mL后,记录其血压及呼吸的变化和全身变化(也可听诊肺部出现水泡音)。

(3)动物死亡后,进行剖检。观察肺脏的色泽、硬度及切面流出液体的色泽及数量。

(四)作业

记录实验结果,分析血压、呼吸变化的原因。

学习要求

识记：水肿、高渗性脱水、低渗性脱水、等渗性脱水的概念。

理解：水肿、脱水发生的机理。

应用：各种水肿主要见于哪些疾病，临床上如何合理治疗脱水。

知识拓展

仔猪水肿病

仔猪水肿病是由致病性β-溶血性大肠埃希菌产生的毒素引起仔猪的一种肠毒血症。本病多发生于营养状况良好的刚断奶仔猪，在散发流行的地区，较大的架子猪也有发生，发病率虽不高，但死亡率很高，病猪常在发病后数小时或1～2 d死亡，死前表现神经症状，包括四肢无力、共济失调、步态不稳，有时做转圈运动，四肢做游泳状划动，前后肢麻痹，甚至昏迷等。有些病猪眼睑水肿。一般不见胃肠道症状，因为病猪还未出现腹泻时已经死亡。病猪体温不高，严重时反而降低。

致病大肠埃希菌能产生神经毒素和坏死毒素，使神经和血管系统发生严重的功能障碍和形态变化，特别是对小血管壁内皮的损伤，引起管壁通透性增高。本病的死后变化为发生水肿，但其程度和发生部位区别很大，因为有些病猪死亡过快，来不及发生水肿。典型的病理变化为胃壁水肿，常发生在胃贲门部、胃大弯或整个胃壁，水肿液蓄积在黏膜下层，胃壁因水肿而增厚，可以厚达3 cm。结肠及其肠系膜是另一个常发生水肿的部位，但程度轻重不等。积液多的时候，结肠袢的系膜可厚达3 cm左右。肠道的其他部位有时也可见水肿。体腔内经常有多少不定的积液。有些病猪的面部和眼睑水肿，这在生前即可发现。此外，下腹部以及腕、肘和喉部皮下偶见水肿。实质器官及肺一般没有明显变化，有时可见心外膜和肾脏有出血斑点。

复习思考题

一、名词解释

水肿　高渗性脱水　低渗性脱水　等渗性脱水

二、填空题

1. 脱水的类型有__________、__________、__________。

2. 等渗性脱水不予处理可转变为__________，若只补充水会转变为__________；低渗性脱水患病动物补充大量水会引起__________。

三、单项选择题

1. 脑水肿是指(　　)。

A. 脑细胞外液增多　B. 脑细胞内液增多　C. 脑组织含水量增多
D. 脑血量增多　E. 脑容量增大

2. 炎性水肿时渗出液位于(　　)。

A. 关节腔　B. 胸膜腔　C. 腹膜腔
D. 心包腔　E. 组织间隙

3. 高渗性脱水时(　　)。

A. 细胞外液明显增加　　B. 细胞内液明显减少　　C. 细胞内液少量减少

D. 细胞内液明显增加　　E. 细胞内液量正常

4. 体液大量丢失后只补充葡萄糖注射液易使机体发生(　　)。

A. 高渗性脱水　　B. 低渗性脱水　　C. 等渗性脱水

D. 水肿　　E. 慢性水中毒

5. 下列哪个不是高渗性脱水的特征?(　　)

A. 失水大于失钠　　B. 血浆胶体渗透压增高　　C. 细胞水肿

D. 病畜口渴、尿量减少　　E. 血钠浓度升高

6.(全国执业兽医资格考试试题)肝水肿主要临床表现为(　　)。

A. 脑水肿　　B. 胸腔水肿　　C. 腹腔水肿

D. 心包积液　　E. 皮下水肿

四、判断题

1. 皮下水肿又称为浮肿,皮下组织呈胶冻状,表面紧张、指压无痕。(　　)

2. 实质器官水肿时体积明显肿大、质量增加、被膜紧张。(　　)

五、简答题

1. 简述肺脏、皮肤和黏膜水肿的眼观病变。

2. 简述水肿的发生机理。

3. 简述常见水肿的病理变化。

4. 简述水肿对机体的影响。

5. 简述脱水的分类与治疗原则。

项目五复习思考题参考答案

项目六
炎　症

学习目标

- 掌握炎症的概念、基本病理变化、炎症的分类及其特征。
- 理解炎症的局部症状和全身性病理反应。
- 了解炎症的经过和结局。

学习内容

一、炎症的概念

(一)概念

炎症是机体对致炎因素引起的局部损伤所产生的以防御为主的应答性反应。其基本病理变化为局部组织的变质、渗出和增生;局部病理表现为红、肿、热、痛、功能障碍;炎症过程还会出现不同程度的全身性病理反应,主要表现为发热和白细胞增多。

炎症是十分常见而复杂的病理过程,炎症过程中既有组织细胞的变性、坏死变化,又有炎性充血、炎性渗出及组织细胞的增生修复过程;许多疾病如传染病、寄生虫病、内科病及外科病等都是以炎症为基础的;炎症可发生于各种组织,如胃肠炎、咽喉炎、支气管炎、肺炎、肝炎、肾炎、脑炎、子宫炎、关节炎、胸膜炎、腹膜炎等。因此,正确认识炎症的本质,掌握其发生发展的基本规律,可以帮助我们了解疾病发生发展的机制,更好地防治动物疾病。

(二)原因

凡是能够引起组织损伤的致病因素都可成为引起炎症的原因,但是否发生炎症还决定于机体内部因素,包括机体的防御功能、免疫状态、应激功能、营养状态、遗传因素等。常见致炎因素如下:

1. 生物性因素

生物性因素是最常见的致炎因素,如细菌、病毒、霉形体等病原微生物和寄生虫等,它们通过机械性损伤或产生内外毒素使组织损伤,也可通过诱发免疫反应导致炎症。

2. 化学性因素

化学性因素包括内源性和外源性化学物质。强酸、强碱,机体内的组织坏死崩解产物、代谢产物等在它接触或排泄的部位造成组织不同程度的损伤而引起炎症，如霉菌毒素可引起动物胃肠炎。

3. 物理性因素

高温、低温、放射线及紫外线等均可造成组织损伤引起炎症，机械性因素如机械性创伤、挫伤等可引起炎症。

4. 免疫反应

各种变态反应均能造成组织细胞损伤而导致炎症，如过敏性皮肤炎、变态反应性甲状腺炎。

（三）炎症介质

炎症介质是指在致炎因子作用下，由局部组织或血浆产生和释放的一类化学活性物质，又称为化学介质。它们是诱导和调控各种炎症反应的重要化学物质，也是炎性反应的效应分子。

炎症介质通常是以非活性状态存在于体内，在致炎因子的作用下才大量产生、释放，并变为具有生物活性的物质，在炎症过程中发挥其重要的介导作用，主要表现为使血管扩张、血管壁通透性升高和对炎性细胞的趋化、激活和聚集等。

根据炎症介质的来源，可将其分为外源性和内源性两大类。

外源性炎症介质主要是病原菌及其产物。内源性炎症介质最常见，也最为重要，是由局部组织和血浆产生，分为细胞源性和血浆源性炎症介质两类。细胞源性炎症介质主要包括血管活性胺、前列腺素、白细胞三烯、溶酶体成分和细胞因子等，血浆源性炎症介质主要包括激肽系统、补体系统、凝血系统和纤溶系统。

二、炎症的病理变化

（一）局部病理变化

1. 红

红是炎症早期特征，表现为局部血管扩张、血流加速、血量增加，呈鲜红色。持续一段时间后，由于血流减慢，动脉性充血转为静脉性充血（即淤血），局部呈暗红色。

2. 肿

局部充血导致微血管通透性增加，血浆外渗所致（炎性水肿）；慢性炎症时的肿胀，则由组织增生所致。

3. 热

炎灶内充血，血流加快，物质代谢旺盛，产热增多，致使炎灶局部的温度较邻近正常组织温度高。

4. 痛

疼痛是感觉神经末梢受到致炎因素和组织分解产物的刺激，如钾离子、氢离子浓度升高，特别是有些炎症介质如5-羟色胺、缓激肽、前列腺素等都可作用于局部引起疼痛。

5. 功能障碍

由于局部肿胀、疼痛和组织损伤，影响组织器官的正常功能活动。如肺炎影响肺的气体交换，引起全身缺氧。

以上症状是炎症的共同特点，但并非所有的炎症都具有，如慢性炎症和内脏炎症时红、热不显著，缺乏神经纤维的部位无痛感。

(二)全身病理变化

炎症过程中，不仅局部产生形态结构和功能变化，还会伴发不同程度的全身性炎症反应。炎症引起的全身反应主要是发热、白细胞增多、网状内皮系统变化、实质器官的变化。

1. 发热

组织分解、代谢产物被吸收，作用于体温调节中枢所致。

2. 血液中白细胞增多

急性炎症尤其是化脓性炎症时，因细菌毒素、组织分解产物刺激骨髓产生和释放多量的白细胞。白细胞增多是机体抵抗力强的表现，若白细胞减少，则预后不良。但由于炎症类型不同增多的白细胞各异，化脓性和急性炎症多出现中性粒细胞和巨噬细胞增多；慢性炎症时出现淋巴细胞和浆细胞增多；过敏性和寄生虫性炎症则多出现嗜酸性粒细胞增多。

3. 网状内皮系统变化

网状内皮系统功能加强，网状内皮细胞增生、吞噬能力加强，抗体形成增多，先表现为炎区附近淋巴结肿大，之后为全身淋巴结肿大，脾脏肿大。

4. 实质器官的变化

实质器官主要表现为退行性变化，由于微生物及其毒素、发热、循环障碍、代谢产物的作用引起实质器官代谢障碍、功能降低而发生变性、坏死。

(三)基本病理变化

炎症的基本病理过程包括局部组织损伤、血管反应和细胞增生，概括为变质、渗出和增生三个基本病理变化。在炎症过程中这些病理变化按照一定的先后顺序发生，一般炎症早期以变质变化、渗出变化为主，后期以增生变化为主，三者互相联系和影响。一般而言，变质属于损伤过程，而渗出、增生属于抗损伤过程。

1. 变质变化

变质是炎症局部组织细胞物质代谢障碍并发生变性和坏死的总称。具体包括实质细胞发生各种变性和坏死；间质结缔组织中的纤维断裂、溶解、基质解聚或发生黏液样变性、纤维素样坏死等；炎区组织物质代谢的特点是分解代谢加强和氧化不全产物堆积，导致炎区组织渗透压升高，pH 下降。

2. 渗出变化

渗出变化是指炎区组织发生的血管反应、体液渗出和细胞渗出。在炎症过程中，局部组织的小血管发生短暂的痉挛后扩张充血，然后，血液中的液体成分和细胞成分通过血管壁进入炎区间质、体表、体腔或黏膜表面，形成渗出性变化过程。

(1)血管反应。致炎因子作用于局部组织，炎区组织的小血管发生短暂的痉挛，随后扩张充血，随着炎性介质的产生转化为炎性充血，再发展为淤血和渗出。同时伴有淋巴淤滞和淋巴栓形成。

(2)液体渗出。伴发炎区充血、淤血后,血液中的体液成分包括血浆和血浆蛋白通过血管壁渗出。渗出的体液称为炎性渗出液,其特征为浑浊,含有组织碎片或纤维素性絮状物,相对密度在1.018以上,蛋白质(白蛋白、球蛋白、纤维蛋白)含量高,超过4%,细胞含量多(表6-1)。

表6-1 渗出液与漏出液的比较

渗出液	漏出液
①浑浊	①澄清
②浓厚,含有组织碎片	②稀薄,不含组织碎片
③相对密度在1.018以上	③相对密度在1.015以下
④蛋白质含量高,超过4%	④蛋白质含量低于3%
⑤在活体内外均凝固	⑤不凝固,只含少量纤维蛋白质
⑥细胞含量多	⑥细胞含量少
⑦与炎症有关	⑦与炎症无关

炎性渗出液的作用和影响:

渗出液中含有各种特异性免疫球蛋白、补体、调理素等多种抗菌物质,对病原微生物及其毒素有中和、抑制或稀释的作用。渗出液中的纤维蛋白凝固后,交织成网状可限制病原体的扩散,因而有利于吞噬细胞发挥吞噬作用。渗出液可为炎区组织细胞带来营养物质,并带走炎症区域中的代谢产物。

渗出液过多,对机体产生不利影响。如胸腔渗出液过多可阻碍肺脏呼吸和心脏舒张活动,脑膜炎症时渗出液使颅内压升高,表现头痛、神经功能紊乱。

(3)细胞渗出。在炎症过程中,伴随着炎区组织血流减慢及血浆成分的渗出,白细胞主动由微血管壁渗出到炎区组织间隙内,称为炎性细胞浸润。白细胞渗出,吞噬和降解病原微生物、免疫复合物及坏死组织碎片,是最主要的炎症防御反应,但白细胞释放的酶类、炎症介质等也可加剧正常组织细胞损伤。

①白细胞的渗出过程。白细胞经过边移—贴壁—游出等阶段(图6-1),在趋化因子的作用下到达炎症区域中心,完成渗出过程。

边移:白细胞从血液的轴流进入边流,滚动并靠近血管壁的现象称为边移。

贴壁:继边移之后,白细胞与血管内皮细胞发生紧密黏附称为贴壁。

游出:白细胞穿过血管壁进入周围炎症组织的过程称为游出。电镜观察证实,白细胞黏附于内皮细胞连接处,伸出伪足,逐渐以变形运动方式从内皮细胞间的连接处游出,并穿过基底膜,到达血管外。

②炎性细胞的种类和功能。炎症过程中,渗出的白细胞主要有中性粒细胞、嗜酸性粒细胞、单核细胞、巨噬细胞、上皮样细胞、单核细胞、淋巴细胞和浆细胞。不同致炎因子所引起的炎症,以及炎症过程中的不同阶段出现的炎性细胞种类和数量也不尽相同。

a)中性粒细胞。

作用:中性粒细胞具有很强的游走运动能力,主要吞噬细菌、组织碎片、抗原抗体复合物以及细小的异物颗粒。其胞浆中所含的颗粒相当于溶酶体,其内含有多种酶,这种颗粒在炎症时可见增多。中性粒细胞还能释放血管活性物质和趋化因子,促进炎症的发生、发展,是机体防御作用的主要成分之一。

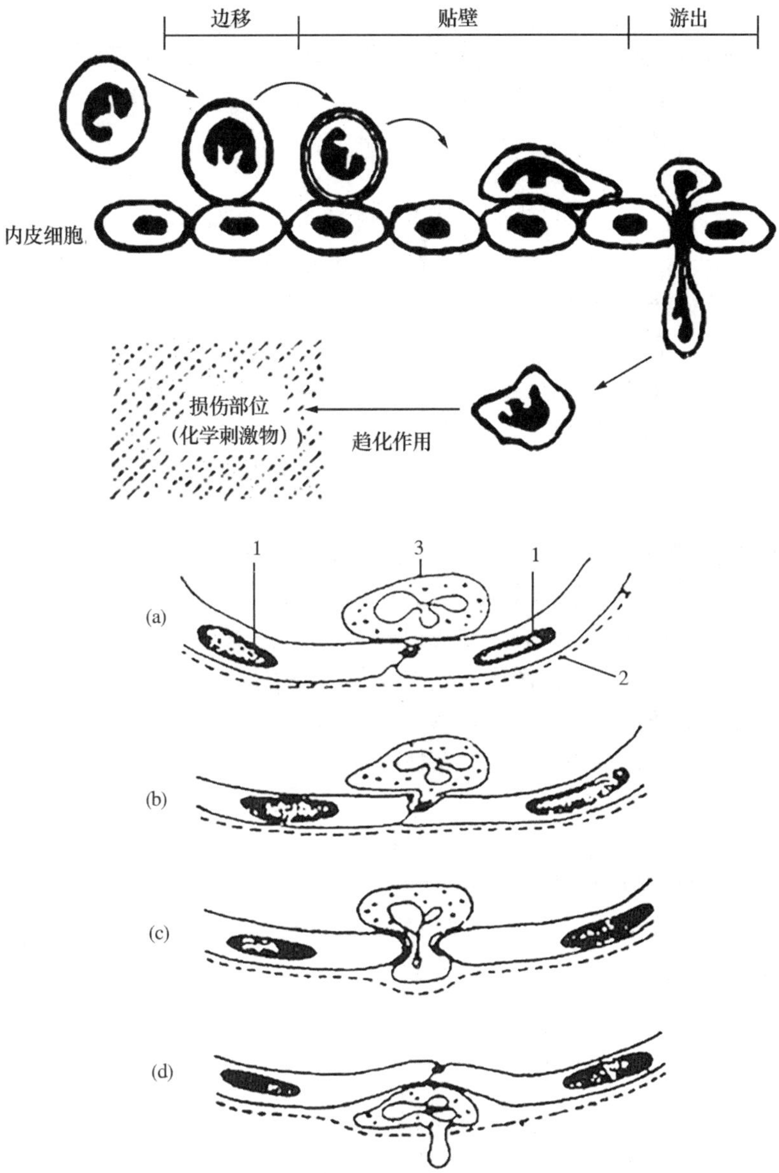

1. 血管内皮细胞核　2. 血管外膜　3. 中性粒细胞

a. 白细胞黏附在血管内膜上　b. 白细胞伸出伪足

c. 伪足伸入血管壁内皮细胞之间　d. 伪足已伸出血管外膜

图 6-1　中性粒细胞游出

诊断意义：中性粒细胞多在化脓性炎症和急性炎症初期渗出。在病原微生物引起的急性炎症时，外周血液中的中性粒细胞也增多；在一些病毒性疾病时，中性粒细胞可能减少。中性粒细胞减少或幼稚型中性粒细胞增多，往往是病情严重的表现。

b）嗜酸性粒细胞。

作用：嗜酸性粒细胞具有游走运动能力，主要作用是吞噬抗原抗体复合物、抑制变态反应，同时对寄生虫有直接杀伤作用。嗜酸性粒细胞的颗粒主要含有碱性蛋白、阳离子蛋白、过氧化氢酶、组胺酶、活性氧等，对寄生虫有直接杀灭作用，对组织胺等过敏反应中的化学介质有降解灭活作用。

诊断意义:嗜酸性粒细胞主要在寄生虫感染和过敏反应引起的炎症时渗出。如反复感染或重度感染时不仅局部组织内嗜酸性粒细胞增多,循环血液中也显著增加。在过敏反应时,嗜酸性粒细胞可占白细胞总数的 20%～25%。

c)单核细胞和巨噬细胞。

作用:巨噬细胞具有趋化能力,其游走速度慢于中性粒细胞,但有较强的吞噬能力,能够吞噬非化脓菌、原虫、衰老细胞、肿瘤细胞、组织碎片和体积较大的异物,特别是对于细胞内慢性感染的细菌如结核分枝杆菌、布鲁氏菌和李氏杆菌的消除有重要意义。巨噬细胞还可以识别抗原信息并传递给免疫活性细胞,从而参与特异性免疫反应,巨噬细胞还能产生许多炎症介质,促进调整炎症反应。巨噬细胞可转变为上皮样细胞和多核巨细胞。

诊断意义:巨噬细胞主要出现于急性炎症的后期,慢性炎症和非化脓性炎症(结核、布鲁氏菌感染)、病毒性感染和原虫病。

d)上皮样细胞和多核巨细胞。

炎症反应过程中,炎症区域内存在某些病原体(如结核分枝杆菌、鼻疽杆菌)或异物(如缝线、芒刺)时,巨噬细胞可转变为上皮样细胞或多个巨噬细胞融合成多核巨细胞。

上皮样细胞:外形与巨噬细胞相似,呈梭形或多角形,胞浆丰富,内含大量内质网和许多溶酶体。胞膜不清晰,胞核呈圆形、卵圆形或两端粗细不等的杆状,核内染色质较少,着色淡。此类细胞的形态与复层扁平细胞中的棘细胞相似,故称为上皮样细胞。上皮样细胞具有强大的吞噬能力,它的胞浆内含有丰富的酯酶,对菌体外表覆有蜡质的结核菌也能消化,主要见于肉芽肿性炎症。

多核巨细胞:这种细胞是由多个巨噬细胞融合而成。细胞体积巨大,胞浆丰富,在一个细胞体内含有许多个大小相似的胞核。胞核的排列有 3 种不同形式:一是细胞核沿着细胞体的外周排列,呈马蹄状,这种细胞又称为朗罕氏细胞;二是细胞核聚集在细胞体的一端或两极;三是细胞核散布在整个巨噬细胞的胞浆中。巨核细胞可见于结核病、副结核病、鼻疽、放线菌病及曲霉菌病病灶中,常出现在坏死组织的边缘。多核巨细胞具有十分强大的吞噬能力,有时可见它包围着嵌进组织的异物,如芒刺、缝线等。

e)淋巴细胞。

作用:淋巴细胞主要是产生特异性免疫反应,在炎症过程中,被抗原致敏的 T 淋巴细胞产生和释放 IL-6、淋巴因子等多种炎症介质,具有抗病毒、杀伤靶细胞、激活巨噬细胞等多种重要作用。而 B 淋巴细胞可产生抗体,参与体液免疫。

诊断意义:主要见于慢性炎症、炎症恢复期、病毒性炎症和迟发性变态反应过程中。

f)浆细胞。

作用:浆细胞主要具有合成免疫球蛋白的能力,免疫球蛋白包括:IgG、IgA、IgM、IgD 和 IgE,参与体液免疫。

诊断意义:主要在慢性炎症和病毒感染时渗出。

3. 增生变化

增生是炎症发展过程中以局部细胞活化增殖为主的变化,增生的细胞主要有巨噬细胞、成纤维细胞和血管内皮细胞。有时也有上皮细胞和实质细胞增生。

增生变化在炎症的晚期和慢性炎症时表现明显,但也有些急性增生性炎症开始就表现以细胞增生为主，炎症早期有较多的血管外膜细胞活化增殖参与吞噬活动，炎症后期主要有成纤维细胞和毛细血管内皮细胞增生，形成肉芽组织以局限炎症和修复损伤。

炎症的变质、渗出、增生3个基本过程是互相联系的，在任何炎症过程中，都有这3个基本过程的存在，但在不同类型的炎症或炎症的不同阶段，其表现程度各有差异。例如，在炎症的早期和急性炎症时，常以组织变质和渗出为主；而在炎症的后期和慢性炎症时，则以增生为主。

三、炎症的分类

根据炎症的基本病理变化（变质、渗出、增生）的表现程度，将炎症分为三大类，即变质性炎、渗出性炎、增生性炎。渗出性炎又分为浆液性炎、卡他性炎、化脓性炎、纤维素性炎、出血性炎；增生性炎又分为普通增生性炎和特异性增生性炎。

（一）变质性炎

变质性炎症病变特征是以炎区组织细胞的变质变化为主，主要表现为组织细胞的变性、坏死，而渗出和增生变化表现轻微。发炎器官眼观体积肿大，质地松软易脆，色泽变淡；以坏死为主的变质性炎（可称为坏死性炎）在炎症器官表面有大小不一的灰白色或灰黄色坏死灶。

1. 原因

变质性炎常见于某些传染病、中毒病或变态反应性疾病，毒素、毒物直接侵害器官的实质或作用于神经感受器，直接或反射性地引起组织细胞物质代谢障碍，因而组织呈现以营养不良为主的变化。

2. 病理变化

变质性炎症多发生于心脏、肝脏、肾脏等实质器官，常在发炎器官形成灰白色或灰黄色斑点或病灶，实质细胞表现为变性、坏死，间质也发生崩解和液化。

心肌变质性炎。见于恶性口蹄疫、牛恶性卡他热等。心肌质地稍软，外观上色彩不均。镜检可见心肌纤维呈细胞肿胀、水泡变性、脂肪变性和坏死，甚至心肌纤维发生断裂和崩解；间质充血、水肿，常见淋巴细胞、单核细胞浸润。

肝脏变质性炎。见于鸡副伤寒、禽霍乱、猪弓形体病、鸡包涵体性肝炎、鸭病毒性肝炎等。外观肝脏肿大，呈土黄色或黄褐色，质脆易碎。镜检肝细胞呈细胞肿胀、水泡变性、脂肪变性和坏死。

3. 结局

变质性炎症多呈急性经过，但也可转变为慢性，迁延不愈，对机体影响严重，发生于心、脑可危及生命。

（二）渗出性炎

渗出性炎是以渗出性变化为主，变质和增生变化表现轻微的炎症。根据渗出物的性质及病变特征，渗出性炎分为浆液性炎、卡他性炎、化脓性炎、纤维素性炎及出血性炎。

1. 浆液性炎

浆液性炎是以渗出大量浆液为特征的炎症。浆液类似血浆或淋巴液，含3%～5%的蛋白质，主要是白蛋白，还有少量白细胞和纤维蛋白原，浆液性渗出物眼观浑浊、易凝固，局部组织潮红、肿胀或呈胶冻样。光镜下,炎区组织明显充血,水肿和白细胞浸润。

(1)原因。各种理化因素(机械性损伤、冻伤、烫伤、化学毒物等)和生物性因素等均可引起浆液性炎。浆液性炎是渗出性炎的早期表现。

(2)病理变化。浆液性炎常发生于疏松结缔组织、浆膜、黏膜、肺脏等处。发生于浆膜时,在体腔内形成积液,如猪肺疫、猪传染性水疱病、牛出血性败血症等,表现为胸膜浆液纤维素性炎,初期胸腔蓄积浆液性渗出液。发生于疏松结缔组织时,形成炎性水肿,如急性猪肺疫时咽喉周围组织浆液浸润。发生于皮肤时,积聚在表皮和真皮之间形成水疱,如口蹄疫、猪水疱病等。发生于黏膜下层时,形成厚层胶冻样物,如仔猪水肿病时的胃壁下层。发生于肺脏时,表现浆液性肺炎,如巴氏杆菌引起的猪、牛肺炎早期。

(3)结局。呈急性经过,属于轻度炎症,易于消退,一般结局良好,有些发展为纤维素性炎,则表现严重。

2.卡他性炎

卡他性炎是发生在黏膜的一种渗出性炎,其特征是在黏膜的表面覆有大量不同性状的渗出物。

(1)原因。诱发卡他性炎的各种刺激物,其性质都是较温和的或作用时间较短的。如某些毒力较弱的病原微生物的感染或在感染早期、吸入刺激性的气体或冷空气时可引起呼吸道的卡他性炎;变质的饲料可引起胃肠道的卡他性炎;使用一些带有刺激性的消毒剂冲洗母畜子宫时,也可引起子宫卡他性炎。

(2)病理变化。卡他性炎只发生于具有分泌功能的黏膜,可见黏膜表面流出多量的渗出物。根据渗出物的性质,一般将其分为浆液性卡他、黏液性卡他和脓性卡他等不同类型。

①浆液性卡他。以大量浆液渗出为主,是发生在黏膜的浆液性炎。

②黏液性卡他。在炎性渗出的同时,伴有黏液腺和黏膜上皮分泌亢进,从而使渗出物中含有大量黏液,十分黏稠。

③脓性卡他。是发生在黏膜的化脓性炎,渗出物中含有大量脓细胞。

卡他性炎的分类是相对的,它们可以是同一炎症的不同发展阶段,也可以混合发生,如浆液性黏液性卡他、脓性黏液性卡他。

急性卡他性炎时,眼观可视黏膜充血,潮红肿胀,表面附着多量渗出物,黏膜腔内有大量渗出物蓄积。镜下黏膜上皮变性、坏死、脱落,黏膜固有层和黏膜下层充血、水肿,炎性细胞浸润。而慢性卡他性炎时,则见黏膜发生萎缩或增生。

(3)结局。卡他性炎一般比较轻微,常呈急性经过,如病因消除,即迅速痊愈,否则可引起继发感染或转为慢性卡他性炎。

3.化脓性炎

化脓性炎是指以大量中性粒细胞渗出并伴有不同程度的组织坏死和脓液形成为特征的炎症。脓液眼观为灰白色、灰黄色或灰绿色的浑浊凝乳状物,光镜下可见大量中性粒细胞、脓细胞(变性坏死的白细胞),发炎组织坏死溶解,炎区充血、水肿,有时伴有出血或增生。

(1)原因。化脓性炎主要见于化脓性细菌感染,如葡萄球菌、链球菌、化脓棒状杆菌、绿脓杆菌等;某些化学物质如松节油、巴豆油、机体自身组织液化性坏死可导致无菌性化脓性炎。

（2）病理变化。

①脓性卡他。发生于黏膜表面，眼观黏膜表面出现大量黄白色、黏稠浑浊的脓性渗出物，黏膜充血、出血、肿胀、糜烂。光镜下渗出物内有大量变性的中性粒细胞，黏膜上皮细胞变性、坏死和脱落，黏膜固有层充血、出血和中性粒细胞浸润。如鼻黏膜脓性卡他、子宫内膜脓性卡他等。

②积脓。积脓是指浆膜发生化脓性炎时，脓性渗出物大量蓄积于体腔内的现象，见于牛创伤性心包炎、化脓性胸膜肺炎、化脓性腹膜炎等。

③脓肿。脓肿是指组织内发生的局限性化脓性炎症。组织中心坏死液化，形成充满脓液的囊腔，周围初期充血、水肿和中性粒细胞浸润，然后逐渐形成结缔组织包膜。深部脓肿可以向皮肤、体腔或黏膜表面穿破，其穿破的管道称为瘘管。如皮肤或皮下脓肿、肝包膜下脓肿、肾包膜下脓肿等。

④蜂窝织炎。发生于结缔组织的弥漫性化脓性炎，常发于皮下组织，发展迅速。如溶血性链球菌感染。

（3）结局。化脓性炎多为急性经过，如及时消除病原，清除脓液，可以痊愈；较大的化脓灶由肉芽组织修补形成瘢痕，如果机体抵抗力较低，局部化脓灶的化脓菌侵入血液和淋巴液，导致脓毒败血症。

4. 纤维素性炎

纤维素性炎以渗出大量纤维素为特征。从血管内渗出的纤维蛋白原凝固成的纤维素，在炎区组织内呈网状、片状或膜状，同时伴有充血、水肿、白细胞浸润，组织细胞变性坏死，肉芽组织增生等变化，眼观发炎器官附有淡黄色或灰黄色的假膜样、绒毛样或絮片样物，器官表面粗糙不平、糜烂或溃疡，伴有红肿、实变或粘连等变化。

（1）原因。纤维素性炎常见于病原微生物感染，组织损伤严重，血管壁通透性升高，分子量较大的纤维蛋白原渗出，因而形成纤维素性炎。如猪霍乱杆菌可引起纤维素性肠炎；病毒感染引起的牛恶性卡他热、鸡喉气管炎、猫传染性肠炎等，均可见一些器官上的纤维素性炎。

（2）病理变化。根据炎灶组织坏死的程度不同，纤维素性炎可分为 2 种类型。

①浮膜性炎。发炎部位形成的纤维素性假膜易于剥离，组织损伤较轻。常发于黏膜、浆膜和肺脏。

发生于胸膜、腹膜和心包膜等浆膜时，渗出物中的纤维素常附着在浆膜表面，形成一层灰白色或灰黄色、表面粗糙的纤维蛋白“假膜”，浆膜腔积液，浆膜粗糙、充血、出血或粘连。纤维素性胸膜肺炎时，胸腔、心包腔积液，并含有多量絮状物，肺与心包、胸膜粘连。纤维素性心包炎时，纤维素则附着于心包膜上，心脏的跳动，心包的脏层和壁层之间互相摩擦，致使附着在心包膜脏面上的纤维素呈绒毛状，称为“绒毛心”。

发生于气管或肠道黏膜时，纤维素性假膜可呈管状物存在或排出。黏膜充血、出血、糜烂。

发生于肺脏时，形成充血水肿、红色肝变、灰色肝变、溶解吸收四个期的变化，肺脏呈大理石样外观。如猪肺疫、猪传染性胸膜肺炎，牛出血性败血症等，可发生纤维素性肺炎。

②固膜性炎（可称为纤维素性坏死性炎）。发炎部位渗出的纤维素与深层坏死组织牢固地结合，不易剥离，组织损伤严重，发炎器官病变部表面粗糙、呈糠麸样，局灶性或弥漫性。如慢性猪瘟时大肠黏膜的纽扣样肿胀，仔猪副伤寒时大肠黏膜的糠麸样变，鸡新城疫时肠黏膜的枣核样病变，黏膜型鸡痘时气管或肠道黏膜的纤维素坏死性伪膜等。

（3）结局。纤维素性炎一般呈急性或亚急性经过。浮膜性炎可消散康复，也可发生机化、形成粘连、肺肉变等，固膜性炎常形成瘢痕。

5. 出血性炎

大量红细胞出现于渗出物中，眼观渗出物呈红色，发炎组织充血、出血、红肿和糜烂等，镜下观察炎区血管扩张充血，红细胞、白细胞渗出，组织细胞变性、坏死。

(1)原因。出血性炎的基础是血管壁严重损伤、通透性显著增高所致。病因一般是一些强烈的刺激物，如剧烈传染病(炭疽、猪瘟、巴氏杆菌病、禽流感等)。

(2)病理变化。出血性炎常和其他类型的炎症混合发生，如浆液性出血性炎、纤维素性出血性炎、化脓性出血性炎、坏死性出血性炎。常见于炭疽、猪瘟、巴氏杆菌病时的出血性淋巴结炎，猪败血性链球菌病、鸡新城疫时的出血性胃肠炎等。

(3)结局。出血性炎多呈急性经过，其愈后往往不良。由于病因作用强烈，常引起广泛性损害，加之炎区内出血严重，动物可因贫血而致死。

以上所叙述的5种形式，是急性渗出性炎的基本分类。但实际临床病例中可以单独、混合或先后转化发生。

(三)增生性炎

增生性炎是以结缔组织或某些细胞增生为主，变性与渗出变化表现轻微的炎症。分为普通增生性炎和特异性增生性炎。

1. 普通增生性炎

多为慢性增生性炎症过程，以间质纤维结缔组织增生为主，其间散在一些淋巴细胞、浆细胞、单核细胞的浸润，实质细胞发生萎缩、变性和坏死。眼观发炎器官出现散在的大小不等的灰白色病灶，其体积逐渐缩小、质地变硬、表面凸凹不平，即发生硬化和皱缩。如反刍动物的肝片形吸虫病引起的慢性肝炎和猪的慢性间质性肾炎。

少数为急性增生性炎症，以某些组织细胞增生为主要特征。如猪瘟、狂犬病的急性病毒性非化脓性脑炎中，神经胶质细胞增生形成胶质结节；急性肾小球性肾炎时，肾小球毛细血管内皮细胞、血管系膜细胞(间质细胞)及肾小囊上皮细胞均有增生；急性传染病时淋巴结发生急性增生性炎症，淋巴结髓样肿胀，切面多汁。镜检可见淋巴细胞、网状细胞和淋巴窦内皮细胞明显增生。仔猪或犊牛副伤寒时，肝脏网状细胞、单核细胞增生形成"副伤寒结节"。

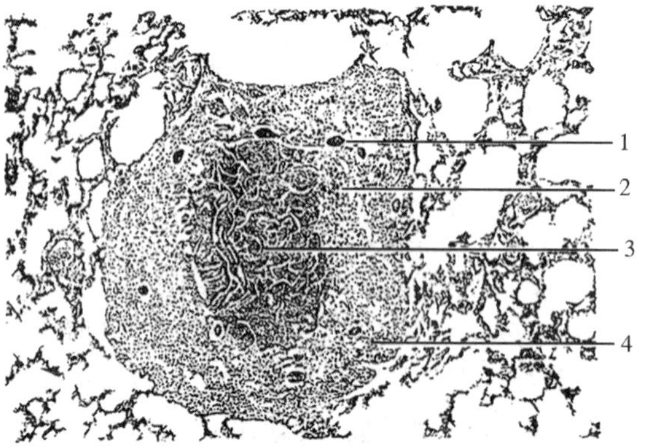

1. 朗罕氏细胞 2. 上皮样细胞 3. 结核结节中心干酪样坏死 4. 淋巴细胞和成纤维细胞

图6-2 肺的结核结节

2. 特异性增生性炎

特异性增生性炎(肉芽肿性炎症)是以形成肉芽肿为特征的慢性增生性炎症。肉芽肿是由增生巨噬细胞形成的结节。肉芽肿有感染性肉芽肿和异物性肉芽肿两类。

(1)感染性肉芽肿。感染性肉芽肿是由生物性病原如细菌或真菌引起的有一定特异性结构的肉芽肿，故又称特异性肉芽肿。如结核病、鼻疽和放线菌的特异性结节性病灶。

结核结节(图6-2)：组织学观察，可见结节的中央发生干酪样坏死，并常有钙盐沉着，紧靠坏死区的周围，有许多胞体较大，分界不清的浅红色上皮样细胞组成一层细胞带，包围坏死区。其中常散在数量不等的多核巨细胞(朗罕氏细胞)。结节的外围区，积聚多量淋巴细胞和浆细胞，最外围则是纤维结缔组织形成的包裹层。

各种肉芽肿的中心结构成分不同，具有一定的诊断意义。放线菌的特异性结节性病灶中心为放线菌团块和中性粒细胞。禽曲霉菌肉芽肿的中心为干酪样坏死，其中可见到霉菌菌丝及孢子。

(2)异物性肉芽肿。异物性肉芽肿是组织中的异物周围有数量不等的巨噬细胞、多核巨细胞和结缔组织包围的肉芽肿。异物可以是寄生虫、缝线、灰尘、坏死组织崩解后形成的类脂质。

四、炎症的结局

在炎症过程中，损伤和抗损伤双方力量的对比决定着炎症的发展方向和结局。若抗损伤过程(白细胞渗出、吞噬能力加强等)占优势，则炎症向痊愈的方向发展；若损伤性变化(局部代谢性障碍、细胞变性坏死等)占优势，则炎症逐渐加剧并可向全身扩散；若损伤和抗损伤矛盾双方处于一种相持状态，则炎症可转为慢性而迁延不愈。

(一)痊愈

多数炎症特别是急性炎症能够痊愈。

1. 完全痊愈

炎症病因消除，病理产物和渗出物被吸收，组织的损伤通过炎灶周围健康细胞的再生而得以修复，局部组织的结构和功能完全恢复正常。常见于短时期内能吸收消散的急性炎症。

2. 不完全痊愈

通常发生于组织损伤严重时，虽然致炎因素已经消除，但病理产物和损伤的组织是通过肉芽组织取代修复，故引起局部瘢痕形成，正常结构和功能未完全恢复。

(二)迁延不愈

在某些情况下，急性炎症可逐渐转变成慢性过程并表现为长期不能痊愈状态，主要原因是机体抵抗力降低或治疗不彻底，病因未被彻底清除，致使炎症持续存在，表现时而缓解、时而加剧，成为慢性炎症长期迁延。

(三)蔓延扩散

由病原微生物引起的炎症，当机体抵抗力下降或病原微生物数量增多、毒力增强时，常发生蔓延扩散，主要方式有以下几种。

1. 局部蔓延

炎症局部的病原微生物可经组织间隙或器官的自然通道向周围组织蔓延，使炎症区扩大。如心包炎可蔓延引起心肌炎，支气管炎可扩散引起肺炎，尿道炎可上行扩散引起膀胱炎、输尿管炎和肾盂肾炎。

2. 淋巴道蔓延

病原微生物在炎区局部侵入淋巴管，随淋巴液流动扩散至淋巴结引起淋巴结炎，并可再经淋巴液继续蔓延扩散。如急性肺炎可引起肺门淋巴结炎，淋巴结呈现肿大、充血、出血、渗出等炎症变化。

3. 血道蔓延

炎区的病原微生物或某些毒性产物，有时可突破局部屏障而侵入血流，引起菌血症、毒血症、败血症和脓毒败血症。

实训技能　炎症病理变化观察

一、目的要求

通过对组织器官各类炎症大体标本和病理组织切片的观察，掌握和准确辨认各类炎症宏观病理变化和微观病理变化形态特征，深入理解炎症的本质及意义。

二、材料用具

大体标本、切片、光学显微镜、投影仪、电脑、幻灯片。

三、方法与步骤

1. 多媒体教学

运用现代化教学手段（如显微投影、课件、幻灯片）对病变标本进行观察，并对照正常组织讲解所要观察标本的病理变化要点、临床诊断意义。

2. 大体标本观察

标本 1　变质性肝炎

观察　侧重于细胞肿胀，肝脏体积肿大，边缘钝圆，灰白色、浑浊、失去原有光泽，质地松软脆弱。

标本 2　变质性肝炎

观察　肾脏体积肿大，色泽变淡（灰白色），浑浊失去原有光泽，质地松软脆弱。

标本 3　浆液性淋巴结炎

观察　淋巴结体积肿大，切开红润多汁。

标本 4　浆液性肺炎

观察　肺胸膜增厚，间质增宽，透明度增高。

标本 5　支气管卡他性炎

观察　支气管扩张，管壁增厚，切面类似蜂窝状。

标本 6　腺胃黏膜卡他性炎

观察　腺胃乳头间附着有多量黏液。

标本 7　化脓性淋巴结炎

观察　淋巴结体积肿大，切面有大小不等的脓肿，脓液流失后留有空腔。

标本 8　化脓性肺炎

观察　肺胸膜增厚，间质增宽，切面有脓肿。

标本 9　化脓性肺炎

观察　肺脏表面和肺泡腔内蓄积有大量脓液，呈颗粒样外观，肺脏正常组织结构被完全破坏。

标本 10　出血性肺炎

观察　肺胸膜增厚，间质增宽，呈白色条纹状，肺脏表面有红色出血区域。

标本 11　出血性睾丸炎

观察　睾丸体积肿大，表面、切面均有红色出血区域。

标本 12　绒毛心

观察　心外膜上附着有大量的纤维素渗出，外观呈绒毛状，故称“绒毛心”。

标本 13　浮膜性喉炎

观察　鸡喉头部位有纤维素性渗出物形成假膜附着，似白色泡沫状物。

标本 14　浮膜性肠炎

观察　肠黏膜表面，渗出的纤维素形成薄层假膜附着，正面观察颜色变深。

标本 15　马喉气管局灶性固膜性炎

观察　马喉头、气管黏膜处可见局灶性固膜性炎灶，渗出的纤维素与坏死组织凝集形成“痂膜”被覆炎灶表面，形似纽扣状，故称“扣状肿”。剥离后形成溃疡，称为“扣状溃疡”。

标本 16　弥漫性固膜性肠炎

观察　炎症程度轻微，肠黏膜表面附着有大量的纤维素性痂膜，呈麸皮状外观。

标本 17　弥漫性固膜性肠炎

观察　炎症程度严重，肠黏膜表面附着有大量的纤维素性痂膜类似麸皮状，位于肠腔表面。

标本 18　纤维素性肺炎

观察　肺脏体积肿大，胸膜增厚，间质增宽呈白色条纹状，切面呈海绵状结构，肺表面有红色出血区。

标本 19 急性增生性脾炎

观察 脾脏体积缩小，因淋巴细胞大量增生而呈颗粒状突起，表面凸凹不平。

标本 20 慢性增生性肝炎

观察 肝脏间质结缔组织大量增生，凸出于肝表面，呈颗粒状或呈网状外观。

标本 21 慢性增生性肾炎

观察 肾脏间质结缔组织增生，压迫实质萎缩，肾表面形成凸凹不平的沟纹。

标本 22 马皮肤鼻疽结节

观察 在皮下组织内可见豆粒大小灰白色的结节，切面呈干酪样坏死。

标本 23 肠系膜结核结节

观察 肠系膜表面分布有多量豆粒大小、灰白色泽、质地坚实的结节，外观似珍珠样，故称为"珍珠病"。

标本 24 脾脏结核结节

观察 脾脏表面和实质内有豆粒大小、灰白色泽、质地坚实的结节。

标本 25 肠道、脾脏结核结节

观察 鸡的肠道、脾脏上均可见豆粒大小、灰白色泽、质地坚实的结节，切面呈干酪样坏死。

3.病理组织切片观察

切片 1 实质性肝炎

观察 镜下可见肝小叶结构清楚，肝细胞索紊乱，肝细胞大小不等，胞浆内有微细颗粒，细胞核隐约不清或胞浆内有大小不等的空泡，细胞核发生溶解或消失，窦状隙扩张，有炎性细胞浸润。

切片 2 浆液性肺炎

观察 镜下可见肺泡壁增宽，小血管和肺泡壁毛细血管扩张充血，支气管和肺泡腔内有淡红色浆液，内含少量的白细胞、淋巴细胞和脱落的上皮细胞，间质内有浆液和白细胞浸润。

切片 3 纤维素性肺炎

观察 镜下可见肺泡壁毛细血管扩张充血，肺泡腔内有大量浆液，有的肺泡腔内渗出大量纤维素和红细胞，有的可见肺泡壁毛细血管充血减退，间质增宽，淋巴管扩张，内有淋巴淤滞，间质有浆液和纤维素渗出。

切片 4 特异性增生性炎(传染性肉芽肿)

观察 镜下可见黏膜表面有絮状物，黏膜上皮细胞、腺上皮细胞变性、坏死或脱落，杯状细胞增多，血管扩张，黏膜疏松，黏膜下层有浆液及炎性细胞浸润。

切片 5　增生性结核结节

观察　镜下可见结核结节中心组织坏死或钙化，其外层有大量上皮样细胞和多核巨细胞，最外层有淋巴细胞、成纤维细胞或结缔组织包裹。

病例：麻鸡气管霉菌病变等观察

病例：羊口炎观察

病例：病鸡精神沉郁心包炎肝周炎

病例：肉鸡心包炎、肝周炎肾出血

病例：肉鸡防出血致死心包炎肝周炎

病例：鸡腺胃炎

病例：种鸡卵黄性腹膜炎

病例：球虫出血性肠炎观察

四、作业

(1)绘出浆液性肺炎组织显微图。

(2)绘出增生性结核结节组织显微图。

病例：出血性卵巢炎

炎症病例彩图

学习要求

识记：炎症、炎症介质、变质性炎、渗出性炎、浆液性炎、化脓性炎、浮膜性炎、固膜性炎、纤维素性炎、出血性炎、增生性炎、肉芽肿性炎及增生的概念。

理解：各种炎症变化的原理。

应用：各种炎症常见于哪些临床疾病。

知识拓展

纤维素性肺炎

纤维素性肺炎是以细支气管和肺泡内充满大量纤维素性渗出物为特征的急性炎症。此型肺炎常侵犯一个大叶、一侧肺叶或全肺，故又称为大叶性肺炎。

1. 病因和机理

纤维素性肺炎见于传染病，如巴氏杆菌病、猪传染性胸膜肺炎、牛传染性胸膜肺炎等，这些病的病原体可随血液、呼吸道和淋巴液侵入肺脏，在机体抵抗力降低时(感冒、过劳、长途运输和吸入刺激性气体等),病原体大量繁殖,沿支气管、血管周围的淋巴管扩散,炎症迅速扩展至整个肺叶及胸膜。由于毛细血管壁遭受损伤,可引起纤维素渗出、出血等变化。

2.病理变化

按纤维素性肺炎的病变发展过程可分为四个时期,但各期的变化实际是一个连续发展过程的不同阶段,并不能机械地将其分开。

(1)充血水肿期。特征是肺泡壁毛细血管充血与浆液性水肿。

眼观:可见肺脏体积稍肿大,质量增加,质地稍变实,呈暗红色,切面平滑,按压时流出大量血样泡沫液体。

镜检:可见肺泡壁毛细血管扩张充血,肺泡腔内有大量浆液性渗出液,少量红细胞、中性粒细胞和巨噬细胞等。

(2)红色肝变期。由充血水肿期发展而来,特征是肺泡壁毛细血管仍显著扩张充血,肺泡腔内含有大量纤维素、白细胞和红细胞。

眼观:可见肺体积肿大,呈暗红色,质地坚实如肝,切面干燥呈细颗粒状。肺间质增宽(有半透明胶样液体蓄积),呈灰白色条纹状。

镜检:可见肺泡壁毛细血管极度扩张充血,支气管和肺泡腔内有多量交织成网的纤维素,网眼内有多量的红细胞,少量的白细胞和脱落上皮细胞。间质炎性水肿,淋巴管扩张。

(3)灰色肝变期。特征是肺泡壁充血减弱或消退,肺泡腔中有大量中性粒细胞。

眼观:可见肺呈灰红色和灰白色,质地坚实如肝,切面干燥,呈细颗粒状。间质变化同上期。

镜检:可见肺泡壁毛细血管充血消退,白细胞和纤维蛋白增多,红细胞溶解消失。

(4)溶解吸收期。特征是中性粒细胞坏死崩解、纤维素溶解、肺泡上皮再生和肉芽组织增生。

眼观:可见肺体积较前期变小。色略带灰红色或正常色,质地柔软,切面湿润。

镜检:可见肺泡壁毛细血管重新扩张,肺泡腔中的中性粒细胞坏死、崩解,纤维素被溶解,成为微细颗粒。巨噬细胞增多,并可吞噬坏死细胞和崩解产物。

3.结局和影响

动物发生纤维素性肺炎时很少能完全恢复,渗出物、坏死组织常被机化,使肺组织致密而坚实,呈肉样色彩,故称为"肉变"。若继发感染,则可形成大小不一的脓肿或腐败分解产物。严重时,形成空洞或继发脓毒败血症,常伴发纤维素性胸膜炎、心包炎,病程较长时可有胸膜、心包和肺脏的粘连,纤维素性肺炎可很快引起动物呼吸和心功能障碍而死亡。

慢性脾炎

1.常见原因

慢性脾炎是指伴有脾脏肿大的慢性增生性脾炎。多见于慢性传染病和寄生虫病,如结核、鼻疽、布鲁氏菌病、副伤寒、锥虫病、焦虫病、亚急性或慢性马传染性贫血等。

2.病理变化

眼观:脾脏轻度肿大或比正常大1~2倍,被膜增厚,边缘稍显钝圆,质地硬实,切面平整或稍隆突，在暗红色红髓的背景上可见灰白色增大的淋巴小结呈颗粒状向外突出；但有时这种现象不明显，只见整个脾脏切面色彩变淡，呈灰红色；若脾脏有较大的结核病灶时，则可见到大小不等、中心干酪样的结核结节。

镜检：增生是慢性脾炎的特征，此时淋巴细胞和巨噬细胞都可呈现分裂增殖，但在不同的传染病过程中有的以淋巴细胞增生为主，有的以巨噬细胞增生为主，有的淋巴细胞和巨噬细胞都明显增生。一些慢性脾炎，还可见结缔组织增生，因而使被膜增厚和小梁变粗。与此同时，脾髓中也见散在的细胞变性和坏死。如仔猪副伤寒时，脾脏中出现散在的小坏死灶，一些坏死灶便是网状细胞增生取代坏死组织而形成的副伤寒结节；在结核、放线菌病、鼻疽和布鲁氏菌病等过程中，脾脏除上述细胞增殖外，还可见到特异性肉芽肿的形成，即形成结核结节、放线菌肿或鼻疽结节，结节中心多发生坏死，结节最外层多有纤维结缔组织包裹形成包囊。

3. 结局与影响

病因消除或疾病缓解后，大部分慢性脾炎可逐渐恢复正常；但若病程较长，间质增生，而使慢性脾炎通常以不同程度的纤维化为结局，脾脏中增生的淋巴细胞逐渐减少，局部网状纤维胶原化，上皮样细胞转变为成纤维细胞，从而纤维化；纤维化的脾脏被膜、小梁也因结缔组织增生而增厚、变粗，体积缩小、质地变硬，称为硬结性脾炎。

复习思考题

一、名词解释

炎症　炎症介质　边移　贴壁　游出　增生　变质性炎　渗出性炎
浆液性炎　化脓性炎 纤维素性炎　浮膜性炎　固膜性炎　出血性炎
增生性炎　肉芽肿性炎　特异性增生性炎

二、填空题

1. 体表急性炎症的典型局部表现包括______、______、______和______。

2. 炎症的基本病理变化包括______、______和______。

3. 急性炎症的基本病理变化以______、______为主，慢性炎症以______为主。

4. 炎症局部组织发生的______、______称为变质。

5. 炎症时，白细胞穿过血管壁向炎区聚积并发挥吞噬作用，这种现象称为______。

6. 炎性水肿的渗出液位于______，炎性积液的渗出液位于______。

7. 白细胞渗出过程有______、______和______。

8. 炎症时游出的白细胞在炎区局部发挥______作用和______作用并可引起______。

9. 浆液性炎是以______渗出为其特征，多发于______、______和______等处。

10. 黏膜的纤维素性炎可分为______和______。

11. 纤维素性炎是以______渗出为其特征，多发于______、______和______等部位。

12. 炎症增生的有利影响是__________和__________。
13. 炎症局部增生的成分包括__________、__________、__________。
14. 增生性炎包括__________和__________两大类。
15. 肉芽肿的主要细胞成分是__________细胞和__________细胞。

三、单项选择题

1. 吞噬作用最为活跃的炎症细胞是(　　)。
A. 淋巴细胞　B. 中性粒细胞　C. 浆细胞
D. 嗜酸性粒细胞　E. 肥大细胞

2. 炎症渗出液的特点不包括(　　)。
A. 浑浊　B. 浓厚,含有组织碎片　C. 不自凝
D. 相对密度在 1.018 以上　E. 细胞含量增多

3. 感染性肉芽肿的结构特点是(　　)。
A. 结缔组织增生形成界线清楚的结节状病灶
B. 淋巴细胞增生形成界线清楚的结节状病灶
C. 上皮样细胞和多核巨细胞形成界线清楚的结节状病灶
D. 实质细胞增生形成界线清楚的结节状病灶
E. 黏膜上皮、腺体和结缔组织增生形成的结节状病灶

4. 炎性水肿时渗出液位于(　　)。
A. 关节腔　B. 胸膜腔　C. 腹膜腔
D. 心包腔　E. 组织间隙

5. 假(伪)膜性炎是指(　　)。
A. 皮肤的纤维素性炎　B. 皮肤的化脓性炎　C. 浆膜的纤维素性炎
D. 黏膜的纤维素性炎　E. 浆膜的化脓性炎

6. 炎灶内白细胞游出的主要部位是(　　)。
A. 小静脉　B. 毛细血管　C. 小动脉
D. 淋巴管　E. 淋巴结

7. 结核性肉芽肿中,上皮样细胞和朗罕氏细胞来源于(　　)。
A. 中性粒细胞　B. 淋巴细胞　C. 浆细胞
D. 巨噬细胞　E. 嗜酸性粒细胞

8. 渗出液对机体的有利因素,除下列哪项?(　　)
A. 纤维素的渗出有利于修复　B. 纤维素的渗出有利于限制细菌蔓延
C. 纤维素的渗出有利于机化　D. 渗出液可稀释毒素或有害刺激物
E. 渗出液带来各种抗体,补体及杀菌物质

9. 机体清除和杀灭病原微生物的最主要的炎性细胞是(　　)。
A. 嗜酸性粒细胞　B. 中性粒细胞　C. 巨噬细胞
D. 淋巴细胞　E. 浆细胞

10. 最有防御意义的炎症改变是(　　)。
A. 炎症介质形成　B. 分解代谢亢进　C. 局部酸中毒
D. 分子浓度增高　E. 白细胞渗出

11. 任何类型炎症，其局部组织共同的基本病理变化是(　　)。

A. 变质　　B. 渗出　　C. 增生

D. 以上都是　　E. 以上都不是

12. 炎症的基本病变是(　　)。

A. 组织细胞的变性坏死　　B. 组织的炎性充血和水肿

C. 变质、渗出、增生　　D. 红、肿、热、痛、功能障碍

E. 细胞边移、贴壁、游出

13. 急性炎症引起局部肿胀的主要原因是(　　)。

A. 变性及坏死　　B. 充血及渗出　　C. 增生及化生

D. 炎症介质的形成　　E. 局部分子浓度升高

14. 下列对变质性炎的特征描述不正确的是(　　)。

A. 以实质细胞的变性、坏死为主，渗出与增生变化较轻的一类炎症

B. 以血浆和血细胞渗出为特征

C. 常由中毒或微生物感染所引起

D. 多发于肝、心、肾、脑等实质器官

E. 以上都不正确

15. 炎症引起较大范围的组织缺损时，主要通过什么方式进行修复？(　　)

A. 周围组织增生肥大　　B. 肉芽组织增生填补　　C. 巨噬细胞增生

D. 缺损周围组织收缩　　E. 淋巴细胞增生

16. 脓细胞是指变性、坏死的(　　)。

A. 淋巴细胞　　B. 浆细胞　　C. 中性粒细胞

D. 嗜酸性粒细胞　　E. 单核细胞

17. 炎症时最早出现的血流动力学改变是(　　)。

A. 血管壁通透性增加

B. 小静脉扩张，血流变慢

C. 小动脉短暂收缩

D. 毛细血管扩张，血流淤滞

E. 小动脉扩张，血流加快

18. 慢性炎症病灶内浸润的炎性细胞主要为(　　)。

A. 嗜酸性粒细胞和嗜碱性粒细胞

B. 中性粒细胞和浆细胞

C. 单核细胞和淋巴细胞

D. 淋巴细胞和嗜酸性粒细胞

E. 中性粒细胞和嗜酸性粒细胞

19. 脓肿和蜂窝织炎均属于(　　)。

A. 变质性炎　　B. 化脓性炎　　C. 坏死性炎

D. 增生性炎　　E. 浆液性炎

20. 渗出性炎症中最轻的类型是(　　)。
A. 浆液性炎　B. 卡他性炎　C. 纤维素性炎
D. 蜂窝织炎　E. 出血性炎
21. 炎症反应最重要的特征是(　　)。
A. 血管扩张　B. 红细胞漏出　C. 血浆渗出
D. 白细胞游出　E. 纤维素渗出
22. 卡他性炎一般是指发生在(　　)。
A. 皮肤的渗出性炎症　B. 皮肤的变质性炎症　C. 黏膜的变质性炎症
D. 黏膜的渗出性炎症　E. 黏膜的增生性炎症
23. 白细胞向着化学刺激物做定向移动的现象称为(　　)。
A. 白细胞游出　B. 白细胞渗出　C. 白细胞吞噬
D. 白细胞增多　E. 趋化作用
24. 以中性粒细胞浸润为主的炎症为(　　)。
A. 化脓性炎　B. 浆液性炎　C. 假膜性炎
D. 卡他性炎　E. 变态反应性炎
25. 固膜性炎属于(　　)。
A. 浆液性炎　B. 化脓性炎　C. 卡他性炎
D. 纤维素性炎　E. 出血性炎
26.(全国执业兽医资格考试试题)在结核肉芽肿性炎症灶内的特异性细胞成分是(　　)。
A. 肥大细胞　B. 多核巨细胞　C. 淋巴细胞
D. 中性粒细胞　E. 嗜酸性粒细胞
27.(全国执业兽医资格考试试题)下列由细胞释放的炎症介质是(　　)。
A. 激肽系统　B. 补体系统　C. 单核因子
D. 凝血系统　E. 纤溶系统
28.(全国执业兽医资格考试试题)由犬细小病毒导致的心肌出血病变称为(　　)。
A. 心肌炎　B. 心内膜炎　C. 心包炎
D. 绒毛心　E. 虎斑心
29.(全国执业兽医资格考试试题)卡他性炎发生在(　　)。
A. 黏膜　B. 腱膜　C. 肌膜　D. 筋膜　E. 滑膜
30.(全国执业兽医资格考试试题)维生素 E 或硒缺乏可引起鸡小脑发生(　　)。
A. 非化脓性脑炎　B. 化脓性脑炎　C. 脑软化
D. 脑脊髓炎　E. 脑膜脑炎

四、多项选择题

1. 下列哪些属于化脓性炎症?(　　)
A. 蜂窝织炎　B. 小叶性肺炎　C. 结核　D. 肝炎　E. 脑脓肿
2. 炎区纤维素渗出的有利作用是(　　)。
A. 引起血液凝固　B. 阻止细菌扩散　C. 促进吞噬细胞的吞噬作用
D. 有利于组织增生　E. 引起肉芽组织增生使组织发生粘连

3. 纤维素性炎常发生于(　　)。

A. 肝脏　　B. 肺脏　　C. 浆膜　　D. 脾脏　　E. 黏膜

4. 特殊肉芽组织镜下可见(　　)。

A. 上皮样细胞　　B. 神经细胞　　C. 肌细胞

D. 多核巨细胞　　E. 成纤维细胞

5. 关于急性炎症转为慢性的叙述,下列哪些是正确的?(　　)

A. 致炎因子未能在短时间内清除　　B. 对自身组织产生免疫反应

C. 炎症局部渗出太少　　D. 致炎因子毒力太强,组织损伤严重

E. 致炎因子不断损伤组织

6. 固膜性肠炎可见于(　　)。

A. 猪瘟　　B. 猪丹毒　　C. 猪肺炎　　D. 猪副伤寒　　E. 猪痢疾

7. 淋巴细胞主要见于(　　)。

A. 细菌性炎症　　B. 病毒性炎症　　C. 寄生虫性炎症

D. 慢性炎症　　E. 急性炎症

8. 增生性炎,增生的炎性细胞主要是(　　)。

A. 中性粒细胞　　B. 淋巴细胞　　C. 嗜酸性粒细胞

D. 嗜碱性粒细胞　　E. 巨噬细胞

五、判断题

1. 心包炎时,纤维素因心脏跳动的摩擦而形成丝绒状外观,称为"绒毛心"。(　　)

2. 肉芽肿内的上皮样细胞和多核巨细胞吞噬能力很强,有利于杀灭病原微生物。(　　)

3. 炎性增生主要是指间质细胞增生。(　　)

4. 所谓的脓球就是浸润的中性粒细胞。(　　)

5. 炎性细胞浸润包括血细胞边移、贴壁、游出、趋化、吞噬和降解等过程。(　　)

6. 慢性炎症的病理变化常以渗出为主,浸润的细胞常为中性粒细胞。(　　)

7. 炎症可导致炎区淤血。(　　)

8. 脓性浸润指变性崩解的中性粒细胞弥散于炎区。(　　)

9. 病原微生物进入血液称为败血症。(　　)

10. 外周血白细胞核左移主要见于细菌引起的化脓性炎。(　　)

11. 肉芽肿的主要成分是浆细胞和淋巴细胞。(　　)

12. 炎症即为组织细胞的变性坏死。(　　)

13. 炎症过程中,急性炎症以变质、渗出为主,慢性炎症以增生为主。(　　)

14. 任何炎症中都有变性、渗出和增生改变。(　　)

15. 浮膜性肠炎见于牛的黏液膜性肠炎,固膜性肠炎见于慢性猪瘟的扣状溃疡。(　　)

16. 结缔组织的组织细胞是炎症渗出时细胞游出的一种。(　　)

17. 渗出液是通过血管壁进入组织间隙的液体成分,但不包括细胞成分。(　　)

18. 葡萄球菌和链球菌感染以淋巴细胞渗出为主。(　　)

19. 固膜性炎是指发生在黏膜的纤维素性炎。(　　)

20.病毒性感染以嗜酸性粒细胞浸润为主。(　　)

六、简答题

1.简述炎症局部的临床表现及其病理学基础。

2.简述炎症的基本病理变化。

3.简述炎性渗出对机体的利与弊。

4.简述渗出液和漏出液的区别。

5.简述渗出性炎症的种类及特点。

6.简单比较脓肿与蜂窝织炎的异同。

7.试述炎症的结局。

项目六复习思考题参考答案

项目七
发　热

学习目标

- 掌握正常体温调节，发热的概念、病因、发热的过程及热型、发热的生物学意义。
- 理解发热时机体代谢与功能的改变，发热的机理。
- 了解发热的处理原则。

学习内容

发热是指机体在致热原作用下，使体温调节中枢的“调定点(SP)”上移而引起的调节性体温升高，体温调节中枢兴奋、功能紊乱或产热过多、散热过少，体温上升超过正常范围值0.5 ℃，称为发热。发热是机体的一种病理生理反应。生理性体温升高与病理性体温升高的区别见表7-1。

表7-1　生理性体温升高与病理性体温升高的区别

生理性体温升高	病理性体温升高	
高温环境、剧烈运动、妊娠期等	发热	过热
	体温升高(>0.5 ℃)	体温升高(>0.5 ℃)
SP不变	SP增高，调节性体温升高，与调定点相适应	T>SP，被动性体温升高，超过调定点

发热不是独立疾病，而是疾病的重要临床表现。许多疾病常因早期发热而被察觉，它是感染性疾病、潜在恶性病灶(肿瘤)等疾病的重要信号。在整个病程中，体温曲线变化往往反映病情变化，对判断病情、评价疗效和估计预后均有重要参考价值。

一、发热的原因

凡能引起机体发热的物质称为热原刺激物，又称致热原。致热原包括外源性致热原和内生性致热原。外源性致热原又分为感染性因素(包括微生物、寄生虫及其产物)和非感染性因素(恶性肿瘤、变态反应、无菌性炎症等)。

(一)外源性致热原

来自体外能致热的物质(如细菌内毒素、外毒素和结核菌素)称为外源性致热原。

1. 细菌及毒素

如革兰阴性菌与内毒素、革兰阳性菌与外毒素、结核分枝杆菌。

(1)革兰阴性菌与内毒素(ET)。典型菌群有大肠埃希菌、沙门菌等。这类细菌除菌体和胞壁中所含的肽聚糖与致热性有关外,其胞壁中所含的脂多糖(即内毒素)也有明显的致热性,临床上输液或输血过程中所产生的发热反应,多数是由污染 ET 所致。因其耐热性很高,需要干热 160 ℃ 2 h 才能灭活,一般灭菌方法不能清除。内毒素具有耐热性、滤过性、水溶性、不挥发性等特点。

(2)革兰阳性菌与外毒素。主要有葡萄球菌、溶血性链球菌、肺炎球菌等。这类细菌除菌体致热外,其外毒素也有明显的致热性,如葡萄球菌的肠毒素、溶血性链球菌的红疹毒素等。

(3)结核分枝杆菌。其全菌体及细胞壁中所含的肽聚糖、多糖和蛋白质都具有致热作用。

2. 病毒

如流感病毒、猪瘟病毒等可激活某些细胞产生、释放内生性致热原,引起发热。

3. 其他微生物

在临床上真菌感染引起的发热,如白色念珠菌感染所致的肺炎、鹅口疮等,其致热性与菌体及菌体内所含的荚膜多糖和蛋白质有关。钩端螺旋体内含有溶血素、细胞毒因子及内毒素样物质,故感染后也常常出现发热现象。此外,立克次氏体、衣原体等许多病原微生物感染也有发热现象,但致热物质尚不清楚。

4. 体内产物

某些体内产物以诱导产生内生性致热原的方式引起发热,又称为非传染性致热原。包括:①大面积烧伤、创伤引起的无菌性炎症;②某些药物、血清病引起的变态反应;③由于抗原抗体复合物的形成和致敏淋巴细胞释放淋巴因子引起发热;④恶性淋巴瘤、肉瘤等肿瘤性发热;⑤咖啡因兴奋体温调节中枢引起化学药物性发热;⑥甲状腺功能亢进时引起激素性发热;⑦中枢神经系统受到损伤或植物神经功能紊乱都可引起神经性发热;⑧体内某些类固醇产物(如睾酮的中间代谢产物本胆烷醇酮)等也可引起发热。

(二)内生性致热原

产内生性致热原细胞(能够产生和释放内生性致热原的细胞)在发热激活物的作用下所产生和释放的能引起体温升高的产物,统称为内生性致热原,白细胞产生和释放的致热原主要有白细胞介素-1、白细胞介素-6、肿瘤坏死因子、干扰素等,如表 7-2 所示。

表 7-2　主要内生性致热原的种类、来源及作用

种类		生成部位	符号	作用
白细胞介素	白细胞介素-1	单核巨噬细胞、内皮细胞、星状细胞、肿瘤细胞	IL-1	对急性期反应物的诱导,淋巴细胞活化、增殖,增强吞噬细胞杀菌功能
	白细胞介素-6	可由多种细胞分泌:单核细胞、成纤维细胞、淋巴细胞	IL-6	对急性期反应物的诱导,B 淋巴细胞的增殖和分化,IgG 的合成,细胞毒 T 淋巴细胞(CTL)的诱导
肿瘤坏死因子		单核巨噬细胞、淋巴细胞	TNF-α TNF-β	杀伤肿瘤细胞
干扰素		白细胞、T 淋巴细胞、成纤维细胞、NK 细胞	IFN-α IFN-β IFN-γ	可能是病毒感染致热的重要 EP,还有抗病毒、增强 TNF 和 NK 细胞活性作用
白三烯		嗜碱性细胞、肥大细胞、单核细胞	LT	吸引中性粒细胞,并使之黏附于血管内膜上
巨噬细胞炎症蛋白-1		单核细胞因子,是一种肝素结合蛋白	MIP-1	能激活粒细胞,参与造血调控,诱导 NK 细胞增殖与活化

非致热原性发热是指没有致热原参与而引起的发热,见于体温调节中枢功能障碍(如脑出血、脑肿瘤、中暑、脑膜炎)、产热过多(如甲状腺亢进、骨骼肌持续痉挛)、散热减少(如广泛皮炎、大面积烧伤、重度心衰和脱水性的疾病)。

二、发热的机理

发热机制较复杂,目前认为发热有三个环节(图 7-1):第一环节是内生性致热原的产生和释放;第二环节是体温调节中枢的体温调定点上移;第三环节是调温效应器的作用,产热增加,散热减少,即一方面通过运动神经引起骨骼肌的紧张度增高或寒战使产热增多,另一方面交感神经系统引起皮肤血管收缩,使散热减少,由于产热大于散热,体温相应地上升直至与调定点新高度相适应。

1. 内生性致热原的产生和释放

这是一个涉及产致热原细胞的信息传递和基因表达的调控过程。包括信息传递、产内生性致热原细胞的激活,内生性致热原的产生和释放,最后经过血液循环到达下丘脑的体温调节中枢。

2. 体温调节中枢调定点的上移

目前认为,恒温动物体温调节的高级中枢位于视前区下丘脑的前部,在该区域内含有对温度敏感的神经元,这些神经元对来自外周的温度信息具有整合作用。致热原直接作用于体温调节中枢或通过中枢发热介质使体温调节中枢的调定点上移。

3. 效应器的改变

体温调节中枢的调定点上移后,体温调节中枢发出冲动,对产热和散热过程进行调整。一

方面，通过运动神经引起骨骼肌紧张度增高或寒战，产热增加；另一方面，通过交感神经系统引起皮肤血管收缩，减少散热，产热大于散热，体温升至与调定点相应的水平。

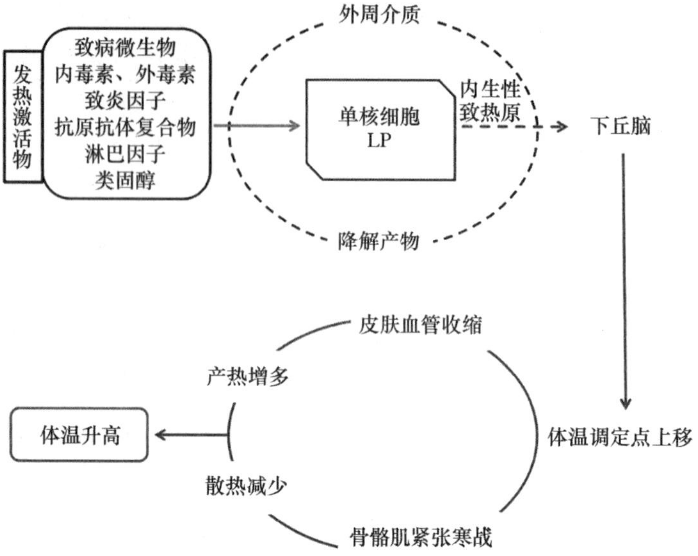

图 7-1 发热基本环节示意图

三、发热的经过和热型

(一)发热的经过

发热的临床经过大致可分三个阶段(图 7-2)，即体温上升期、高热持续期和体温下降期，每个时期有各自的临床症状和代谢特点。

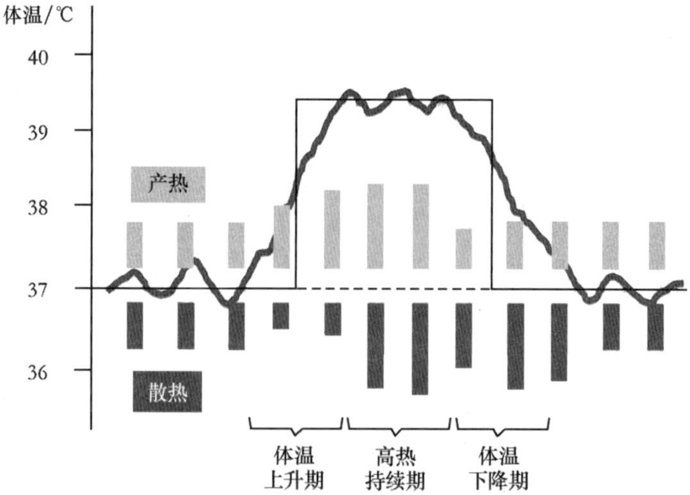

图 7-2 发热经过与体温调节关系

1. 体温上升期

(1)代谢特点。这是发热的早期,此期因体温调定点上移,血液温度低于调定点温度。代谢特点是产热增多,散热减少,体温上升。肌肉收缩加强,肌糖原分解加强,产热增多;通过交感神经发出散热减少的信号,皮肤血管收缩,汗腺分泌减少,导致皮肤的散热减少,因而使体温逐渐上升。

(2)临床表现。此时患病动物精神沉郁,食欲减退或废绝,呼吸和心跳加快,皮肤血流量减少呈苍白色,交感神经兴奋,竖毛肌收缩,临床上出现寒战,皮肤干燥,被毛蓬乱等症状,反复寒战超过 1 d 可能是菌血症,在传染病诊断上有参考意义。

2. 高热持续期(热稽留期)

(1)代谢特点。产热量接近散热量,体温在较高水平上维持平衡。血液温度升高同时又使皮肤温度升高,皮肤血管扩张,散热增加。在不同的疾病中,体温升高的水平和持续时间也不同,如牛传染性胸膜肺炎的高热期 2～3 周之久,慢性猪瘟的高热期可维持 1 周以上;而牛流行性感冒的高热期仅为数小时或几天。

(2)临床表现。患病动物皮温升高,眼结膜充血潮红,呼吸和心跳加快,胃肠蠕动减弱,粪便干燥,尿量减少、口干舌燥等。

3. 体温下降期(退热期)

(1)代谢特点。这是发热的后期,产热量小于散热量。由于病因被清除以及致热原的作用减弱,上升的体温调定点恢复到正常水平,因此,体温也逐渐调整到正常范围。此时血液温度仍偏高,热敏神经元发放冲动,促进散热;冷敏神经元受抑制,减少产热。

(2)临床表现。此时病畜汗腺分泌增加,引起大量出汗,皮肤潮湿,体温下降,严重者可致脱水。大量出汗是一种速效的散热反应,但出汗可造成脱水,甚至循环衰竭,应注意监护,补充水和电解质,尤其是心肌炎病畜,更应密切注意。

热的消退可快可慢,快者几小时或 24 h 内降至正常,称为体温骤退。慢者需几天到十几天才降至正常,称为体温渐退。在兽医临床上要谨防动物体温骤退,引起急性循环衰竭而造成严重后果,体温骤退是预后不良的先兆。

(二)热型

在许多发热性疾病的发展过程中,病畜的体温常随着时间而发生变化。临床上常常按一定的时间间隔对动物进行体温检测,并将记录下来的体温绘制成曲线图,这种体温变化曲线称为热型。热型在临床疾病诊断和鉴别诊断时有重要作用。

1. 稽留热

体温升高到一定程度后,高热持续数日不退,而且昼夜温差变动不超过 1 ℃。常见于大叶性肺炎、猪瘟、猪丹毒、流感、猪急性痢疾等急性发热性传染病。

2. 弛张热

体温升高后昼夜温差变动超过 1 ℃,但又不降至正常水平。常见于小叶性肺炎、胸膜炎、化脓性疾病、败血症等。

3. 间歇热

发热期与无热期有规律地交替出现,但间歇时间短而且重复出现。常见于血孢子虫病、锥虫病、化脓性局灶性感染等。

4. 回归热

发热期与无热期有规律地交替出现，两者持续时间大致相等，并且间歇时间长。常见于亚急性和慢性马传染性贫血。

5. 不定型热

发热持续时间不定，体温变动无规律，体温曲线呈不规则变化。常见于慢性猪瘟、慢性副伤寒、慢性猪肺疫、渗出性胸膜炎、肺结核等许多非典型经过的疾病。

四、发热时机体的变化

(一)功能变化

1. 中枢神经系统功能改变

发热时中枢神经系统会出现不同程度的功能障碍。高热时对中枢神经系统的影响较大，特别是高热时，神经系统兴奋性增高，易引起烦躁不安、惊厥。体温过高时可导致昏迷、死亡。

2. 循环系统功能改变

发热时心率加快，体温每上升 1 ℃，心率每分钟平均增加 10～15 次。尤其传染病引起的长期发热，由于氧化不全产物和毒素对心脏作用，容易引起心肌变性；又因心动过速，心脏负担加重，对心肌有潜在病灶的动物，易诱发心力衰竭。此外，体温骤退，可因大汗而致虚脱、休克甚至循环衰竭，应及时预防。

3. 呼吸系统功能改变

发热时血液温度升高和酸中毒产物对呼吸中枢的刺激作用，以及中枢对二氧化碳的敏感性增强，促使病畜呼吸加深加快，这有利于气体交换和散热。但持续的体温过高可使大脑皮层和呼吸中枢发生抑制，致使呼吸变浅、变慢或不规则。

4. 消化系统功能改变

发热时交感神经兴奋，水分蒸发过多，导致消化液减少，各种消化酶活性降低，食欲减退、胃肠道蠕动减弱、口干、腹胀、便秘等现象。有时可因肠内容物发酵、腐败而引起自体中毒。

5. 泌尿系统功能变化

在体温上升期和高热持续期，因血液的重新分布，肾小球血流量减少，尿量也随之减少。严重的发热或持续过久的发热，肾组织可发生轻度变性，加之体表血管舒张，肾脏血流量相应地减少，以及由于分解代谢增强，酸性代谢产物的增多，水和钠盐潴留在组织中，尿液减少，尿比重增加，并且尿中常出现含氮产物。至退热期，由于肾脏血液循环的改善，大量盐类又从肾脏排出，又表现为尿量增加。

6. 防御功能改变

发热时，机体内单核巨噬细胞系统的功能活动增强。表现在抗感染能力增强、抗体形成增多、补体活性增高，肝脏解毒功能增强，对肿瘤细胞的影响和急性期反应加强。

(二)物质代谢的变化

发热机体的代谢变化包括两个方面:一方面是在致热原作用后,体温调节中枢对产热进行调节,提高骨骼肌的物质代谢,使调节性产热增多;另一方面是体温升高本身的作用,体温每升高1℃,基础代谢率提高13%。因此持久发热使物质消耗明显增多。如果营养物质摄入不足,就会消耗自身物质,并易出现维生素C和B族维生素的缺乏,故必须保证有足够能量、足量维生素等营养物质供应。

1.糖代谢

发热时糖分解代谢加强,血糖增多,葡萄糖的无氧酵解加强,组织内乳酸含量增加。

2.脂肪代谢

发热时脂肪分解也明显加强,由于糖代谢加强使糖原贮备不足,摄入相对减少,乃至大量消耗贮备脂肪而致动物消瘦。因此,脂肪分解加强和氧化不全,病畜有时出现酮血症和酮尿症。

3.蛋白质代谢

高热时蛋白质分解加强,尿氮比正常增加2～3倍,可出现负氮平衡,即摄入不能补足消耗。长期和反复发热的病畜,由于蛋白质被严重消耗,还会引起肌肉和实质器官发生萎缩、变性,进而引起机体的衰竭。

4.水、电解质代谢

发热时出汗、排尿增多及机体内代谢的加强,使水、电解质大量消耗。高热可引起脱水,脱水又可加重发热,因此必须补足水分,尤其在高热期、退热期。此外,氧化不全产物(乳酸、酮体)在体内增多,易导致代谢性酸中毒。

5.维生素代谢

发热时,维生素C和B族维生素显著消耗,同时病畜食欲减退,常会导致维生素缺乏症。

五、 发热的生物学意义

发热是机体在长期进化过程中所获得的一种以抗损伤为主的防御适应反应,对机体有利也有弊。

1.有利方面

总体来看,一定程度的发热有利于机体抵抗感染,抑制对机体有害的致病因素,能增强单核巨噬细胞系统功能,提高机体对致热原的清除能力。此外,还能使肝脏氧化过程加速,提高其解毒能力。从生物进化角度看,发热对机体的生存和种族延续具有重要的保护意义。

2.不利方面

不利方面包括体温升高本身的危害,以及发热激活物、内生性致热原和发热性中枢介质的不利作用,两者很难截然分开。①发热明显增加组织的能量消耗,加重器官的负荷,能诱发相关脏器的功能不全,动物表现消瘦和抵抗力下降。②高热常使实质器官的细胞出现细胞肿胀。若中枢神经系统和血液循环系统发生损伤,动物表现精神沉郁以至昏迷;心肌变性会导致心力衰竭。③发热可导致胎儿的发育障碍,是重要的致畸因子,因此母畜应尽量避免发热。

六、发热的处理原则

发热不是独立的疾病，而是关联许多疾病(表7-3)特别是传染病所共有的病理过程。影响发热的主要因素是中枢神经的功能状态、内分泌系统的功能状态、营养状况、疾病状态、发热激活物的性质。除对因治疗外，针对发热的治疗(退热治疗)应尽可能权衡利弊。

1.发热的一般处理

非高热者一般不宜盲目退热，可利用其热型帮助诊断疾病。对长期不明原因的发热，应做详细检查，注意寻找体内隐蔽的炎症灶，及早治疗原发病。

2.下列情况应及时解热

持续高热(如40℃以上)、有严重肺脏或心血管疾病、妊娠期的动物，在治疗原发病的同时采取退热措施，但高热不可骤退。

3.解热的具体措施

(1)物理降温和药物解热。

(2)补充发热时消耗的营养物质，增强机体抵抗力。

(3)补充糖和维生素，纠正水分、电解质和酸碱平衡紊乱。

(4)及早治疗原发病。

(5)加强护理，防止并发症。

(6)高热惊厥者也可酌情应用镇静剂(如安定)。

表7-3 发热症状与关联疾病

发热伴随的症状	可能的疾病	发热伴随的症状	可能的疾病
流鼻涕、咳嗽	上呼吸道感染(感冒)	心悸、呼吸困难、喘息	肺炎、气管炎、支气管炎、胸膜炎
呕吐、惊厥、昏迷	脑炎、脑膜炎、中暑等	急性发热或休克	心内膜炎、心肌炎、心包炎等
腹泻、腹痛	菌痢、细菌性食物中毒	腰痛、尿频、尿急、尿痛	肾脏感染、膀胱感染、尿路感染
肝脾肿大、黄疸	肝胆系统感染	低热、食欲亢进、心悸	甲状腺功能亢进
剧烈腹痛	肠炎、胰腺炎、腹膜炎等	关节明显肿痛、心律失常	风湿热
皮肤或黏膜有出血点	败血症、心内膜炎或血液病	皮肤有化脓性病灶	金葡菌败血症
用磺胺药、青霉素等1周之后，常伴有皮疹	可能是药物热，停药2d后退热，再次用药，可重复出现发热	发热伴皮疹 淋巴结肿大	痘病等 局部急性炎症、淋巴结结核等

学习要求

识记：发热、热型曲线、稽留热、弛张热、间歇热的概念。

理解：发热时机体代谢和功能的主要变化、发热的原因、发热的类型与特点。

应用：在临床上如何正确处理发热。

知识拓展

动物发热性疾病的正确处治

发热只是一种病理现象,不是独立的疾病,是动物机体在病理状态下的一种保护性反应。发热的原因很多,对因治疗才是处治的基本原则,不当的解热往往掩盖病情,贻误治疗,应根据不同的病症,灵活适时地解热才能收到预期效果。

1.发热的分类

(1)外源性发热。当动物机体在某些外界因素的作用下,其产热大于散热,体内的热量不能及时散发,导致体温升高,如热射病和日射病引起的发热。

(2)感染性发热。如细菌、真菌、支原体、衣原体、螺旋体、立克次氏体、病毒等病原微生物及其产物,一旦侵入动物机体,都可激活体内内生致热原细胞,产生和释放致热原而出现发热。

(3)过敏性发热。当某些抗原性物质如疫苗、菌苗等,进入动物体内后,与体内的相应抗体结合形成抗原抗体复合物,这种复合物对某些动物个体也有可能激活内生性致热原细胞,产生和释放致热原。在体液免疫过程中,T 细胞吞噬抗原性物质后,演变增殖为致敏的淋巴细胞而产生淋巴因子,淋巴因子也能激活内生致热原细胞,产生和释放致热原。如某些动物免疫后出现过敏性发热。

(4)炎性发热。某些致炎物质,如硅酸结晶、尿酸结晶在体内不但可以引起炎症反应,其本身还具有激活内生致热原细胞的作用,使动物在炎症反应的过程中表现出发热现象。

(5)非炎性发热。非传染性炎性渗出物,也有激活内生致热原细胞产生和释放致热原的作用,出现非炎性发热现象。

(6)其他因素性发热。动物体内胆固醇的中间代谢产物本胆烷醇酮、石胆酸也有激活内生致热原细胞产生和释放致热原的作用。干扰素、肿瘤细胞、巨噬细胞等在一定的条件下也将会激活内生致热原细胞产生和释放致热原。

2.发热的正确处治

发热的原因不同,处治的方法则不同,但消除病因是处治的基本原则。对于外源性发热则应清除热源,加快散热,常用物理降温法,如通风、饮水、冷敷等。对于感染性发热,必须先杀灭病原体,在病原体未被杀灭以前而单独使用解热药,反而会抑制机体的免疫功能而加重病情,所以在使用解热药的同时必须配合抗生素。对于炎性发热,在消除炎症的同时使用解热药有助于炎症病灶组织生理功能的尽快恢复和减缓继发症。对于过敏性发热只要清除了过敏原发热就会自行消除。对于非炎性发热和其他发热,清除致热因素依然是首要选择,再根据具体病情灵活解热。总而言之,发热是机体本身的一种保护性反应,见热就解是错误的,消除疾病病因是处置的必需。若是较长时间的高热,为避免神经系统损害,才适时解热,但这种解热只能是辅助疗法。特别强调的是对感染性发热,不宜盲目使用解热药。

3.临床使用解热药物的误区

兽医临床常用解热药有吡唑酮类(如氨基比林、安乃近、安替比林、保泰松)、苯胺类(非那西丁、对乙酰氨基酚)、奎宁类(奎宁)、糖皮质激素类(地塞米松、氢化可的松)和清热解毒类中成药。对于某些不明原因的持续高热症、使用清热解毒的中成药配合以上解热西药、往往会收到较好的疗效，所以这种方法渐渐成为治疗热性病的习惯疗法。其实这种疗效主要得益于中成药中连翘、金银花、黄芩、黄连等中草药的广谱抗菌作用，但在应用中往往忽视这些中草药的解热作用，所以配合解热西药同时使用时，极易因过度解热导致出现低温症，甚至死亡的病例临床屡见不鲜。还有一些中成药制剂本身就添加了解热的西药成分，使用时更应注意。

复习思考题

一、名词解释

发热　稽留热　弛张热　间歇热

二、填空题

1. 由于________的作用使________上移而引起________性体温升高为发热。

2. 感染性发热激活物主要指各种________及其代谢产物。

3. 产内生性致热原细胞在发热激活物的作用下，产生和释放的能引起体温升高的物质称为________。

4. 发热的发展过程大致分为________、________和________三个时期。

5. 发热时心率加快，体温每上升1℃，心率每分钟平均增加________次。

6. 发热时机体物质代谢变化的特点是________。

三、单项选择题

1. 高热时实质脏器最易发生的变化是(　　)。

A. 变性　B. 坏疽　C. 凋亡　D. 梗死　E. 萎缩

2. 体温每升高1℃，基础代谢率提高(　　)。

A. 5%　B. 10%　C. 13%　D. 20%　E. 50%

3. 不属于产内生性致热原细胞的是(　　)。

A. 中性粒细胞　B. 单核巨噬细胞　C. 红细胞

D. 嗜酸性粒细胞　E. 嗜碱性粒细胞

四、多项选择题

发热的临床经过大致可分三个阶段，分别是(　　)。

A. 体温上升期　B. 高热持续期　C. 退热期

D. 降温期　E. 退热与高热交替期

五、判断题

1. 间歇热是高热与无热期有规律地交替出现，两者时间大致相等，且间歇时间长。(　　)

2. 机体发热应立刻采取降温措施。(　　)

六、简答题

1. 简述发热的类型与特点。

2. 简述对发热动物应如何处理。

项目七复习思考题参考答案

项目八
缺　氧

学习目标

- 掌握缺氧的概念和类型、各类型缺氧的原因与缺氧的机制及缺氧的病理特征。
- 理解缺氧时机体功能和代谢的变化。
- 了解常用的血氧指标。

学习内容

氧气是维持动物生命的必须物质，机体的大部分细胞都通过有氧代谢来获取能量，因此必须不停地从大气中摄取氧气，并排出代谢产物(CO_2)，才能维持生命。由于体内无过多的贮备氧，一旦呼吸、心跳停止、数分钟内可死于缺氧。组织供氧不足或用氧障碍，而导致代谢、功能和形态结构发生异常变化的病理过程称为缺氧，缺氧严重时甚至会危及生命，常见于临床多种疾病。机体对氧的摄取和利用过程复杂，分为外呼吸(外界氧被吸入肺泡、弥散入血)、氧的运输和内呼吸(氧被组织细胞摄取利用)三个环节，其中任何一个环节发生障碍均可引起缺氧。

一、常用血氧指标及其意义

1. 氧分压

氧分压(pO_2)是指以物理状态溶解在血浆内的氧分子所产生的张力。动脉血氧分压为 p_aO_2，静脉血氧分压为 p_vO_2。p_aO_2 主要取决于吸入气体的氧分压和肺的呼吸功能，而 p_vO_2 则可反映内呼吸状况。

2. 氧容量

氧容量(cO_2max)是指在体外 100 mL 血液中血红蛋白充分结合氧和溶解在血浆氧的最大含量。cO_2max 的大小取决于血液中血红蛋白的数量及其与氧结合的能力(血红蛋白质量)。

3. 氧含量

氧含量(cO_2)是指机体内 100 mL 血液的实际带氧量，包括血红蛋白实际化学结合的氧和血浆中物理溶解的氧。动脉血氧含量为 c_aO_2，静脉血氧含量为 c_vO_2。氧含量取决于氧分压和氧容量。

4. 氧饱和度

氧饱和度(sO_2)是指血氧含量与血氧容量的百分比。动脉血氧饱和度为 saO_2，静脉血氧饱和度为 s_vO_2。s_vO_2 取决于 p_aO_2，二者之间呈氧合血红蛋白解离曲线的关系。

5. 氧解离曲线

氧解离曲线(ODC)表示氧饱和度和氧分压之间的关系，由于血红蛋白结合氧的生理特点，约呈“S”形。红细胞内 2,3-二磷酸甘油酸增多、酸中毒、CO_2 增多及血液温度增高，可使血红蛋白(Hb)与 O_2 结合力降低，导致在相同动脉血氧分压(p_aO_2)下血氧饱和度也降低，氧解离曲线右移，反之则左移。反映氧解离曲线右移、左移的指标是 p_{50}(即 Hb 氧饱和度为 50%时的氧分压，p_{50} 代表 Hb 与 O_2 的结合力)。

6. 动-静脉血氧含量差

动-静脉血氧含量差(A-V 血氧含量差)是指动脉与静脉血氧含量差(即 c_aO_2 与 c_vO_2 差数)。该值在不同类型缺氧时都有变化，并且与血红蛋白数量、血红蛋白与氧结合能力及组织氧化代谢有关。

二、缺氧类型及其特征

根据缺氧的原因和血氧变化，一般分为四种类型。供氧减少有低张性缺氧、血液性缺氧、循环性缺氧三种，用氧障碍有组织性缺氧一种。

(一)低张性缺氧(低张性低氧血症)

低张性缺氧又称大气性缺氧、低氧血症，是由于动脉血氧分压(p_aO_2)降低，动脉血氧含量(c_aO_2)减少，组织供氧不足，引起的缺氧。

1. 原因

吸入气中氧分压过低，如高原或圈内拥挤通风不良等。见于喉头水肿等呼吸道狭窄或阻塞疾病，胸膜炎等胸腔疾病，肺炎等肺脏疾病，呼吸中枢抑制或麻痹性疾病。

2. 机制

吸入气中氧分压过低或外呼吸功能障碍造成肺通气、换气功能障碍及呼吸面积缩小，引起低张性缺氧。此时，氧的弥散速度下降，弥散量少，供给细胞的氧减少。

3. 病理特征

动脉血氧分压、血氧含量和血氧饱和度均降低，而组织利用氧的功能正常，因而氧容量一般正常，动-静脉血氧含量差(A-V 血氧含量差)变化不明显，影响氧向组织内弥散，所以引起缺氧。低张性缺氧(严重通气障碍)时，毛细血管中氧合血红蛋白(HbO_2)浓度降低，还原血红蛋白(HHb)浓度增加，皮肤、黏膜呈青紫色(称为发绀)，并反射性地引起呼吸中枢兴奋，代偿性呼吸增加。

(二)血液性缺氧(等张性低氧血症)

由于血红蛋白数量减少或性质改变，动脉血氧含量降低或氧合血红蛋白释放氧不足，引起的供氧障碍性的组织缺氧。

1. 原因

血液性缺氧是由于贫血、Hb 性质改变引起的。常见于失血性贫血、营养不良性贫血、溶血性贫血和再生障碍性贫血。Hb 性质改变见于亚硝酸盐、过氧酸盐氧化剂、磺胺类药物、硝基苯化合物等中毒或一氧化碳中毒。

2. 机制

(1)贫血时，血红蛋白和红细胞数减少，使它携带氧的数量减少，毛细血管处氧分压降低的速度加快，导致氧向组织弥散速度减慢，供给组织的氧减少。

(2)Hb 性质改变。高铁血红蛋白症或亚硝酸盐等中毒时，Hb 中的二价铁(Fe^{2+})在氧化剂作用下氧化成三价铁(Fe^{3+})形成高铁血红蛋白(MHb，又称变性血红蛋白或羟化血红蛋白)症。一方面 Hb(Fe^{3+})丧失携带氧的能力；另一方面提高剩余 $HbFe^{2+}$ 与 O_2 的亲和力，造成缺氧。常见于大量食用含硝酸盐腌菜水，在肠道细菌作用下将硝酸盐还原为亚硝酸盐，后者吸收导致，称为肠源性发绀。

一氧化碳(煤气)中毒，Hb 释放氧减少。一方面，$Hb+CO \rightarrow HbCO$，HbCO 失去携氧能力，氧与血红蛋白结合数量减少；另一方面，一氧化碳抑制正常红细胞的糖酵解，使 2,3-DPG 生成减少，HbO_2 结合的氧不易释出。一氧化碳与血红蛋白亲和力比 O_2 大(210 倍)，而 HbCO 解离速度却是 HbO_2 的 1/2100。因此，一氧化碳中毒即妨碍 Hb 与 O_2 结合，又妨碍 O_2 的解离，从而造成严重的缺氧。

3. 病理特征

贫血性缺氧时血氧饱和度和血氧分压均正常，而动脉血氧含量和血氧容量均降低，静脉血液的血氧含量、血氧容量、血氧饱和度及血氧分压均降低。贫血时动脉血氧分压虽然正常，但是在毛细血管中的平均 p_aO_2 低于生理常数，当血液在毛细血管床通过时，血氧分压(pO_2)下降较快，氧向组织弥散速度减慢，导致动－静脉血氧含量差减小。血红蛋白变性引起缺氧时，动脉血氧容量和血氧饱和度均降低。血液性缺氧时，不出现发绀(煤气中毒时，皮肤、可视黏膜呈樱桃红色；严重中毒时，因毛细血管收缩，可视黏膜呈苍白色。亚硝酸盐中毒时，由于 MHb 呈咖啡色或青石板色，故皮肤、可视黏膜呈咖啡色)。

(三)循环性缺氧(低血流性缺氧)

由于组织器官血液量减少或流速减慢而引起的细胞供氧不足，称为循环性缺氧。包括缺血性缺氧和淤血性缺氧，前者为动脉血液流入组织不足所致，后者为静脉血液回流受阻所致。

1. 原因

全身性血液循环障碍见于心力衰竭、休克等，局部性血液循环障碍见于栓塞、血栓形成、动脉狭窄、局部淤血等血管病变。

2. 机制

全身性血液循环障碍时，心脏输出血量减少，导致全身性缺氧，严重时心脏、脑、肾脏等重要器官组织缺氧、功能衰竭可导致动物死亡。局部性血液循环障碍时，单位时间内从毛细血管流过的血量减少或变慢，弥散到组织细胞内的氧减少。

3.病理特征

循环性缺氧时血氧指标的变化为，动脉血氧分压、血氧饱和度、氧容量和动脉血氧含量正常，由于血流速度缓慢，一方面血液在毛细血管床通过时间延长，氧向组织弥散的量增多，氧被细胞利用，而静脉血氧分压和血氧含量降低，导致动脉血氧含量与静脉血氧含量差增大；另一方面单位时间内毛细血管血流的总量少，氧向组织弥散的总量少，毛细血管中还原血红蛋白（HHb）浓度增加，皮肤、黏膜发绀。全身性血液循环障碍导致肺水肿、休克等严重病变，甚至死亡。

（四）组织性缺氧（组织中毒性缺氧）

组织性缺氧是组织细胞生物氧化过程障碍，利用氧能力降低引起的缺氧，又称为氧利用障碍性缺氧。

1.原因

常见于组织中毒、细胞损伤、维生素缺乏等。

2.机制

组织中毒，如氰化物中毒时，各种氰化物进入体内，氰基与细胞线粒体内氧化型细胞色素酶的三价铁结合，阻断了氧化酶中三价铁的还原，妨碍了氧化过程中的电子链的传递，使组织细胞不能利用氧，形成了内窒息。硫化氢、砷化物等中毒也主要由于抑制该氧化酶而致缺氧。

维生素缺乏，如硫胺素（维生素 B_1）、烟酰胺（维生素 B_5）和核黄素（维生素 B_2）是多种还原酶的辅酶，参与体内生物氧化还原反应，这些维生素严重缺乏时线粒体功能障碍，呼吸酶合成障碍，导致细胞利用氧障碍。

总之，组织性缺氧是外呼吸、血红蛋白与氧结合、血液携氧循环过程正常，但细胞不能利用氧，内呼吸环节发生障碍引起缺氧。

3.病理特征

组织性缺氧时，血氧指标变化为动脉血氧分压、血红蛋白氧饱和度、氧容量和动脉血氧含量正常，但细胞不能利用氧，导致动脉血氧含量与静脉血氧含量差减小。因为静脉、毛细血管中氧合血红蛋白浓度增加，所以动物皮肤、可视黏膜呈鲜红或玫瑰红色。

缺氧虽分为上述四种类型，但在临床上所见的缺氧常为混合性。感染性休克时，主要是循环性缺氧，但微生物所产生的内毒素还可引起组织细胞利用氧功能障碍而发生组织性缺氧，当并发休克时肺可出现低张性缺氧。失血性休克，既有血红蛋白减少所致的血液性缺氧，又有微循环障碍所致的循环性缺氧。心力衰竭时，既有循环障碍引起的循环性缺氧，又可继发肺淤血、水肿而引起呼吸性缺氧。因此，对具体病情，要做全面的分析。各种类型缺氧的血氧变化情况见表8-1。

表8-1 各种类型缺氧的血氧变化情况

缺氧类型	动脉血氧分压	氧饱和度	血氧容量	血氧含量	动脉血氧含量与静脉血氧含量差
低张性缺氧	↓	↓	—	↓	↓或—
血液性缺氧	—	—	↓或—	↓或—	↓
循环性缺氧	—	—	—	—	↑
组织性缺氧	—	—	—	—	↓

注：—正常，↑升高，↓降低。

三、缺氧时机体的功能和代谢变化

缺氧对机体的影响，取决于缺氧发生的程度、速度、持续时间和机体的功能代谢状态。

缺氧时机体的功能代谢变化，包括机体对缺氧的代偿性反应和由缺氧引起的代谢与功能障碍。轻度缺氧主要引起机体代偿性反应；快速严重缺氧而机体代偿不全时，出现的变化以代谢功能障碍为主，出现不可逆性损伤，甚至死亡。以下以低张性缺氧为例，说明缺氧对机体的影响。

（一）功能的变化

1. 呼吸系统的变化

动脉血氧分压若降至 8 kPa 以下时组织缺氧，引起机体的呼吸、血液循环增强，以增加血液运送氧和组织利用氧的功能等。

（1）呼吸系统的代偿性反应。动脉血氧分压降低（低于 8 kPa）可刺激颈动脉体和主动脉体化学感受器使其兴奋，反射性地引起呼吸加深加快。胸廓呼吸运动的增强使胸内负压增大，促进静脉回流，回心血量多，增加心输出量和肺血流量，有利于氧的摄取和运输（图 8-1）。但过度通气使二氧化碳分压降低，降低了二氧化碳对延髓中枢化学感受器的刺激，可限制肺通气量，导致呼吸性碱中毒，使呼吸减弱。低张性缺氧所引起的肺通气变化与缺氧持续的时间有关。肺通气量增加是对急性低张性缺氧最重要的代偿性反应。

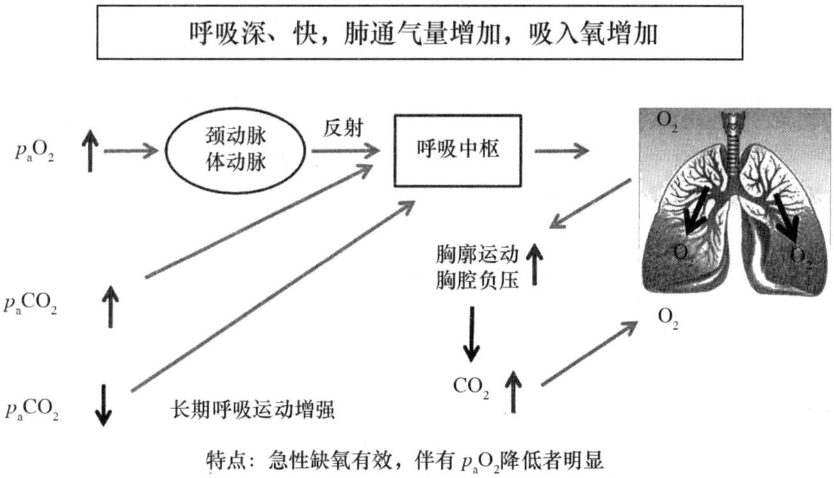

图 8-1　缺氧时呼吸系统变化机制

（p_aO_2 动脉血氧分压　p_aCO_2 动脉二氧化碳分压）

（2）呼吸功能障碍。急性低张性缺氧引起急性高原肺水肿，表现为呼吸困难、咳嗽、咳血性泡沫样痰、肺部有湿性啰音、皮肤黏膜发绀等。肺水肿能导致中枢性呼吸衰竭而死亡。

2. 循环系统的变化

（1）循环系统的代偿性反应。低张性缺氧引起的代偿性心血管反应，主要表现为心输出量增加、血流分布改变、肺血管收缩与毛细血管增生（图 8-2）。

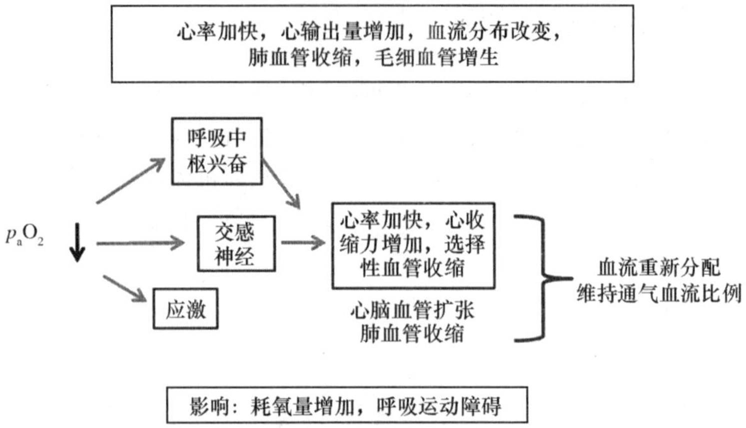

图 8-2 缺氧时循环系统变化机制

（p_aO_2动脉血氧分压）

心输出量增加是由于心率加快和心收缩增强，静脉回流量增加和心输出量增加可提高全身组织的供氧量，故对急性缺氧有一定的代偿意义。但慢性缺氧时代偿时间长，因为心脏负荷过重，引起心力衰竭、心肌炎。

（2）循环功能障碍。严重的全身性缺氧时，由于肺血管收缩增加了肺循环的阻力使肺动脉高压，使红细胞增多而血液黏稠，导致右心肥大；严重缺氧能引起能量代谢障碍和酸中毒，心肌变性、坏死，心律失常；甚至严重而持续的脑缺氧导致呼吸中枢抑制而死亡。

3. 血液的变化

缺氧可使骨髓造血增强及氧合血红蛋白解离曲线右移，从而增加氧的运输和释放。

（1）红细胞和血红蛋白增多。主要是当慢性缺氧的低氧血流经肾脏近球小体时，能刺激近球细胞，生成并释放促红细胞生成素，骨髓造血增强。急性缺氧时，因血液浓缩和肝脏、脾脏收缩，使贮血进入体循环，增加血中红细胞数。

（2）氧合血红蛋白解离曲线右移。2，3-二磷酸甘油酸是红细胞内糖酵解过程的中间产物，缺氧时，它的数量增加，导致氧离曲线右移，即血红蛋白与氧的亲和力降低，易于将结合的氧释出供组织利用。研究发现低张性缺氧时氧合血红蛋白（HbO_2）减少，还原血红蛋白（HHb）增多。同时血液 pH 也降低，可使氧与血红蛋白容易解离。

（3）还原血红蛋白增多。当毛细血管中还原血红蛋白超过 5 g/dL 时，病畜可视黏膜呈现发绀现象。但贫血或组织中毒性缺氧时，则不出现发绀。

（4）血容量变化。急性缺氧时，因血液浓缩，血容量减少；慢性缺氧时，因红细胞生成增多，血容量增加。

4. 组织细胞的变化

在供氧不足的情况下，组织细胞可通过增强利用氧的能力和增强无氧酵解过程以获取维持生命活动所必需的能量，达到细胞代偿性适应的目的。

（1）组织细胞摄取和利用氧的能力增强。慢性缺氧时，细胞内线粒体的数目、膜的表面积、呼吸链中的酶增加，使细胞的内呼吸功能增强。

（2）无氧酵解增强。严重缺氧时，ATP 生成减少。控制糖酵解过程最主要的限速酶是磷酸果糖激酶,缺氧时其活性增强,促使糖酵解过程加强以补偿能量的不足。

(3)肌红蛋白(Mb)增加。慢性缺氧可使肌肉中肌红蛋白含量增多,可能具有贮存氧的作用。

5. 缺氧时器官组织细胞损伤

严重缺氧,如低张性缺氧者动脉血氧分压低于 4 kPa 时,组织细胞可发生严重的缺氧性损伤,器官可发生功能障碍甚至功能衰竭。

(1)缺氧性细胞损伤。主要为细胞膜损伤,线粒体出现肿胀、脊崩解、外膜破裂和基质外溢等病变,溶酶体发生肿胀并破裂的变化。

(2)缺氧性器官组织损伤。主要为脑,其次为心脏。脑对缺氧十分敏感,急性缺氧可引起运动不协调、易疲劳、嗜睡、烦躁不安、惊厥、昏迷、出现意识丧失,脑细胞变性、脑细胞坏死、脑细胞肿胀及脑水肿,由此引起呕吐等症状,甚至死亡。

(二)代谢的变化

在缺氧时,机体的三大营养物质分解代谢加强,氧化不全产物蓄积,结果导致代谢性酸中毒。由于缺氧初期呼吸运动增强,体内 CO_2 排出增多,血液中 CO_2 含量相应减少,引发呼吸性碱中毒。

实训技能 鼠低张性缺氧实验

一、目的要求

通过鼠低张性缺氧实验,使学生理解外环境中氧气的减少对动物机体的影响。

二、材料用具

小鼠 2 只(体重约 20 g)、250 mL 带盖锥形瓶 2 个、眼科剪、眼科镊等,小鼠解剖板,签字笔、A4 纸。

三、方法与步骤

(1)观察小鼠正常状态。将 2 只小鼠分别置于上述锥形瓶内,观察并记录小鼠的活动状态、呼吸、皮肤口唇颜色。观察呼吸频率时应在小鼠安静时迅速观察,记录 10 min 内腹部的起伏次数。

(2)塞紧瓶口。将装有实验小鼠的锥形瓶盖紧瓶盖,对照组小鼠的锥形瓶不盖瓶盖。做好标记,记录时间,每隔 3 min 观察小鼠的呼吸及全身状态的变化,直至其中 1 只小鼠死亡,并记录存活时间。

(3)解剖小鼠,对比观察。将存活的小鼠断颈处死。分别解剖上述 2 只小鼠,观察血液及脏器颜色。取心脏血 2 滴滴入装有 5 mL 生理盐水的试管中,摇匀观察溶液的颜色。

(4)记录实验结果。整理实验结果,记录在小鼠实验性缺氧记录表8-2中,并分析上述实验中,小鼠发生死亡的原因和机理。

表8-2 小鼠实验性缺氧记录表

序号	处理方式	缺氧类型	呼吸频率	黏膜颜色	肝颜色	血液颜色	死亡时间
1							
2							

四、作业

分析实验中小鼠发生死亡的原因和机理。

学习要求

识记:低张性缺氧、血液性缺氧、循环性缺氧、组织性缺氧的概念。

理解:缺氧发生的原理,缺氧的类型及特点。

应用:根据机体功能代谢的变化确定缺氧。

知识拓展

氧疗与氧中毒

1.氧疗

各类缺氧的治疗,除消除引起缺氧的原因外,均可给予吸氧治疗。吸入高浓度氧或高压氧使血浆中溶解氧量增加能改善组织性供氧。组织性缺氧时,供氧一般无障碍,而组织利用氧的能力降低;通过氧疗提高血浆与组织之间的氧分压梯度,以促进氧的弥散,也有一定治疗作用。一氧化碳中毒者吸入纯氧,使血液的氧分压升高,氧可与一氧化碳竞争与血红蛋白结合,从而加速HbCO的解离,促进一氧化碳的排出,故氧疗效果较好。

2.氧中毒

氧中毒有两种类型:肺型氧中毒与脑型氧中毒。肺型氧中毒,发生在吸入氧以后,出现胸骨后疼痛、咳嗽、呼吸困难、肺活量减少、p_aO_2下降,肺部呈炎性病变,有炎性细胞浸润、充血、水肿、出血和肺不张。脑型氧中毒,吸氧的短时间内出现视觉、听觉障碍,恶心、抽搐、晕厥等神经症状,严重者可昏迷、死亡。故氧疗时应控制吸氧的浓度和时间,严防氧中毒的发生。

复习思考题

一、名词解释

低张性缺氧　　血液性缺氧　　循环性缺氧　　组织性缺氧

二、填空题

1. 发绀是血中__________增加所致，皮肤黏膜呈__________色。一氧化碳中毒时，皮肤黏膜呈__________色。亚硝酸盐中毒时，皮肤黏膜呈__________色。

2. 缺氧时，机体的三大营养物质（糖、脂肪、蛋白质）代谢也发生明显的改变。其代谢改变的特点是__________，氧化不全产物蓄积，结果导致呼吸性碱中毒和代谢性酸中毒。

三、单项选择题

1. 循环性缺氧的血氧特点是（　　）。

A. 氧含量正常　B. 氧容量降低　C. 血氧饱和度降低
D. 动静脉氧含量差正常　E. 血氧饱和度升高

2. 亚硝酸盐中毒时，可视黏膜（　　）。

A. 鲜红　B. 暗红　C. 苍白
D. 无变化　E. 咖啡色

3. 一氧化碳中毒引起的缺氧属于（　　）。

A. 呼吸性缺氧　B. 血液性缺氧　C. 循环性缺氧
D. 组织性缺氧　E. 低张性缺氧

4.（全国执业兽医资格考试试题）组织性缺氧的原因是（　　）。

A. 呼吸功能不全　B. 贫血　C. 一氧化碳中毒
D. 氰化物中毒　E. 缺血

四、简答题

1. 分析一氧化碳中毒和亚硝酸盐中毒发生机理有何异同。

2. 简述各类缺氧的可视黏膜的区别。

项目八复习思考题参考答案

项目九
黄　疸

学习目标

- 掌握胆红素正常代谢过程，以及黄疸的概念、类型。
- 理解黄疸发生的机理及病理变化特征。
- 了解各种类型黄疸的发生机理及对机体的影响。

学习内容

黄疸又称高胆红素血症，是指由血浆胆红素浓度升高而引起的皮肤、巩膜、黏膜、大部分组织、内脏器官及某些体液的黄染。多种疾病能引起黄疸，尤其是在肝胆疾病和溶血性疾病中最多见。因巩膜富含与胆红素亲和力高的弱性蛋白，往往是临床上先出现黄疸的部位。

一、胆色素的正常代谢

胆色素是血红素一系列代谢产物的总称，包括胆绿素、胆红素、胆素原和胆素。体内胆红素主要是衰老红细胞破坏后产生的，占 80%～85%。衰老红细胞可被单核细胞吞噬，分解为珠蛋白和血红素，其中珠蛋白分解为氨基酸，被重新利用。而血红素则在细胞内质网的血红素氧化酶的作用下，降解生成胆绿素。进入胞液中的胆绿素在胆绿素还原酶作用下，生成胆红素。胆红素在体内存在形式有非酯型胆红素和酯型胆红素两种形式。在血液中时为非酯型胆红素（不溶于水，凡登白试验时呈间接反应阳性故称为间接胆红素），在肝细胞内与受体蛋白（Y 蛋白和 Z 蛋白，主要是 Y 蛋白）结合，然后在滑面内质网上进行酯化，成为酯型胆红素（能溶于水，可以直接透过肾小球毛细血管从尿排出。凡登白试验时呈直接反应阳性故称为直接胆红素）。进入毛细胆管的酯型胆红素随胆汁排入十二指肠。然后在回肠和结肠的细菌 β-葡萄糖苷酶作用下，脱去葡糖醛酸基再加氢生成无色的胆素原（如粪胆原、尿胆原），在肠道下段与空气接触，氧化为胆素（如 *L*-尿胆素、*D*-尿胆素和粪胆素），呈黄褐色，是粪尿的主要颜色。在肠道中，有 10%～20%的胆素原再吸收入血，经门静脉进入肝脏，大部分再经肝细胞分泌，排入胆汁而再进入肠腔，这一过程称为胆素原的肠肝循环。其中有少量胆素原进入血液，经体循环从肾脏排出（图 9-1）。

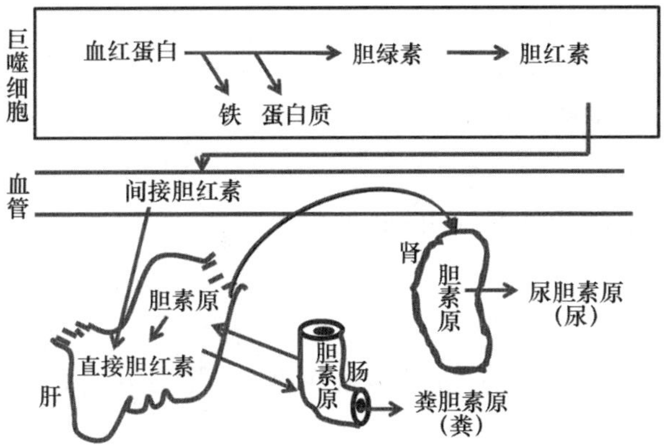

图 9-1 胆色素正常代谢

二、黄疸的类型

依据发生原因将黄疸分为溶血性黄疸、实质性黄疸和阻塞性黄疸。

(一)溶血性黄疸

溶血性黄疸是由于红细胞大量破坏,血中的非酯型胆红素增多而引起的黄疸,又称肝前性黄疸。

1. 原因

有先天和后天两方面因素。各种大量溶血的原因都可造成溶血性黄疸。如免疫性因素(血型不合的异型输血、溶血病、自身免疫性溶血或某些药物致敏等)、生物性因素(细菌、病毒、某些毒蛇咬伤等可致溶血)、物理性因素(烧伤等)和化学性因素(中毒性因素等)所造成的红细胞的破坏。

2. 机制

红细胞被大量破坏,胆红素的生成过多,超过了肝细胞的处理能力,血中有非酯型胆红素的潴留,导致黄疸(图 9-2)。

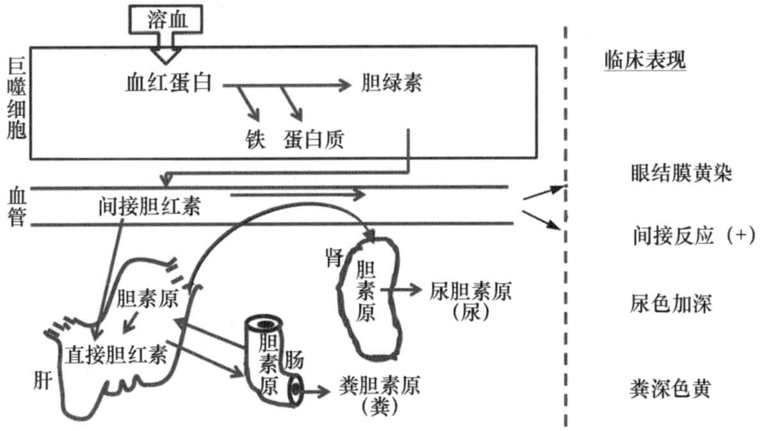

图 9-2 溶血性黄疸的机理与临床表现

3. 病理特征

溶血性黄疸的特点是血液中非酯型胆红素增多，胆红素定性试验时，呈间接反应阳性，粪、尿胆素原都增多，粪便、尿液颜色加深。

(二)实质性黄疸

实质性黄疸是由于肝功能障碍，其摄取、转化和排泄胆红素的能力降低而引起的黄疸，又称肝性黄疸。

1. 原因

肝中毒(磷、汞)或肝炎等传染病、某些败血症和维生素 E 缺乏等引起肝细胞损坏。

2. 机制

肝细胞损坏，胆红素的摄取、酯化和排泄都受到影响。此时机体胆红素生成量正常，肝细胞的处理能力下降，不能把非酯型胆红素全部转化为酯型胆红素，血中非酯型胆红素潴留。同时酯型胆红素从损坏的毛细胆管又渗漏到血窦，血中酯型胆红素也增多，导致黄疸(图 9-3)。

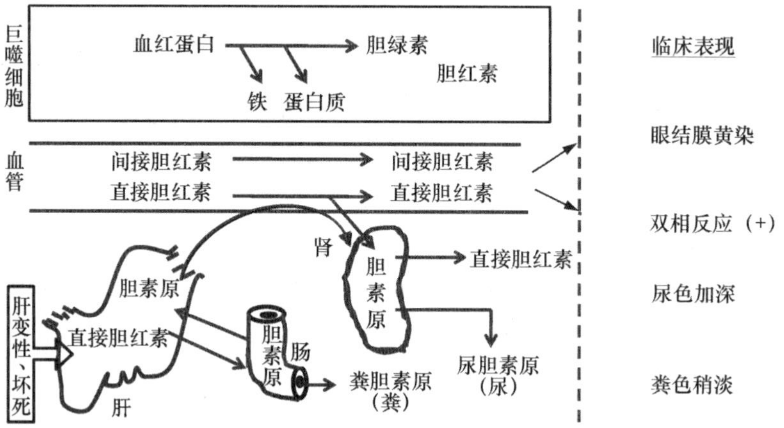

图 9-3　实质性黄疸的机理与临床表现

3. 病理特征

血中非酯型和酯型胆红素均增多，胆红素定性试验时，呈双相反应阳性，肝分泌障碍，进入肠内的胆红素减少，粪胆素原减少，粪色变淡。但是血中酯型胆红素透过肾小球毛细血管从尿排出，尿胆素原增多，尿色加深。

(三)阻塞性黄疸

阻塞性黄疸是各种原因导致胆管闭塞，胆汁排出障碍，毛细胆管破裂，酯型胆红素逆流入血引起的黄疸，又称肝后性黄疸。

1. 原因

常见于十二指肠炎、胆道炎、胆道结石或寄生虫等阻塞胆管、肿块压迫胆道，导致肠肝循环障碍，引起的黄疸。

2. 机制

由于肝外胆管梗阻，肠肝循环障碍，胀满的胆汁逆流入肝，吸收入血，血中酯型胆红素增多，导致黄疸(图 9-4)。

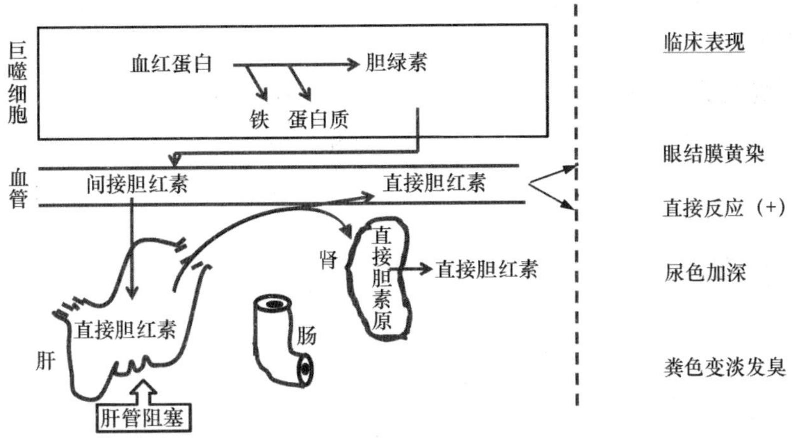

图 9-4　阻塞性黄疸的机理与临床表现

3. 病理特征

血中酯型胆红素增多，胆红素定性试验时，呈直接反应阳性。由于胆汁未进入肠内，粪胆素原减少，粪色变淡；血中有酯型胆红素，可通过肾小球滤过作用随尿液排出，使尿色变深。

三、黄疸对机体的影响

三种类型黄疸的主要特点如表 9-1 所示。

表 9-1　三种类型黄疸的主要特点

区别项目	黄疸类型		
	溶血性黄疸	阻塞性黄疸	实质性黄疸
胆红素代谢情况	红细胞大量破坏，胆红素生成过多	肠道阻塞，胆红素排泄障碍	肝细胞受损，胆红素处理障碍
血清中未结合胆红素浓度	增多变化	无变化或增多	增多
血清中结合胆红素浓度	无变化	明显增多	增多
胆红素定性试验	间接反应阳性	直接反应阳性	双相反应阳性
尿胆红素	无	有	有
尿胆素原含量	增加	无	增加
粪胆素原含量	增加	减少或无	减少

肝内与肝外胆汁淤滞时，胆红素及一部分胆汁均可损害肝细胞，导致肝细胞坏死、凋亡等。特别是阻塞性黄疸时对机体影响较大。由于肝细胞的坏死与凋亡，可进一步损害肝功能，严重时伴有出血现象。胆酸盐刺激血管壁感受器，反射性地兴奋迷走神经中枢，使心跳变慢，血压下降；胆酸盐在皮肤和汗腺中蓄积，可引起皮肤瘙痒。

同时，由于胆汁不能进入消化道，一方面可产生消化吸收功能障碍，另一方面因脂溶性维生素吸收不良，产生一系列维生素缺乏的症状。

学习要求

识记：黄疸、溶血性黄疸、实质性黄疸、阻塞性黄疸的概念。

理解：正常胆色素的代谢过程、各种黄疸的临床症状特点。

应用：在生产中从哪些方面能够鉴别黄疸肉与黄脂肉。

知识拓展

动物黄疸的辨证治疗

湿热黄疸病畜精神倦怠，食少，口、舌、结膜及母畜阴道黏膜黄染，体温正常或偏高，其色如橘色，发热口渴，尿黄量少，粪便干，常排粪迟滞，舌苔黄腻，脉数。治疗应清利湿热，可用茵陈蒿汤加味：茵陈 60 g，大黄、栀子、茯苓各 60 g，猪苓、泽泻、白术各 50 g，甘草 40 g。水煎 2 次，合并煎液，候温灌服。

寒湿黄疸病畜困倦无力，食欲减退，耳鼻四肢偏凉，有的四肢和腹下水肿，口色淡黄，色暗，舌系带微黄，唇、眼结膜均呈黄色，个别病例口温偏低。用茵陈四逆汤加味：茵陈 60 g，附子 50 g，干姜、茯苓、泽泻、车前子各 60 g，炙甘草 30 g。水煎 2 次，合并煎液，候温 1 次灌服。

继发型黄疸主要是牛感染焦虫病、猪感染附红胞体后继发。病畜表现为前期发热，镜检有血原性寄生虫，经治疗后虫体消失表现为黄疸(溶血性)，可视黏膜苍白、黄染，机体消瘦。本病有一定季节性。治宜补气血，消黄。方药为党参、黄芪、茯苓各 60g，茵陈、栀子各 50 g，白芍、当归各 60 g，车前子、甘草各 50 g(此为牛用量，猪每味 15～20 g)，水煎 2 次，合并煎液，候温 1 次灌服。

复习思考题

一、名词解释

黄疸　溶血性黄疸　实质性黄疸　阻塞性黄疸

二、填空题

1. 黄疸根据发生的原因分为________、________和________。

2. 实质性黄疸又称________，其特点是血中非酯型胆红素和酯型胆红素均________，胆红素定性试验时，呈________，粪胆素原________，粪便颜色________，尿胆素原________，尿色________。

3. 阻塞性黄疸又称________，其特点是血中酯型胆红素________，胆红素定性试验时，呈________，粪胆素原________，粪便颜色________，尿色________。

三、单项选择题

1. 异型输血常引起的是(　　)。

A. 溶血性黄疸　B. 实质性黄疸　C. 阻塞性黄疸

D. 肝性黄疸　E. 肝后性黄疸

2. 中毒引起肝细胞坏死造成(　　)。

A. 溶血性黄疸　　B. 实质性黄疸　　C. 阻塞性黄疸

D. 肝前性黄疸　　E. 肝后性黄疸

3. 肠炎、胆道炎导致肝肠循环障碍,引起的黄疸属于(　　)。

A. 溶血性黄疸　　B. 实质性黄疸　　C. 阻塞性黄疸

D. 肝性黄疸　　E. 肝前性黄疸

四、多项选择题

1. 下列属于阻塞性黄疸特点的是(　　)。

A. 粪胆素原含量减少　　B. 血中结合型胆红素增多

C. 凡登白试验直接反应阳性　　D. 粪色变淡　　E. 尿色变淡

2. 下列属于肝性黄疸特点的是(　　)。

A. 尿胆素原含量增加　　B. 血中结合型胆红素增多　　C. 凡登白试验双相反应阳性

D. 粪色变深　　E. 尿色加深

3. 下列属于肝前性黄疸特点的是(　　)。

A. 尿胆素原含量增加　　B. 血中非结合型胆红素增多　　C. 凡登白试验间接反应阳性

D. 粪色变深　　E. 尿色变淡

4. 下列原因中能引起阻塞性黄疸的是(　　)。

A. 十二指肠炎　　B. 胆道结石　　C. 肝细胞受损

D. 胆道炎　　E. 异型输血

5. 下列原因中能引起实质性黄疸的是(　　)。

A. 磷、汞中毒　　B. 肝炎　　C. 肝细胞受损

D. 胆道炎　　E. 胆道结石

6. 下列原因中能引起溶血性黄疸的是(　　)。

A. 异型输血　　B. 溶血病　　C. 肝细胞受损

D. 病毒引起红细胞破坏　　E. 磷、汞中毒

五、判断题

1. 体内胆红素的来源为胆汁中的胆酸盐。(　　)

2. 溶血性黄疸又称实质性黄疸。(　　)

3. 溶血性黄疸时,胆红素定性试验呈间接反应阳性。(　　)

4. 溶血性黄疸时,粪便颜色加深、尿液颜色变浅。(　　)

5. 实质性黄疸时,粪便颜色加深、尿液颜色变浅。(　　)

6. 实质性黄疸时,胆红素定性试验呈双相反应阳性。(　　)

7. 阻塞性黄疸时,胆红素定性试验呈双相反应阳性。(　　)

8. 阻塞性黄疸时,粪便颜色加深、尿液颜色变浅。(　　)

六、简答题

1. 简述各种黄疸的临床症状特点。

2. 简述黄疸对机体的影响。

项目九复习思考题参考答案

项目十
酸碱平衡紊乱

学习目标

- 掌握酸中毒、碱中毒的概念及基本病理变化。
- 理解呼吸性酸中毒、代谢性酸中毒、呼吸性碱中毒、代谢性碱中毒的机理。
- 了解酸中毒、碱中毒发生的原因及预防方法。

学习内容

机体内环境的酸碱度必须保持相对恒定(pH 为 7.35～7.45),才能保证细胞代谢和功能活动的正常进行。内环境酸碱度的相对恒定称为酸碱平衡。许多因素可破坏酸碱平衡而引起酸碱平衡紊乱。酸碱平衡紊乱时,会引起物质代谢紊乱,甚至会导致动物死亡。

一、酸碱平衡及其调节

机体在代谢过程中,不断产生酸性和碱性物质,另外有一定量的酸性或碱性物质随饲料、饲草进入机体内。如糖、脂肪、蛋白质完全氧化产生 CO_2,进入血液与 H_2O 形成碳酸;糖、脂肪、蛋白质和核酸在分解代谢中,还产生一些有机酸(如丙酮酸、乳酸、乙酰乙酸、β-羟丁酸)、无机酸(如硫酸及磷酸)和氨、碳酸氢钠等。但通过机体的调节,可维持酸碱平衡。机体酸碱平衡的调节主要是通过下列途径进行的。

(一)血液的缓冲系统调节

由弱酸及弱酸盐组成的缓冲对分布于血浆和红细胞内,这些缓冲对共同构成血液的缓冲系统。血液中的缓冲系统共有 4 对:碳酸氢盐-碳酸缓冲系统(在细胞内为 $KHCO_3$-H_2CO_3,在细胞外液为 $NaHCO_3$-H_2CO_3),是体内最强大的缓冲系统;磷酸盐缓冲系统(Na_2HPO_4-NaH_2PO_4),是红细胞和其他细胞内的主要缓冲系统,特别是在肾小管内它的作用更为重要;蛋白缓冲系统(NaPr-HBr),主要存在于血浆和细胞中;血红蛋白缓冲系统(KHb-HHb 和 $KHbO_2$-$HHbO_2$),主要存在于红细胞内。以上 4 对缓冲系统,以碳酸氢盐-碳酸缓冲系统的量最大,作用最强,故临床上常用血浆中这一对缓冲系统的量代表体内的缓冲能力。

缓冲系统能有效地将进入血液中的强酸转化为弱酸,强碱转化为弱碱,维持体液 pH 正常。若上述调节过程中，缓冲对的两个组分发生相互转化，在肺脏和肾脏的调节下，两个组分可保持相对稳定，以继续有效地发挥缓冲作用。如血液中乳酸增多，消耗 $NaHCO_3$，生成乳酸和 H_2CO_3，H_2CO_3分解成 CO_2和 H_2O，血液中 CO_2浓度升高可兴奋呼吸中枢使之排出加快，使 $NaHCO_3/H_2CO_3$值保持相对稳定。

(二)肺脏的调节

肺可通过改变呼吸运动的频率和幅度，增加或减少 CO_2的排出量以控制血浆 H_2CO_3的浓度，从而调节血液的 pH。当动脉血 CO_2分压升高、氧分压降低、血浆 pH 下降时，可反射性地引起呼吸中枢兴奋，呼吸加深加快，排出 CO_2增多，使血液中 H_2CO_3的浓度降低。当动脉血 CO_2分压降低或血浆 pH 升高时，呼吸变慢变浅，排出 CO_2减少，使血液中 H_2CO_3的浓度升高。

(三)肾脏的调节

血液和肺的调节作用很迅速，肾的调节作用发生较慢，但维持时间较长。肾脏主要通过肾小管上皮细胞泌 H^+、泌氨和重吸收 Na^+并保留 HCO_3^-来维持血浆中碳酸氢钠的含量来调节酸碱平衡。

1. 碳酸氢盐的调节

碳酸氢盐的调节包括从肾小管液中重吸收 HCO_3^-和肾小管上皮细胞内 HCO_3^-的重新生成。这两个过程都是通过肾小管上皮细胞主动分泌 H^+实现的。

(1)碳酸氢盐的重吸收。肾小管上皮细胞分泌 H^+以交换管腔液中的 $NaHCO_3$的钠而形成碳酸，后者又分解成 H_2O和 CO_2，H_2O随尿排出，而 CO_2可弥散进入肾小管上皮细胞内重新生成 HCO_3^-然后进入血液，通过 H^+-Na^+交换使管腔液中的 $NaHCO_3$逐渐减少，是否全部吸收则根据机体的需要。

(2)碳酸氢盐的重新生成。肾小球滤液中的 $NaHCO_3$全部吸收，仍不足以恢复血浆的 $NaHCO_3$时远曲小管中的 Na_2HPO_4和 NaCl 中的 Na^+也可通过 H^+-Na^+交换而被吸收。但必须分泌氨才能使 H^+-Na^+交换继续进行下去，因为肾小管中大部分阴离子都是 Cl^-，它与分泌的 H^+形成盐酸，使小管液 pH 下降。当 pH 降至 4.5 以下时，肾小管就停止分泌 H^+。HCl 和 NH_3生成 NH_4Cl，有助于肾小管上皮细胞进一步分泌 H^+。这时在肾小管上皮细胞中生成的 HCO_3^-是新形成的，可以补偿血液消耗的 $NaHCO_3$。代谢性酸中毒时，NH_3的分泌明显增加。

2. 碱多排碱

机体内碱性物质过多时，血浆 pH 上升，导致肾小管上皮细胞内碳酸酐酶的活性降低，H_2CO_3生成和 H^+排泌减少，$NaHCO_3$等碱性物质重吸收入血也相应减少。此时，大量 $NaHCO_3$、NaH_2PO_4可随尿排出，以降低血浆 pH。

(四)细胞的调节

组织细胞对酸碱平衡的调节作用，主要是通过细胞内外离子交换实现的。当细胞间液 H^+浓度升高时，H^+弥散入细胞内，而细胞内等量的 K^+移至细胞外，以维持细胞内外离子平衡。进入细胞内的 H^+可被细胞内缓冲系统处理。当细胞间液 H^+浓度降低时，上述过程则相反。

二、酸碱平衡紊乱的类型

机体虽然具有强大的调节酸碱平衡的能力，但是在许多疾病过程中，常可破坏这种平衡，引起酸碱平衡失调。酸碱平衡失调时，体内酸性或碱性物质过多，导致体液的酸碱度（pH）超出正常范围。体液的 pH 由 $NaHCO_3/H_2CO_3$值决定的，正常为 20∶1，pH 为 7.4。如果 $NaHCO_3/H_2CO_3$值小于 20∶1，pH 低于正常值，则体内酸过多，机体表现出多方面的临床症状，称为酸中毒。反之若 $NaHCO_3/H_2CO_3$ 值大于 20∶1，pH 高于正常值，则称为碱中毒。血浆中 $NaHCO_3$的含量受代谢状况的影响，对维持体液 pH 而言是代谢性成分。血浆中 H_2CO_3 的含量受呼吸状况的影响，对维持体液 pH 而言是呼吸性成分。由于血浆 $NaHCO_3$含量原发性降低（或升高）引起的酸中毒（或碱中毒）称为代谢性酸中毒（或碱中毒），血浆中 H_2CO_3 的含量原发性升高（或降低）引起的酸中毒（或碱中毒），称为呼吸性酸中毒（或碱中毒）。据此酸碱平衡紊乱可分为代谢性酸中毒、呼吸性酸中毒、代谢性碱中毒、呼吸性碱中毒。

（一）代谢性酸中毒

在某些情况下，由于机体内固定酸生成过多或 Na_2CO_3大量丧失而引起血浆中碱贮减少，称为代谢性酸中毒。它是临床上酸碱平衡失调最常见的一种类型。

1. 发生原因

（1）酸性物质摄入过多。口服过量的氯化铵、氯化钙等酸性盐类药物时可引起酸中毒。这是因为上述药物在体内均可产生 H^+，例如，氯化铵在体内解离为 NH_4^+ 与 Cl^-，其中氨在肝内转变为尿素的同时，还可释放出 H^+，后者可酸化体液而使血流中 HCO_3^- 下降，形成高氯血症性酸中毒。

（2）固定酸生成过多。在许多内科病和传染病过程中，由于发热、缺氧、血液循环障碍或病原微生物及其毒素的作用，体内的糖、脂肪和蛋白质的分解代谢加强，引起乳酸、酮体、氨基酸等酸性物质生成过多并大量蓄积于体内，从而导致血浆 pH 下降。

（3）碱性物质丧失过多。碱性物质丧失过多是由于血液中碱贮丢失过量，常见于急性肠炎和肠阻塞等疾病。此时，肠液分泌加强，吸收障碍，大量碱性物质丧失过多，酸性物质相对的增多。

（4）肾脏排酸减少。肾功能不全时，易发生酸性物质的排出障碍。急性或慢性肾功能不全时，体内许多酸性代谢产物如磷酸、硫酸等均不能经肾脏排出而潴留于体内，是引起代谢性酸中毒的主要原因。另外，肾小管上皮细胞发生病变引起细胞内碳酸酐酶活性降低，H_2O 和 CO_2不能生成 H_2CO_3而导致泌氢障碍，或任何引起肾小管上皮细胞产氨、排氨受限，均可导致酸性物质不能及时排出而在体内蓄积。

2. 代偿适应反应

（1）血浆缓冲系统代偿。当机体内形成的固定酸（乳酸、酮体、氨基酸等）增多而使血浆中氢离子浓度增加时，机体为了维持内环境恒定，体液内的缓冲系统先用碱贮与之中和，产生对酸碱平衡影响较小的弱酸和中性盐，达到对强酸性物质的代偿性缓冲作用，使体液特别是血液的 pH 不致发生变动。

$$CH_3CHOHCOOH(乳酸) + NaHCO_3 \longrightarrow CH_3CHOHCOOHNa + H_2CO_3$$

(2)呼吸代偿。经碱贮缓冲而生成的大量 H_2CO_3，可不断解离为 H_2O 和 CO_2，这样不仅 H^+ 增高，而且 CO_2 分压也升高，于是两者均可刺激延髓化学感受器及颈动脉体的化学感受器，引起呼吸中枢兴奋，导致呼吸加深加快，肺泡通气量增多，加速呼出 CO_2，以降低血液中 CO_2 分压，随之血浆中 H_2CO_3 浓度也减少。由此可见，代谢性酸中毒时虽然 $NaHCO_3$ 含量减少，但经过呼吸代偿，使血浆中 H_2CO_3 浓度也相应减少，从而调整了 $NaHCO_3/H_2CO_3$ 的值，使其保持不变。一般来说呼吸系统的代偿是非常迅速的，它可在十几分钟内呈现出明显的呼吸增强作用。因此，呼吸加强是代谢性酸中毒的重要标志之一。

(3)肾脏排酸保碱功能增强。血浆中增多的 H_2CO_3 不能因呼吸加强而完全消除，还有一部分被血液缓冲对中碱性磷酸钠(Na_2HPO_4)缓冲，生成 $NaHCO_3$ 和 NaH_2PO_4(酸性磷酸钠)。所生成的 $NaHCO_3$ 使血浆中的碱贮得以补充，而产生的 NaH_2PO_4 则从肾脏排出。若肾脏功能正常，在排出 NaH_2PO_4 的过程中，其中的 Na^+ 还可与肾小管上皮生成的 NH_3 进行交换，结果回收了碱贮而将新生的 $NH_4H_2PO_4$ 排出体外，但此时尿液呈酸性，并且铵盐的含量增加。其反应式如下：

在血液：　$H_2CO_3 + Na_2HPO_4 \longrightarrow NaHCO_3 + NaH_2PO_4$

在肾脏：　$NaH_2PO_4 + NH_3 + HCO_3^- \longrightarrow NaHCO_3 + NH_4H_2PO_4$

此外，酸中毒时，肾小管上皮分泌 H^+ 和 NH_3 的作用增强，以排酸而保碱。此时，由于肾小管排 H^+ 增多，故排 K^+ 就相应的减少，提高了血浆中的 K^+ 浓度。总之，肾小管上皮通过排出 H^+ 和 NH_3 而回收 Na^+ 及 HCO_3^-，使血液中的碱贮得以恢复，$NaHCO_3/H_2CO_3$ 的值得到调整，从而把血浆 pH 维持在正常的范围内。此情况称为代偿性代谢性酸中毒。但这种代偿功能是有限的，当代谢障碍进一步加重或肺功能发生障碍时，血浆的 pH 就继续下降，于是就发展为失代偿性酸中毒。

3. 对机体的影响

在失代偿性酸中毒时，血液中增高的氢离子浓度对机体各系统特别是循环系统影响较大。酸中毒不仅能使心肌收缩减弱(H^+ 增多可竞争性抑制 Ca^{2+} 和肌钙蛋白结合，从而抑制心肌的兴奋-收缩偶联过程)，心肌弛缓，心输出量减少；而降低心肌发生心室颤动的阈值，导致心脏传导阻滞和心室颤动。H^+ 还可降低外周血管对儿茶酚胺的反应性，使其扩张而血压下降；促进肺血管和支气管收缩，引起明显的代谢紊乱；中枢神经系统可因此发生高度抑制，继而昏迷，最后多因呼吸中枢和血管运动中枢麻痹而死亡。

(二)呼吸性酸中毒

当机体呼吸功能发生障碍，使体内生成的 CO_2 排出受阻，或某些原因使 CO_2 吸入过多，从而引起血液中 H_2CO_3 浓度原发性增高而产生高碳酸血症时，称为呼吸性酸中毒。

1. 发生原因

呼吸性酸中毒在多数情况下是由于通气功能障碍，CO_2 排出受阻而引起。

(1)呼吸运动抑制。脑炎、脑损伤、麻醉剂过量、脑肿瘤等疾病，可使呼吸中枢受到抑制而导致肺通气不足或呼吸停止，CO_2 在体内潴留。有机磷中毒、严重肌无力或高位脊髓损伤等疾病，常可引起呼吸肌麻痹，使呼吸运动失去动力，以致 CO_2 排出障碍而发生呼吸性酸中毒。肿瘤压迫、喉头水肿、异物堵塞气管以及慢性支气管炎时，都可以引起急性或慢性呼吸性酸中毒。

(2)胸、肺部疾病。胸部创伤、胸膜腔积液等，均能严重地影响通气功能而引起呼吸性酸中毒。较广泛的肺组织病变，如肺水肿、肺气肿、大面积的肺萎缩或肺组织广泛性纤维化以及肺炎等病，都能因通气障碍或肺泡通气与血流比例失调而引起呼吸性酸中毒。

(3)血液循环障碍。心功能不全时，由于全身性淤血，CO_2 的运输和排出受阻，血中 H_2CO_3 浓度升高，引发呼吸性酸中毒。

(4)吸入 CO_2 过多。当厩舍过小，通风不良或畜群过于拥挤时，常因空气中 CO_2 含量过多，使病畜吸入过量的 CO_2，导致血浆中 H_2CO_3 浓度升高，发生酸中毒。

2. 代偿适应性反应

呼吸性酸中毒是由呼吸中枢受抑制、呼吸肌麻痹、呼吸道受阻塞等原因所引起的，所以，此时的呼吸系统常失去代偿作用，机体的代偿调节主要靠血液中缓冲系统和肾脏的功能来完成的。

(1)血浆缓冲系统代偿。当 CO_2 排出受阻而使血液中 H_2CO_3 浓度升高时，就可导致 $NaHCO_3/H_2CO_3$ 值小于 20:1，使 pH 下降，从而使血液缓冲作用大大降低。此时，缓冲系统主要靠血浆蛋白和血红蛋白缓冲系统来调节，其反应式如下：

$$H_2CO_3 + Hb \longrightarrow H \cdot Hb + HCO_3^-$$

$$H_2CO_3 + HbO_2 \longrightarrow H \cdot HbO_2 + HCO_3^-$$

从上述缓冲反应中可以看出：血液中部分 CO_2 在生成 H_2CO_3 后，可与蛋白质起反应而生成 HCO_3^-，后者再与 Na^+ 结合而形成 $NaHCO_3$。有助于维持血液中 $NaHCO_3/H_2CO_3$ 值的动态平衡。另外，当血液内 CO_2 分压升高时，CO_2 还可借助其分压差而弥散入红细胞内，在红细胞内碳酸酐酶的作用下与 H_2O 结合形成 H_2CO_3。H_2CO_3 解离后产生的 HCO_3^- 浓度若超过了血浆内 HCO_3^- 的浓度，就可由红细胞内向血浆中转移，为了维持阴阳离子的平衡，血浆内 Cl^- 则进入红细胞，以替补红细胞内所丧失的 HCO_3^-，使血浆中 HCO_3^- 浓度增高，$NaHCO_3/H_2CO_3$ 值得到维持。

(2)肾脏的调节作用。与代谢性酸中毒时相同。但应注意：肾脏虽然具有强大的代偿能力，但其生成 HCO_3^- 是一个比较缓慢的过程，要让这种代偿功能充分发挥作用，必须经过一定时间(数小时至数日)才能完成。

3. 对机体的影响

呼吸性酸中毒对机体的影响和代谢性酸中毒基本相同，不同的是呼吸性酸中毒有高碳酸血症，高浓度的 CO_2 可使脑血管扩张，颅内压升高，导致患病动物精神沉郁和疲乏无力。若 CO_2 含量不断升高，脑血管加剧扩张，则可引起脑水肿，致使病畜昏迷。在急性呼吸性酸中毒或慢性呼吸性酸中毒急性发作时，K^+ 往往从细胞内移向细胞外，使血钾急剧升高，常可引起心室颤动，导致患病动物急速死亡。

呼吸性酸中毒与代谢性酸中毒病理过程和对机体的影响如图 10-1 所示。

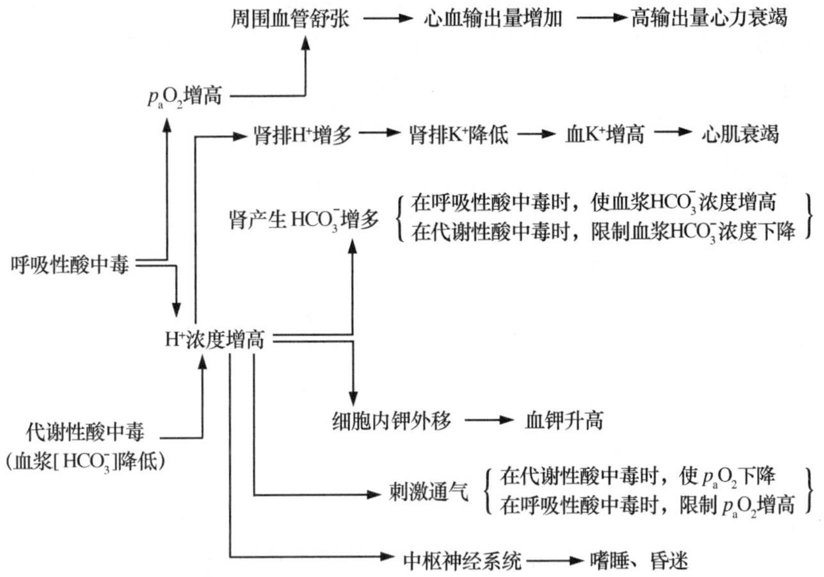

图 10-1 呼吸性酸中毒与代谢性酸中毒病理过程和对机体的影响

(三)代谢性碱中毒

因碱性物质摄入量过多或固定酸大量丢失使血浆中 $NaHCO_3$ 原发性增加，使 $NaHCO_3/H_2CO_3$ 的值变大，pH 增高，称为代谢性碱中毒。

1. 发生原因

(1)酸性物质丢失过多。在急性胃肠炎时，由于严重的呕吐，酸性胃液大量丢失，血浆中 Cl^- 减少，原来与 Cl^- 结合的 Na^+ 则相对增多，Na^+ 再与 HCO_3^- 结合成 $NaHCO_3$ 而引起碱中毒。另外，当大量胃酸丢失后，肠道消化液中的 $NaHCO_3$ 不能被胃酸中和而被吸收入血，这也是碱中毒的重要原因之一。

(2)碱性物质摄入量过多。在治疗某些疾病时，应用大量的碱性物质也可引起碱中毒。

(3)血钾降低。当血钾过低时，一方面，可使肾小管排钾减少，排 H^+ 增多，导致血浆中 HCO_3^- 增多；另一方面，细胞内的 K^+ 和细胞外的 Na^+、H^+ 互换转移，结果导致细胞内的酸中毒和细胞外的碱中毒。

2. 代偿适应性反应

(1)呼吸系统代偿。血液中 $NaHCO_3$ 浓度原发性增高时，H^+ 浓度降低和 pH 增高，使呼吸中枢受到抑制，呼吸变浅变慢，通气量降低，血液中 CO_2 排出减少，使 H_2CO_3 浓度逐渐增高；但呼吸浅表又可导致机体迅速缺氧，因此，通过呼吸功能的改变所进行的代偿是短暂而有限的。

(2)肾脏的代偿。当血液中 pH 增高时肾小管上皮细胞分泌 H^+、产生氨的能力降低，因此与肾小管中的 Na^+ 交换量也随之减少，于是体内多余的 $NaHCO_3$ 可随尿排出，尿液呈碱性。这是肾脏排碱保酸作用的主要形式。由于 HCO_3^- 在肾小管腔中的浓度升高，可减少 Cl^- 和酸性代谢产物(如乳酸、酮体)的排出，血氯往往偏高。

病例:蛋鸡尿酸盐沉积

(3)细胞的调节代偿。细胞外液 H^+ 浓度降低，引起细胞内的 H^+

与细胞外的 K^+ 进行跨膜交换，结果导致细胞外液 H^+ 浓度有所升高，但往往伴发低血钾。

通过上述代偿反应，如果 $NaHCO_3/H_2CO_3$ 值恢复 20∶1，血浆 pH 在正常范围内，称为代偿性代谢性碱中毒，反之则称为失代偿性代谢性碱中毒。

3. 对机体的影响

代谢性碱中毒时，氧离曲线左移，释出氧量减少，此时虽然血氧含量和血氧饱和度正常，但组织有可能缺氧，病畜表现精神沉郁、昏睡甚至昏迷等临床症状；碱中毒时，血浆中游离钙转变为结合钙，导致神经-肌肉的兴奋性增强，病畜出现反射亢进和肌肉抽搐；碱中毒可引起低血钾和低血氯。

(四)呼吸性碱中毒

由于肺换气过度，使体内 CO_2 排出过多，血浆中 H_2CO_3 含量降低，$NaHCO_3/H_2CO_3$ 值变大，pH 增高，称为呼吸性碱中毒。

1. 发生原因

(1)呼吸中枢兴奋性增高。脑炎、脑膜炎等疾病初期，呼吸中枢兴奋性增高，呼吸加深加快，肺泡换气过度，呼出大量 CO_2，使血浆 H_2CO_3 含量明显降低，导致呼吸性碱中毒。

(2)某些药物中毒。某些药物如水杨酸钠中毒时，也可兴奋呼吸中枢，导致 CO_2 排出过多。

(3)机体缺氧。高原地区大气中氧分压低，机体缺氧，呼吸加深加快，导致呼出 CO_2 增多。

(4)机体代谢亢进。外界环境温度过高或机体发热，由于物质代谢亢进，产热增多，加上血液温度升高的直接作用，可引起呼吸中枢兴奋性升高，呼吸加深加快，呼出 CO_2 增多。

2. 代偿适应性反应

呼吸性碱中毒时，由于血浆中 H_2CO_3 含量减少，形成低碳酸血症，pH 升高，故可抑制呼吸中枢，使呼吸减慢。但这种代偿极其有限，故呼吸性碱中毒代偿适应性反应主要靠肾脏排出过多的 HCO_3^- 来完成。经过肺、肾的代偿，可使血浆中 $NaHCO_3/H_2CO_3$ 值恢复 20∶1，pH 逐渐恢复，则称为代偿性呼吸性碱中毒。在急性呼吸性碱中毒时，肾脏代偿功能未能充分发挥，血液中 H_2CO_3 急剧减少而 $NaHCO_3$ 相对升高，pH 升高，则称为失代偿性呼吸性碱中毒。

3. 对机体的影响

呼吸性碱中毒时，由于血液中 H_2CO_3 含量减少，pH 升高，可使脑组织抑制性物质产生减少，病畜处于兴奋状态；在碱性环境中，血浆中游离钙减少，病畜神经、肌肉的应激性增高，表现反射活动亢进，抽搐甚至痉挛，最后昏迷。

学习要求

识记：呼吸性酸中毒、代谢性酸中毒、呼吸性碱中毒、代谢性碱中毒的概念。

理解：酸中毒的机理及病理过程、碱中毒的机理及病理过程。

应用：在临床上如何正确处理酸中毒和碱中毒。

知识拓展

牛瘤胃酸中毒

瘤胃酸中毒多发生于奶牛。主要是精饲料喂量过多，精粗饲料比例不当所造成。以 1～

3 胎的奶牛发病最多，7 胎后的发病较少。一年四季均可发生，但以冬春季节较多。临产牛和产后 3 d 内的牛发病较多。发病与产奶量成正比例关系，产奶量越多，发病率越高。

临床症状：本病发病急，病程短，常无明显前驱期症状，多于采食后 3～5 h 死亡。慢性者卧地不起，于分娩后 3～5 h 瘫痪卧地，头、颈、躯干平卧于地，四肢僵硬，角弓反张，呻吟，磨牙，兴奋，甩头，而后精神极度沉郁，全身不动，眼睑闭合，呈昏迷状态。

病理变化：剖检病死牛，消化道广泛充血、出血，瘤胃上皮水肿、出血，瘤胃内容物酸臭。

实验室诊断，病牛血液 CO_2 结合力降低，尿 pH 也降低。结合临床症状可以确诊。

治疗：以解毒、补充水和电解质、防止继发感染、降低颅内压为主要方法。

预防：干奶期奶牛的营养水平不应过高，严禁增料催膘、催奶和偏饲，每天应保证供给 3～4 kg 干草。

复习思考题

一、名词解释

代谢性酸中毒　呼吸性酸中毒

二、单项选择题

1. 机体在代谢过程中产生最多的酸性物质是(　　)。

A. 碳酸　B. 硫酸　C. 丙酮酸　D. 丁酸　E. 乳酸

2. 下列哪一项不是代谢性酸中毒的原因？(　　)

A. 高热　B. 呕吐　C. 休克　D. 腹泻　E. 急性肾功能衰竭

3. 机体中最重要的缓冲系统是(　　)。

A. 血浆蛋白　B. 有机磷酸盐　C. Hb 及 HbO_2

D. 无机磷酸盐　E. 碳酸氢盐

4. 发热病畜最易出现(　　)。

A. 代谢性酸中毒　B. 代谢性碱中毒　C. 呼吸性酸中毒

D. 混合性酸中毒　E. 混合性碱中毒

5. (全国执业兽医资格考试试题)呼吸性碱中毒的特点是(　　)。

A. 血浆 $NaHCO_3$ 原发性增加　B. 血浆 $NaHCO_3$ 原发性减少

C. 血浆 H_2CO_3 含量原发性增加　D. 血浆 H_2CO_3 含量继发性增加

E. 血浆 H_2CO_3 含量原发性减少

三、简答题

1. 简述酸中毒的分类及对机体的影响。

2. 简述发生代谢性酸中毒时，机体如何进行代偿调节。

项目十复习思考题参考答案

项目十一
败 血 症

学习目标

- 掌握败血症的概念、原因、类型。
- 理解败血症时机体的病理变化。
- 了解败血症的结局及防治原则。

学习内容

一、概念

败血症是指病原体突破机体的防御屏障，进入血液，并在其中生长繁殖，产生毒素，引起全身病理反应的过程。

菌血症是指少量细菌进入血液循环后，未繁殖或少量繁殖，未引起或仅引起轻微炎症反应。

病毒血症是指病毒侵入血液循环后引起的病理过程。

虫血症是指寄生原虫大量进入血液循环的病理现象。

毒血症是指病原体或局部组织坏死产生的毒素进入血液，引起全身中毒现象。

脓毒败血症是指化脓菌进入血液，随血流在相应组织器官产生广泛脓肿的病理现象。

二、败血症的原因和类型

1. 非传染性病原体引起的败血症

多种非传染性病原体可引起败血症，如葡萄球菌、链球菌、绿脓杆菌、腐败梭菌等，当病原体由侵入门户进入机体内，引起局部炎症，若未能被消除，则在局部生长繁殖；当机体抵抗力降低，治疗不当等，则病菌不断向淋巴管、血管扩散，毒性产物大量进入血液，导致器官组织损伤，功能紊乱，最终引起败血症。如果是化脓菌，则先在侵入局部引起化脓性炎，随病情恶化，引起全身转移性化脓灶，称为全身性脓血症或脓毒败血症。

2. 传染性病原体引起的败血症

多种传染性病原体可引起败血症，如细菌（炭疽、巴氏杆菌、猪丹毒等）、病毒（猪瘟病毒、新城疫病毒、牛瘟病毒、鸭瘟病毒、马传染性贫血病毒等）、原虫（弓形虫、牛泰勒原虫等），当病原体侵入机体后，呈明显的局部炎症过程，在合适部位繁殖，并迅速经血液向全身散播，造成广泛的组织损害。其机理与非传染性病原体引起的败血症一样，只不过传染性病原体毒力强、侵袭力强。

三、败血症的病理变化

根据引起败血症的病原体的不同，将败血症分为传染病型败血症和非传染病型败血症。

1. 传染病型败血症

病例：蛋鸭败血症

能引起传染病的病原体，几乎都能引起败血症。传染病型败血症具有重要特征，主要表现为：病畜多呈菌血症，机体处于严重中毒状态，出现一系列全身性病理过程，病畜严重中毒和物质代谢障碍，各器官组织发生不同程度的变化（变性或坏死）。

由于机体内大量微生物存在和组织变性坏死，故在动物死后常呈尸僵不全，早期可发生尸腐现象。而全身毒血症，组织变性坏死和物质代谢障碍，导致氧化不全的代谢产物和组织分解产物在体内蓄积，引起缺氧和酸中毒，动物死后血液往往凝固不全。败血症时多有早期溶血现象，从而导致心内膜、血管内膜被血红蛋白污染，在尸体中呈玫瑰色，并在脾脏、肝脏和淋巴结等器官内有血源性色素（如含铁血黄素）沉着。溶血和肝脏功能障碍的结果，可造成胆色素沉积、可视黏膜及皮下组织呈黄染现象。

关于出血的机理比较复杂，但主要是因微生物和毒素的作用使血管壁遭到损伤，血管通透性增高，而发生多发性、渗出性出血。表现为在浆膜、黏膜、各器官的被膜下和实质内，有点状或斑状的出血灶，皮下、浆膜下和黏膜下的疏松结缔组织中有浆液性、出血性浸润，体腔（胸腔、腹腔及心包腔）内有积液。

脾脏的病变是特征性的，通常可肿大 2～4 倍。表面呈黑紫色，边缘钝圆，质地松软，触之有波动感，易碎。切面含血量多，呈紫红色或黑紫色，脾髓结构模糊不清，髓质膨隆，用刀背轻轻擦过切面时，可刮下大量血色粥样物，有时脾髓呈半流动状，镜检可见脾窦显著扩张充血，甚至出血，并有中性粒细胞浸润，红髓和白髓内有不同程度的增生，有时还出现局灶性坏死，脾小梁和被膜的平滑肌呈变质性变化。呈现上述变化的脾脏，通常也称为"败血脾"。

淋巴组织（淋巴结、扁桃体中淋巴滤泡）可发生肿胀，淋巴结呈现各种各样的急性淋巴结炎的变化，如充血、出血、水肿、中性粒细胞浸润。有时淋巴组织可有明显的增生。

实质器官（心脏、肝脏、肾脏）发生细胞肿胀和脂肪变性。心脏因心肌变性而松软脆弱，无光泽，心脏扩张，心内、外膜下常见有出血点，心脏内积有少量凝固不良的血液，这是机体发生心力衰竭的表现。肝脏肿大，呈灰黄色或黄色，往往有中央静脉淤血。肾脏变性肿胀，切面皮质增厚，呈灰黄色，髓质为紫红色。肺脏淤血水肿。

2. 非传染病型败血症

非传染病型败血症又称为感染创伤型败血症，其特点是在机体发生局灶性创伤的基础上，有细菌感染引起炎症，进而发展为败血症。如体表创伤、手术创伤（包括去势创伤）、产后的子宫及新生幼畜的脐带等损伤，因护理不当或治疗不及时造成细菌感染并引起败血症。

感染创伤型败血症除具有上述败血症的病理变化外，不同的感染创伤型败血症又各有其原发病灶的变化特点，可分为以下几种。

(1)创伤败血症。原发病灶基于各种创伤(如鞍伤、蹄伤、去势创、火器伤)，多呈浆液性化脓性炎或蜂窝织炎。由于病原体沿淋巴管扩散，病灶附近的淋巴管和淋巴结发炎。淋巴管肿胀、变粗，呈条索状，管壁增厚而管腔狭窄，管腔内积有脓汁或纤维素凝块。淋巴结为单纯淋巴结炎或为化脓性淋巴结炎。病灶周围静脉管，有时可呈静脉炎，此时，静脉管壁肿胀，内膜坏死和脱落，管腔内积有血凝块或脓汁。

(2)产后败血症。母畜分娩后，当子宫黏膜损伤或子宫内遗留有胎盘碎片时，易感染化脓性或腐败性细菌，引起化脓性子宫炎或腐败性子宫炎，往往因继发败血症而死亡。此时，子宫肿大，压之有波动感，子宫内蓄积多量污秽不洁并有臭味的脓样液体。子宫黏膜淤血、出血及坏死，坏死的黏膜脱落后，形成糜烂或溃疡。

(3)脐败血症。由于新生幼畜断脐消毒不严，细菌感染并引起败血症。此时脐带根部可见有出血性化脓性炎，肝脏发生脓肿。

此外，感染创伤型败血症有时因化脓性细菌从原发病灶、淋巴或血流转移，而在机体的其他组织、器官内形成转移性化脓灶，这种现象称为脓毒败血症。

四、结局及影响

发生败血症的机体，若能及时治疗，则可痊愈；若不及时治疗，生命重要器官功能衰竭，则会发生休克性死亡。

学习要求

识记：败血症、菌血症、毒血症、脓毒败血症的概念。

理解：败血症的原因、败血症的病理变化。

应用：患有败血症的动物应采取什么措施。

复习思考题

一、名词解释

败血症　菌血症　毒血症　脓毒败血症

二、填空题

1. 细菌进入血液的现象称为__________。

2. 细菌毒素吸收入血，引起机体中毒的现象称为__________。

3. 败血症全身病变主要有__________、__________、__________、__________等。

三、单项选择题

1. 下列哪项属于引起败血症的非传染性因素？(　　)

A. 炭疽　　B. 巴氏杆菌　　C. 猪丹毒

D. 葡萄球菌　　E. 新城疫病毒

2. 下列哪项属于引起败血症的传染性因素？（　　）

A. 链球菌　　B. 绿脓杆菌　　C. 猪瘟病毒

D. 腐败梭菌　　E. 葡萄球菌

四、多项选择题

1. 下列属于败血症的全身病变的是（　　）。

A. 尸僵不全　　B. 血液凝固不良　　C. 黄疸

D. 器官变质　　E. 出血

2. 败血症的结局是（　　）。

A. 死亡　　B. 痊愈　　C. 自行恢复

D. 钙化　　E. 包囊形成

五、判断题

1. 败血症时，因物质代谢障碍和毒血症，引起全身器官退行性病变。（　　）

2. 败血症尸体极易腐败变质。（　　）

3. 发现疑似败血症动物应尽快剖检。（　　）

4. 败血症机体最终都会死亡。（　　）

六、简答题

1. 简述败血症的原因。

2. 简述败血症的病理变化。

项目十一复习思考题参考答案

项目十二
休　　克

学习目标

- 掌握休克的概念、原因、类型以及休克的过程和机理。
- 理解休克时机体的病理变化。
- 了解休克的防治原则。

学习内容

一、概念

休克是机体遭受各种强烈致病因子引起的以微循环障碍为主的急性循环功能不全，是生命重要器官（心脏、肺脏、肾脏等）微循环障碍，毛细血管灌流不足，组织细胞缺血、缺氧而导致严重物质代谢障碍的全身性病理过程。临床表现主要有血压下降、可视黏膜苍白、体表湿冷、反应迟钝、脉搏细弱、虚脱、尿量减少和代谢紊乱等一系列症状。休克可在多种疾病中发生，是临床常见的危症。如果在休克发展的过程中未及时治疗，动物全身组织、器官将发生不可逆损伤而死亡。

二、休克的原因和分类

（一）原因

引起休克的原因很多，最常见的有失血、创伤、烧伤、中毒、窒息、感染、过敏、心脏疾病及强烈的神经刺激等。

（二）分类

休克的分类主要是以病因学分类为主，虽然目前对于休克分类尚无统一认识，但临床一般可将休克分为以下几种。

1. 低血容量性休克

低血容量性休克为血管内容量不足，引起心室充盈不足和每搏输出量减少，如果增加心率仍不能代偿，可导致心输出量减少。

(1)失血性休克。见于消化道大出血、内脏破裂、产后大出血，是指因大量失血，迅速导致有效循环血量锐减而引起周围循环衰竭的一种综合征。一般 15 min 内失血少于全血量的 10%时，机体可代偿。若快速失血量超过全血量的 20%左右，即可引起休克。

(2)失液性休克。见于脱水失盐、剧烈呕吐、腹泻、大面积烧伤等。大量体液丧失使全身血量急剧减少，导致静脉回流不足，心输出量减少和血压下降，使压力感受器的负反馈调节冲动减弱，引起交感神经兴奋，外周血管收缩，组织灌流量减少。

2. 心源性休克

心源性休克是指由于心脏泵血功能衰竭，心输出量急剧减少，有效循环血量和微循环灌流量下降所引起的休克。心源性休克包括严重的心脏病变、心脏压迫或梗阻等。

3. 感染性休克

感染性休克是指由于严重感染，发生微循环改变及弥散性血管内凝血所引起的休克，是临床上最常见的休克类型之一。临床上以革兰阴性杆菌(如大肠埃希菌、痢疾杆菌及绿脓杆菌)感染为主。

4. 过敏性休克

过敏性休克是指由于机体对某些药物或生物制品发生强烈过敏反应，微血管扩张、脑及喉头水肿、支气管痉挛所引起的休克。多见于青霉素、血清制剂或疫苗注射后的过敏反应。

5. 血管源性休克

血管源性休克通常是由血管扩张所引起的血管内容量不足，其循环血容量正常或增加，但心脏充盈和组织灌注不足。见于过敏性休克、感染性休克及部分创伤性休克。

6. 神经源性休克

常因剧烈疼痛、严重的脑部或脊髓损伤、麻醉等引起血管运动中枢受抑制，血管扩张，外周阻力降低，回心血量减少，血压下降，血液淤积在扩张的血管床内。

三、休克的分期

微循环是指由微动脉到微静脉之间的微细血管之间的血液循环(图 12-1)，是循环系统中血液和组织进行物质代谢交换的基本结构和功能单位，它主要受神经体液的调节。微血管壁的平滑肌受儿茶酚胺、血管紧张素Ⅰ、血管升压素和内皮素等作用引起血管收缩；而组胺、激肽、腺苷、乳酸、肿瘤坏死因子和一氧化氮则引起血管舒张。正常生理情况下，全身微循环反馈调节，以保证毛细血管交替性开放。

不同类型的休克，虽然发生机制不同，但最基本的发病环节都是有效循环血量减少、心泵衰竭和血管舒缩失常，导致微循环有效灌注量不足，而促进休克的发生发展。以典型的失血性休克为例，按微循环的改变分为以下 3 期。

(一)微循环缺血性缺氧期(休克代偿期)

1. 病理过程

在休克早期由于血容量和血压降低，交感一肾上腺髓质系统兴奋，使微血管系统包括小动脉、微动脉、后微动脉、毛细血管前括约肌和微静脉、小静脉都持续痉挛，口径明显变小，毛细血管前阻力显著增加，微血管运动增强，同时大量真毛细血管网关闭。开放的毛细血管减少，此时微循环内血流速度显著减慢。毛细血管血流限于直接通路，动静脉吻合支开放，组织灌流量减少，出现少灌少流，灌少于流的情况。这些代偿反应可保证心、脑等重要器官的血液供应。

2. 临床表现

休克早期病畜可视黏膜苍白，皮肤发凉，脉搏细弱，尿量减少，血压下降，出汗，烦躁不安。中毒性休克的病畜还有腹泻症状(图 12-2)。

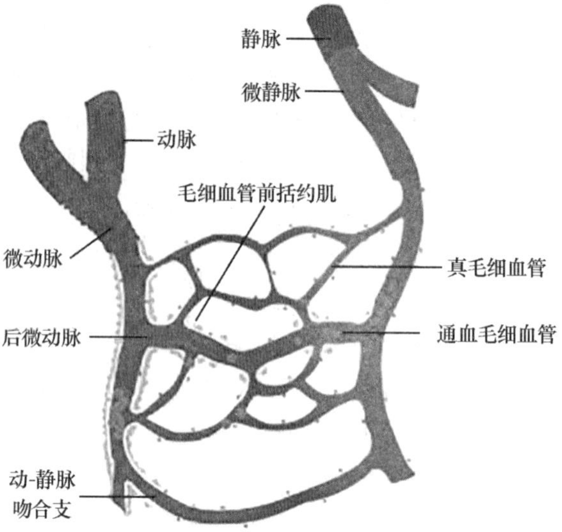

图 12-1 正常微循环

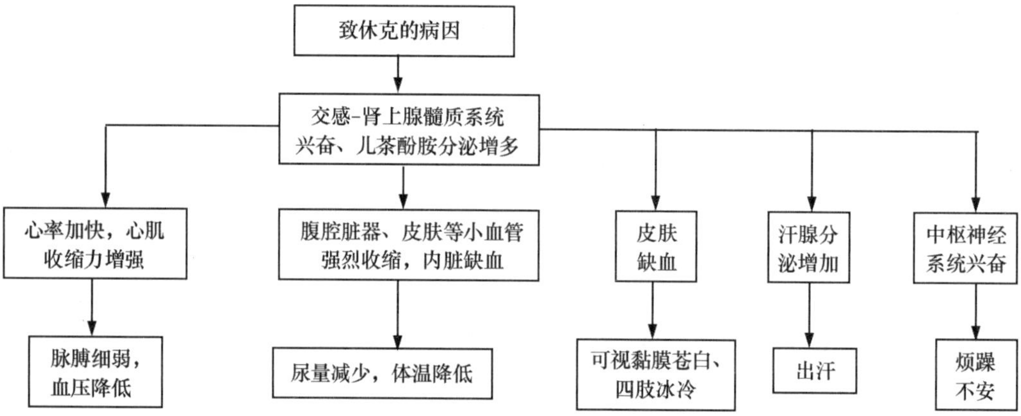

图 12-2 微循环缺血性缺氧期的临床表现及发生机制

(二)微循环淤血性缺氧期(休克期或代偿不全期)

1. 病理过程

(1)淤血期的形成。如果休克的原始病因不能及时消除，病情继续发展，交感-肾上腺髓质系统长期过度兴奋，组织持续缺血和缺氧，引起酸性代谢产物增加，酸性环境使微动脉对儿茶酚胺的反应性降低，而微静脉具有耐受性仍处于收缩状态，此时血液不再局限于通过直接通路，而是经过开放的毛细血管前括约肌大量涌入真毛细血管网，不能及时流出，毛细血管的后阻力大于前阻力、组织灌而少流，灌大于流，导致淤血现象。主要发生肝脏、肠、肺脏等器官。

(2)淤血期血液流变学的改变。微循环淤血导致毛细血管内流体静压增高，血管壁通透性增大，血浆漏出，血液浓缩、血浆黏度和血细胞压积增大，红细胞聚集，血小板黏附聚集和形成血小板微聚物。此外，淤血导致血流变慢，白细胞贴壁、滚动黏附于内皮细胞上。激活的白细胞通过释放氧自由基和溶酶体酶导致内皮细胞和其他组织细胞损伤，进一步引起微循环障碍及组织损伤。

该期属失代偿期，由于微循环血管床大量开放，血液淤滞在内脏器官如肠、肝脏和肺脏内，造成有效循环血量的锐减，静脉充盈不良，回心血量减少，心输出量和血压进行性下降。此期交感-肾上腺髓质更为兴奋，组织血液灌流量进行性下降、组织缺氧趋于严重，形成恶性循环。

2. 临床表现

组织缺氧和酸中毒，皮肤、可视黏膜发绀，皮温下降，心跳快而弱，少尿或无尿，血压下降，精神沉郁，甚至昏迷（图 12-3）。

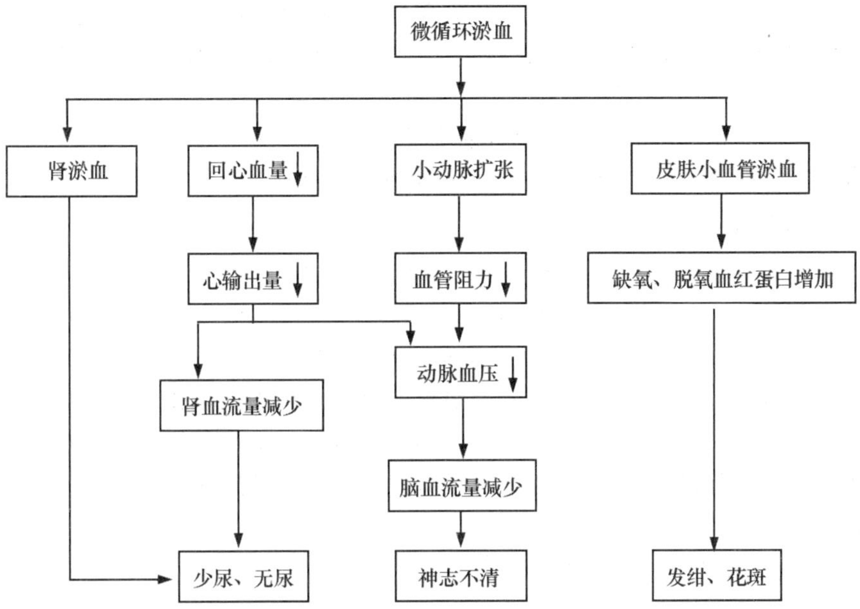

图 12-3　微循环淤血性缺氧期的临床表现及发生机制

（三）微循环凝血期（DIC 期）

1. 病理过程

（1）微血管平滑肌麻痹。该期微血管平滑肌麻痹，对任何血管活性药物均失去反应，所以又称为微循环衰竭期。缺氧和酸中毒加重、血液黏稠、血流速度变慢、血管内皮细胞受损，因而发生弥散性血管内凝血（DIC），并导致重要器官功能衰竭，甚至发生多系统器官障碍，故又称难治性休克期或不可逆休克期。

（2）重要器官功能衰竭。休克后期，血流动力学障碍和细胞损伤越来越严重，心脏、脑、肝脏、肺脏、肾脏各重要器官功能代谢障碍也更加严重，酸中毒、缺氧、休克时许多因素的作用，可能使多个重要生命器官发生"不可逆性"损伤。促炎介质与抗炎介质稳态失衡、氧自由基和溶酶体酶的损伤作用，导致内皮细胞和实质脏器细胞的损伤和多器官功能障碍。

2. 临床表现

组织器官的小血管内广泛形成微血栓，动物血压继续下降，脉搏弱而不感于手，呼吸不规则，少尿或无尿，全身皮肤有出血点或出血斑，四肢厥冷，各器官功能严重障碍。

四、休克时细胞和主要器官功能与代谢的变化

微循环障碍学说认为细胞代谢障碍继发于微循环障碍之后，是由缺氧和酸中毒引起的损伤，提出了休克细胞的概念，并认为细胞损伤是器官功能障碍的基础，标志着对休克本质的认识逐步深入细胞和分子水平。

（一）细胞变化

1. 细胞代谢障碍

主要表现为供氧不足、糖酵解加强及酸中毒。由于缺氧，葡萄糖有氧氧化受阻，ATP 生成显著减少，无氧酵解增强，乳酸生成显著增多，引起局部酸中毒。同时由于灌流障碍，CO_2不能及时清除，也加重了局部酸中毒。

休克时由于组织缺氧，能量生成不足，细胞膜上的钠泵（Na^+-K^+-ATP 酶泵）运转失灵，细胞内 Na^+增多，而细胞外 K^+增多，故引发细胞水肿和高钾血症。

2. 细胞的损伤与凋亡

电镜观察发现细胞的损伤主要是细胞膜、线粒体和溶酶体的变化。细胞膜是休克时最早发生损伤的部位。线粒体损伤后，造成呼吸链障碍，氧化磷酸化障碍，能量物质进一步减少。休克时缺血、缺氧和酸中毒，引起溶酶体酶释放，溶酶体肿胀，有空泡形成，主要危害是引起细胞自溶，各种休克因子均可通过激活核酸内切酶引起炎症细胞的活化。活化后的细胞可产生细胞因子、分泌炎症介质、释放氧自由基攻击血管内皮细胞、中性粒细胞、单核巨噬细胞、淋巴细胞和各脏器实质细胞，使其发生变性坏死和凋亡。休克时细胞凋亡是细胞损伤的一种表现，也是重要器官功能衰竭的基础。

（二）多器官功能障碍综合征

多器官功能障碍综合征（MODS）是指在严重创伤、感染和休克时，原无器官功能障碍的动物相继出现两个以上系统和器官功能障碍时，称为多器官功能障碍综合征。休克时各系统和器官几乎均可被累及。常见的功能障碍是肺脏、肝脏、肾脏、心脏和免疫器官等，表现急性肾功能衰竭、急性呼吸功能衰竭、心功能障碍、消化功能障碍和肝功能障碍。

休克引起心力衰竭的机制有：冠状动脉血流量减少，儿茶酚胺使心肌收缩而加重心肌缺氧；酸中毒、高血钾致心肌收缩力减弱；广泛的 DIC 使心肌受损害；内毒素直接抑制心脏功能。

（三）全身炎症反应综合征

近年来“炎症失控学说”认为，炎症的本质是活体组织对损伤的反应，而全身炎症反应综合征（SIRS）是指机体失控的自我持续放大和自我破坏的炎症。同时认为休克的难治期与肠道严重缺血、缺氧、屏障和免疫功能降低，内毒素入血及肠道细菌转位入血，引起全身炎症反应综合征有关。表现为播散性炎症细胞活化和炎症介质泛滥到血中并在远隔部位引起全身性炎症。

学习要求

识记：休克、微循环的概念。

理解：休克的原因和类型、休克的分期、休克导致心力衰竭的原因。

应用:动物发生休克时的防治原则。

知识拓展

休克的防治原则

休克总的防治原则是"治疗原发病,改善微循环,保护细胞,防止器官功能衰竭和全身性炎性反应综合征"。

1. 治疗原发病

积极治疗休克的原发病,应该针对各种具体原因进行处理,除去休克的原始病因,如止血、镇痛、控制感染、补充血容量等。

2. 改善微循环

(1)纠正酸中毒。临床应根据酸中毒的程度及时补碱纠酸。酸中毒还可导致高钾血症。

(2)扩充血容量。除心源性休克外,补充血容量是提高心输出量和改善组织灌流的根本措施。输液应强调及时和尽早,补液量,以往遵循的"失多少,补多少"显然是不够的,低血容量性休克发展到微循环淤血,血浆外渗,补充的量应大于失液量。感染性休克和过敏性休克血管床容量扩大,虽然无明显的失液,但有效循环量也显著减少。因此,正确的输液原则是"需多少,补多少"。如无血容量减少,可采用扩血管药以改善微循环(阿托品、山莨菪碱、酚妥拉明等)。

(3)合理使用血管活性药物。血管活性药物分为缩血管药物(阿拉明、去甲肾上腺素、新福林等)和扩血管药物。在微循环缺血期应选用,当血容量减少时,先补液再使用扩张血管药;当血压过低时,应交替使用。临床上用大剂量阿托品抢救中毒性休克,缩血管药物治疗过敏性休克疗效较好,但必须在纠正酸中毒的基础上使用。

3. 细胞膜保护剂的使用

为防止细胞损伤,改善微循环、稳定细胞膜和加强机体营养是主要的治疗措施。如糖皮质激素能保护溶酶体膜,还能抑制内毒素对细胞的损伤。

4. 防止器官功能衰竭和全身炎症反应综合征

一旦出现 DIC 及重要器官功能衰竭,应针对不同器官采取不同的治疗措施,如强心、利尿、给氧等。为防止微血栓的发生,可应用肝素等抗凝剂,若已经发生,可以使用链激酶等纤溶剂,避免栓塞时间过长引起组织坏死。实验证明苯海拉明拮抗氨茶碱,抑肽酶能减少肌肽的生成,皮质激素也能减少前列腺素和白细胞三烯的生成,阿司匹林等药物能减少前列腺素的生成。

复习思考题

一、名词解释

休克　DIC

二、填空题

1. 休克的过程分为__________、__________和__________。

2. 休克的原因和类型有__________、__________、__________、__________、__________和__________。

三、单项选择题

1. 创伤性休克属于(　　)。

A. 心源性休克　B. 血管扩张性休克　C. 低血容量性休克

D. 过敏性休克　E. 神经性休克

2. 感染性休克属于(　　)。

A. 血管扩张性休克　B. 心源性休克　C. 低血容量性休克

D. 过敏性休克　E. 神经性休克

3. 过敏性休克属于(　　)。

A. 低血容量性休克　B. 心源性休克　C. 神经性休克

D. 外伤性休克　E. 血管扩张性休克

4. 失血性休克属于(　　)。

A. 心源性休克　B. 血管扩张性休克　C. 低血容量性休克

D. 过敏性休克　E. 神经性休克

四、多项选择题

1. 属于休克代偿期表现的是(　　)。

A. 黏膜苍白　B. 脉搏细弱　C. 尿量减少

D. 出汗　E. 昏迷

2. 属于 DIC 期表现的是(　　)。

A. 烦躁不安　B. 无尿　C. 四肢厥冷

D. 出血斑　E. 呼吸不规则

五、判断题

1. 严重创伤、骨折等可以引起创伤性休克。(　　)

2. 剧烈疼痛可以引起过敏性休克。(　　)

3. 黏膜苍白、有腹泻症状者属于休克代偿期。(　　)

4. 组织缺氧和酸中毒是 DIC 期的表现。(　　)

六、简答题

1. 简述休克的类型。

2. 简述休克导致心力衰竭的原因。

项目十二复习思考题参考答案

项目十三
肿　瘤

学习目标

- 掌握肿瘤的概念、常见动物肿瘤的特点、良性肿瘤与恶性肿瘤的区别，以及肿瘤的一般生物学特性。
- 理解肿瘤的命名原则、肿瘤对机体的影响、肿瘤组织的镜检特点。
- 了解肿瘤与增生的区别、肿瘤的病理学诊断及肿瘤的病因机理。

学习内容

一、概念

肿瘤是机体在各种致瘤因素作用下，局部组织细胞异常增生而形成的新生物（组织团块或细胞群）。

肿瘤细胞是从正常细胞转化而来的。近年来认为肿瘤形成的机理是在致瘤因素的影响下，机体内细胞基因发生突变的结果（DNA顺序改变），或是外来基因（肿瘤病毒的致癌基因）加入细胞基因组，从而导致细胞癌变为肿瘤细胞。有学者认为不是基因本身改变，而是致癌物质引起基因的调控失常，在免疫功能受到抑制的情况下，肿瘤才得以发生和发展。

肿瘤细胞形成后，它就具有异常的形态、代谢方式和功能。肿瘤细胞生长旺盛，呈现与整个机体不协调的无止境生长。由于肿瘤细胞失去分化成熟的能力，具有幼稚型甚至胚胎型细胞的性状（不成熟性或异型性）。

肿瘤就其表面现象来看虽为组织增生，但它不按照正常组织的生长规律进行，更不符合生理功能的需要。机体在病理和生理状态下的细胞增生，是适应机体的需要。增生的组织基本上具有原来正常组织的结构与功能，致病因素消除后，增生就会停止，因此与肿瘤有本质区别。

动物的肿瘤给畜牧业造成一定程度的危害，如牛和鸡的白血病、鸡的马立克病、鸡的卵巢癌、多种动物的原发性肝癌及兔的肾母细胞瘤等，都会影响畜禽的生产性能。

二、肿瘤的发病原因

肿瘤的病因包括内因及外因两个方面。外因是指来自动物周围环境中各种可能致瘤因素，如化学因素、物理因素、生物因素及各种慢性刺激。内因则是泛指机体抗肿瘤能力降低或各种有利于外界致癌因素发挥作用的机体内在因素。肿瘤发生的因素十分复杂，同一类肿瘤在不同机体、不同器官可能由不同因素引起，而同一致瘤因素可以通过不同途径引起机体不同的部位发生肿瘤。此外，在同一环境中，只有少数动物发生肿瘤，这说明外因与内因有密切关系。

从动物肿瘤的临床发病情况看，生物性因素中病毒的作用尤为重要。已知与病毒有关的肿瘤有家禽的白血病、鸡的劳氏肉瘤、鸡的马立克病、牛的淋巴肉瘤及兔的乳头状瘤。鸡的白血病和马立克病病因的阐明、疫苗的研制和应用是预防肿瘤研究上的重大成就。

此外，霉菌毒素中的黄曲霉毒素、亚硝胺类化学物质、放射性物质的物理作用都是肿瘤发生的外界因素。

三、肿瘤的生物学特性

(一)基本形态

肿瘤外形多种多样，一般有息肉状、乳头状、结节状、分叶状、囊状、弥漫性肥厚状、溃疡状、浸润性包块状等(图 13-1)。肿瘤的形态与肿瘤的发生部位、组织来源、生长方式有关。生长在皮肤和黏膜表面的肿瘤，常向表面突起呈息肉状、乳头状等；若为恶性肿瘤，因生长迅速以致供血不足，易发生坏死脱落而呈溃疡状；生长在深部组织的肿瘤常呈结节状、分叶状或囊状；一般在实质器官内部生长的恶性肿瘤多呈树根状或蟹足状向周围伸展。

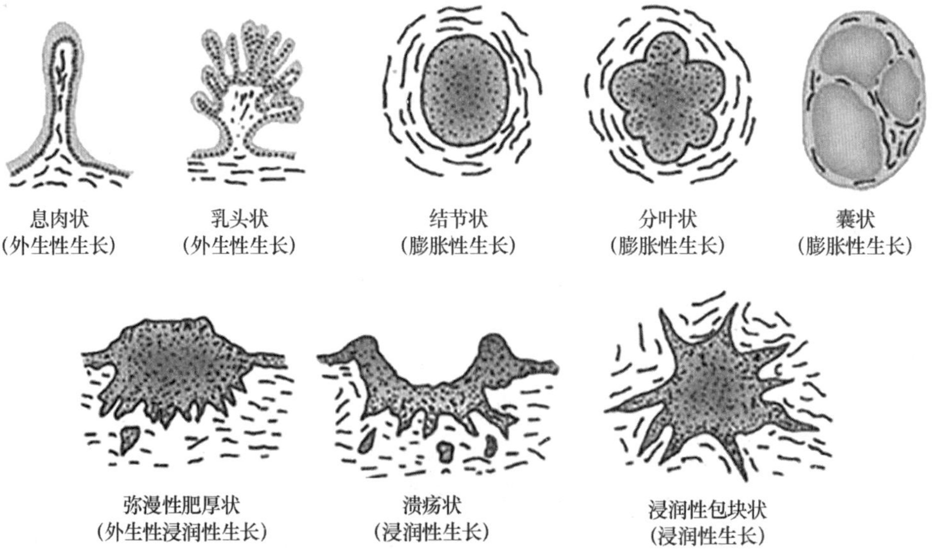

图 13-1 肿瘤的外形及生长方式模式图

肿瘤的切面一般呈灰白色、脂肪瘤呈黄色、富有血液的肿瘤呈暗红色、黑色素瘤呈黑色。一般情况是良性肿瘤生长缓慢，有的可以长到很大。恶性肿瘤生长迅速，可在短期内形成明显肿块，但巨大的恶性肿瘤不多见。

（二）组织结构

肿瘤的实质是肿瘤细胞。机体的任何组织都可发生肿瘤，因此肿瘤的实质细胞也是多种多样的。由同一组织发生的肿瘤，分化成熟程度高的肿瘤细胞与正常组织细胞相似，这类肿瘤多表现为良性。相反，有的肿瘤细胞分化程度很低与其来源组织很不相似，这类肿瘤多表现为恶性。

肿瘤的间质构成肿瘤支架，起着支持和营养实质细胞的作用。间质一般由结缔组织与血管组成。间质中可见有大量淋巴细胞浸润，一般认为是机体免疫反应的一种表现。

（三）物质代谢特点

肿瘤组织比正常组织代谢旺盛，尤其以恶性肿瘤更加明显。

1. 核酸代谢

肿瘤组织合成 DNA 和 RNA 的能力较正常组织强。DNA 和 RNA 的含量在恶性肿瘤细胞中均有明显增高。因此，核酸的增多是肿瘤迅速生长的物质基础。

2. 蛋白质代谢

肿瘤组织的蛋白质合成及分解代谢都增强，但合成代谢超过分解代谢，甚至可夺取正常组织的蛋白质来合成肿瘤本身所需要的蛋白质，结果可使机体处于严重消耗的恶病质状态。肿瘤组织还可以合成肿瘤蛋白，作为肿瘤相关抗原，引起机体的免疫反应。有的肿瘤蛋白与胚胎组织有共同的抗原性，称为肿瘤胚胎性抗原，如肝癌细胞能合成甲种胎儿球蛋白，通过检查此类抗原有助于相应肿瘤的临床诊断。

3. 酶的动态

肿瘤组织酶活性的改变较为复杂。除一般在恶性肿瘤组织内氧化酶（如细胞色素氧化酶及琥珀酸脱氢酶）减少和蛋白分解酶增加外，其他酶的改变在各种肿瘤间很少是共同的，而且与正常组织比较也只是含量或活性的改变，并非质的改变。

4. 糖代谢

大多数正常组织在有氧条件下，通过糖的有氧分解获得能量，只有在缺氧时，才进行无氧糖酵解。肿瘤则不然，即使在充分供氧的条件下，也主要是以糖酵解而获得能量。这可能是由肿瘤细胞线粒体的功能障碍所致，或者与肿瘤细胞的酶谱变化有关，如糖代谢合成酶活性降低，分解酶活性增强，有利于糖酵解加强。

（四）肿瘤的生长与扩散

肿瘤的生长速度有极大的差异，主要决定于肿瘤细胞的分化成熟程度。分化程度高的良性肿瘤生长缓慢，分化程度低的恶性肿瘤生长较快，并且由于血液及营养供应相对不足而容易发生坏死、溃疡及出血等继发变化。肿瘤的生长方式有三种。

1. 膨胀性生长

膨胀性生长是良性肿瘤主要的生长方式。随着肿瘤体积逐渐增大，将肿瘤组织不断向四周推挤。但不侵入邻近正常组织内，因此与周围组织分界清楚，并多具有包膜。

2. 浸润性生长

浸润性生长是大多数恶性肿瘤的生长方式。肿瘤向邻近组织浸润、延伸，像树根一样侵入周围组织的间隙、淋巴管或血管内，与邻近正常组织紧密交错连接在一起而无明显界线，通常无包膜。

3. 外生性生长

发生在体表、体腔表面或自然管道表面的肿瘤，常向表面生长，形成突起，如乳头状、息肉状、蕈状或菜花状肿物，这种生长方式称为外生性生长。

肿瘤的扩散有直接蔓延和转移两种形式。直接蔓延是瘤细胞连续不断地沿着组织间隙、淋巴管、血管或神经侵入和破坏邻近正常组织并继续生长。转移是瘤细胞从原发部位侵入淋巴管、血管或体腔，通过体液被带到远离的其他组织内继续生长，形成与原发瘤同样类型的肿瘤。良性肿瘤一般不发生转移，大多数恶性肿瘤发生转移。通过淋巴管转移称为淋巴道转移，并伴有淋巴结肿大变硬；通过血管转移称为血道转移，常见于静脉转移。

（五）肿瘤对机体的影响

肿瘤的局部影响主要是对正常器官的压迫与阻塞，破坏正常器官的结构与功能，恶性肿瘤破坏血管引起出血、坏死和感染。恶性肿瘤晚期由于压迫神经可引起疼痛。

由于肿瘤的代谢产物、坏死分解产物被吸收后常引起动物发热，大多数恶性肿瘤的后期都可出现动物机体严重消瘦、贫血和衰竭状态，这种表现称为恶病质。恶病质的产生是综合性的，肿瘤迅速生长消耗和夺取大量营养物质；肿瘤代谢产物对机体的毒害作用，引起出血和感染等。

四、良性肿瘤与恶性肿瘤的区别

临床上遇到患肿瘤的动物时，必须仔细区别是良性肿瘤还是恶性肿瘤。如果是恶性肿瘤，一般就没有治疗价值，肉品应当严格按照卫生检验法规处理。

良性肿瘤和恶性肿瘤的区别，除根据它们的细胞分化程度和组织结构外，还应注意它们的生长方式、生长速度、转移性以及对机体影响等，如表 13-1 所示。

表 13-1 良性肿瘤与恶性肿瘤的主要区别

区别指标	良性肿瘤	恶性肿瘤
1. 生长特性		
(1)生长方式	膨胀性生长	浸润性生长
(2)生长速度	缓慢或停止生长	较快，常无止境
(3)边界与包膜	边界清楚，常有包膜	边界不清，常无包膜
(4)质地与色泽	接近正常组织	与正常组织差别较大
(5)侵袭性	一般不侵袭	都有侵袭和蔓延现象
(6)转移性	不转移	转移
(7)复发	完整切除，一般不复发	治疗不及时，常复发

续表 13-1

区别指标	良性肿瘤	恶性肿瘤
2.组织学特点		
(1)分化与异型性	分化良好,无明显的异型性	分化不良,异型性明显
(2)肿瘤细胞排列与极性	排列规则,极性保持良好	排列不规则,极性紊乱
(3)细胞数量	稀散,较少	丰富而致密
(4)核膜	通常较薄	通常增厚
(5)染色质	细腻,较少	通常深染,较多
(6)核仁	不增多,不变大	粗大,数量增多
(7)核分裂	稀少,不见核分裂现象	多见,可见核分裂现象
3.功能代谢	一般代谢正常	核酸代谢旺盛,酶谱改变,代谢异常
4.对机体影响	一般影响不大	影响较大

五、肿瘤的分类和命名

(一)肿瘤的分类

肿瘤的分类通常是根据组织来源和生物学特性来分,如表 13-2 所示。

表 13-2 肿瘤的分类

类别	组织来源	良性肿瘤	恶性肿瘤
上皮组织	1.鳞状上皮	乳头状瘤	鳞状细胞癌、基底细胞癌
	2.腺上皮	腺瘤	腺癌
	3.移行上皮	乳头状瘤	移行上皮癌
间皮组织	1.支持组织		
	纤维结缔组织	纤维瘤	纤维肉瘤
	脂肪组织	脂肪瘤	脂肪肉瘤
	黏液组织	黏液瘤	黏液肉瘤
	软骨组织	软骨瘤	软骨肉瘤
	骨组织	骨瘤	骨肉瘤
	2.淋巴造血组织		
	淋巴组织	淋巴瘤	淋巴肉瘤(恶性淋巴瘤)
	造血组织		白血病
	3.脉管组织		
	血管	血管瘤	血管肉瘤
	淋巴管	淋巴管瘤	淋巴管肉瘤
	4.间皮组织	间皮瘤	恶性间皮细胞瘤
	5.肌肉组织		
	平滑肌	平滑肌瘤	平滑肌肉瘤
	横纹肌	横纹肌瘤	横纹肌肉瘤

续表 13-2

类别	组织来源	良性肿瘤	恶性肿瘤
神经组织	1. 室管膜上皮	室管膜瘤	室管膜母细胞瘤
	2. 交感神经节	神经节细胞瘤	神经母细胞瘤
	3. 成胶质细胞	神经胶质瘤	多形成胶质母细胞瘤
	4. 神经鞘细胞	神经鞘瘤	恶性神经鞘瘤
	5. 神经纤维	神经纤维瘤	神经纤维肉瘤
其他组织	1. 三种胚叶组织	畸胎瘤	恶性畸胎瘤
	2. 黑色素细胞	黑色素瘤	恶性黑色素瘤
	3. 几种组织	混合瘤	恶性混合瘤、癌肉瘤

(二)肿瘤的命名

动物机体任何部位、组织都可以发生肿瘤，因此种类繁多，命名也比较复杂。肿瘤的命名原则一般是根据其组织来源和生物学特性来进行命名的。

1. 良性肿瘤的命名

组织来源加“瘤”，如脂肪瘤、纤维瘤、平滑肌瘤、腺(上皮)瘤等；也可以结合形态命名，如(皮肤)乳头状瘤等。

2. 恶性肿瘤的命名

组织来源加“癌”“肉瘤”或“母细胞瘤”。

(1)癌。来源于上皮组织的恶性肿瘤统称为癌。如鳞状细胞癌、腺癌等。

(2)肉瘤。来源于间叶组织的恶性肿瘤称为肉瘤。如纤维肉瘤、平滑肌肉瘤、骨肉瘤等。一个肿瘤中当含有癌和肉瘤两种成分时称为癌肉瘤。

(3)母细胞瘤。来源于幼稚组织及神经组织的肿瘤称为母细胞瘤，其中多数为恶性，如神经母细胞瘤、肾母细胞瘤。

3. 特殊命名

(1)在肿瘤名称前冠以“恶性”两字命名恶性肿瘤，如恶性淋巴瘤、恶性黑色素瘤等。

(2)以“病名”命名的恶性肿瘤，如白血病、霍奇金病等。

(3)以“瘤”命名的恶性肿瘤，如精原细胞瘤、骨髓瘤等。

六、动物常见肿瘤

(一)良性肿瘤

1. 乳头状瘤

乳头状瘤是由被覆上皮发生的呈外生性生长的良性肿瘤，呈乳头状或疣状。光镜下，乳头中央为肿瘤间质，乳头表面为增生的分化成熟的被覆上皮。常发生于头、颈、外阴、乳房等皮肤和口腔、食管、膀胱等黏膜。各种动物均可发生，尤以马、牛、羊、兔较为常见。

2. 脂肪瘤

脂肪瘤是指发生于脂肪组织的肿瘤。眼观瘤体呈扁圆形，质地柔软，淡黄色，瘤体大小不等，常为单发性或多发性，有完整的包膜。如发生于肠系膜、肠壁等处，则具有较长的蒂。手术切除不复发。镜检，瘤组织由分化成熟的脂肪细胞和少量纤维组织构成，与正常组织的区别是肿瘤有完整的纤维包膜。

3. 腺瘤

腺瘤是指由腺上皮发生的良性肿瘤。多见于肝脏、卵巢、肾上腺、甲状腺、乳腺等。

眼观腺瘤常呈圆球状或结节状，外有包膜。可分为囊腺瘤和纤维腺瘤。纤维腺瘤，多见于乳腺。囊腺瘤切面有囊腔，囊内充斥有多量液体，常见于卵巢。

（二）恶性肿瘤

1. 纤维肉瘤

纤维肉瘤是指由纤维组织发生的恶性肿瘤。多发生于四肢的皮下组织或深部组织。特别多发于犬、猫、黄牛和水牛。

眼观肿瘤呈结节状或不规则肿块，切面灰红色，质地脆，呈鱼肉状。

2. 鳞状细胞癌

鳞状细胞癌简称鳞癌，多发于食管、皮肤、口腔、阴道、阴茎等处。眼观多呈不规则的团块状，其四周呈树根样向周围生长，分界不清，切面为灰白色，粗颗粒样，干燥、无光泽、无包膜，可见出血和坏死。

3. 肾母细胞瘤

肾母细胞瘤又称胚胎性肾瘤，最常见于兔、猪及鸡，也见于牛和绵羊。肿瘤外观呈白色，分叶状，外面有一层厚的包膜，压迫实质。瘤块的切面结构均匀，柔软，呈灰白色，如肉瘤状。

4. 鸡卵巢腺癌

鸡卵巢腺癌是母鸡最常见的一种生殖系统肿瘤。卵巢形成多量乳头状结节。有的卵巢腺癌由于腺腔中含有多量液体，外形上形成大量大小不一的透明卵泡，大的可达鸽蛋大，充满于腹腔内。

5. 恶性淋巴瘤

恶性淋巴瘤（淋巴肉瘤）是指发生于淋巴结和淋巴结以外组织的恶性肿瘤。在牛、猪及鸡发病率较高。眼观淋巴结和器官肿大，呈结节状或肿块形。淋巴结呈灰白色，质地柔软或坚实，切面像鱼肉状，有时伴有出血或坏死。肿瘤早期有包膜，互相粘连或融合在一起。内脏器官（如胃、肝脏、肾脏）的淋巴肉瘤有两种形式，即结节型和浸润型。结节型为器官内形成大小不一的肿瘤结节，呈灰白色，与周围正常组织之间分界清楚，切面上可见无结构的、均质的肿瘤组织，外观如淋巴组织；浸润型肿瘤组织呈弥漫性浸润在正常组织之间，外观仅见器官（如肝脏）显著肿大或增厚，而不见肿瘤结节。

6. 鸡马立克病

鸡马立克病特征为外周神经、性腺、内脏器官、虹膜、肌肉以及皮肤发生淋巴样细胞增生浸润和形成肿瘤性病灶。可分为神经型、内脏型、皮肤型和眼型四种类型。

马立克病病例彩图

（1）神经型。最常见的病变是腹腔神经丛、臂神经丛、坐骨神经丛及内脏大神经等部位，外观神经粗大，比正常增大好几倍，呈灰白色或黄色，水肿。病变的神经多为一侧性。

(2)内脏型。最常见的是一种器官或多种器官(性腺、脾脏、心脏、肾脏、肝脏、肺脏、胰腺、腺胃、肠道、肾上腺、骨骼肌等)发生淋巴瘤性病灶。增生的淋巴瘤组织呈结节状肿块或弥漫性浸润在器官的实质内。结节型病变在器官表面或实质内形成灰白色的肿瘤结节，切面平滑。弥漫型病变为器官弥漫肿大，器官色泽变淡。

(3)皮肤型。病变为皮肤上形成肿瘤结节，主要在毛囊部分。皮肤病灶外面如疥癣状，表面有结痂形成，遍布全身皮肤。

(4)眼型。特征为虹膜发生环状或斑点状褪色，以至呈弥漫性灰白色、浑浊不透明。瞳孔先是边缘不整齐，严重病例可见瞳孔变成小的针孔状。

7. 恶性黑色素瘤

恶性黑色素瘤是指由产黑色素的细胞形成的一种恶性肿瘤。常发生动物的尾根、肛门周围和会阴部，主要见于马和骡。黑色素瘤为单发或多发，大小及硬度不一，呈深黑色或棕黑色，切面干燥。

实训技能　动物常见肿瘤病变观察

一、目的要求

(1)掌握良性肿瘤与恶性肿瘤的形态结构的区别要点。

(2)掌握动物常见肿瘤病理变化的主要特征。

二、材料用具

大体标本、组织切片、光学显微镜、课件(幻灯片)、电脑、投影仪等。

三、方法与步骤

1. 多媒体教学

运用现代化教学手段(如显微投影、课件、幻灯片)对病变标本进行观察，并对照正常组织讲解所要观察标本的病理变化要点、临床诊断意义。

2. 大体标本观察

标本1　马皮下纤维瘤

观察　肿瘤呈结节状，排球大小，表面有被膜包裹，与周围组织界线清楚，无出血现象。

标本2　牛皮肤乳头状瘤

观察　牛皮肤上的乳头状瘤，大小不一，突起皮肤表面，肿瘤的外形如菜花状，表面粗糙，有许多细小裂隙，皮下组织内的瘤体表面也有完整包膜包裹，与周围组织界线明显，有蒂柄或宽广的基部与皮肤相连。

标本 3　马皮肤纤维肉瘤

观察　马皮肤纤维肉瘤，肿瘤外形为不规则结节状，在皮肤表面形成大小不等的菜花样凸起，界线不清楚，质地坚实或为鱼肉状，肿瘤侵蚀皮肤，表面常形成溃疡和继发感染。

标本 4　肾母细胞瘤

观察　瘤块外观呈白色，分叶状，外面有一层厚的包膜，瘤块多连着皮质部，压迫实质。有时生长在肾脏里面，切开时才看到瘤块，瘤的切面结构均匀，柔软，灰白色如肉瘤状，大的肿瘤的切面上常见有出血坏死区域。

标本 5　马会阴黑色素瘤

观察　单发或多发，大小及硬度不一，呈深黑色或棕黑色，切面干燥。

标本 6　甲状腺瘤

观察　表面较光滑，与周围组织界线较清楚，呈圆形。

标本 7　鸡卵巢单房性囊腺瘤

观察　为一块囊状物，一个肿瘤基部，表面无出血现象，为良性肿瘤。

标本 8　鸡卵巢多房性囊腺瘤

观察　有多块囊状物，有多个基部，表面有出血现象，为恶性肿瘤。

病例：麻鸡肿瘤性疾病脏器观察

3. 病理组织切片观察

切片 1　纤维肉瘤

观察　纤维肉瘤是由交织的不成熟的成纤维细胞索和数量不等的胶原纤维构成。瘤细胞通常为梭形，但也可能为卵圆形或星形。未分化肉瘤含有多核瘤巨细胞和具有异形核的瘤细胞。胞核长圆形或卵圆形，染色深，核仁明显，2～5 个，常见核分裂象。胞浆含量有差异，胞浆边界有时很难与基质辨别。纤维肉瘤是高度血管性的，但由于血管形成不良，常伴有出血现象的发生。

切片 2　鳞状细胞癌

观察　鳞状细胞癌的组织学变化具有以下特征。

(1)鳞状细胞癌表现的分化程度差异很大，当上皮组织发生恶变时，其棘细胞层出现进行性的不典型增生，细胞形体增大，胞核含染色质少，核仁增大和出现很多核分裂象。在癌组织尚未穿破基膜仍局限在上皮层内时，称为原位癌或上皮内癌。

(2)癌细胞的侵蚀性表现在能够穿过上皮层基膜，向下层结缔组织生长浸润。在深层组织中，癌组织呈树根状分枝，镜检可见癌细胞构成的团块状和圆柱状的癌细胞巢，也就是内陷生长的上皮组织。癌细胞巢的界线清楚，团索之间有结缔组织的间质分隔开。

(3)分化较好的鳞状细胞癌，可见癌巢具有鳞状上皮的结构层次。癌巢的中心常有“癌珠”即角化珠形成。癌珠呈同心层状排列，深染红色，外观如透明蛋白，厚薄不等，系由癌巢中央(相当于鳞状上皮的表层)的癌细胞角化形成。癌珠外周环绕着色淡的棘细胞层，细胞之间有时可见到细胞间桥。最外层相当于基底细胞层。分化程度差的鳞状细胞癌的癌巢结构的异型性大，很少见到角化的癌珠和细胞间桥，而癌细胞的核分裂象则很多，并出现不典型的核分裂象。

切片 3 淋巴肉瘤

观察 器官组织的正常结构被破坏并消失，被大量分化不成熟的瘤细胞所代替。

(1)淋巴细胞型淋巴肉瘤。淋巴细胞型淋巴肉瘤是一种分化比较好的类型，瘤细胞比较接近成熟的淋巴细胞，分化不良的瘤细胞形态大小不一致，常有分叶现象，一般不见核分裂。

(2)淋巴母细胞型淋巴肉瘤。瘤细胞较不成熟，为一致的淋巴母细胞。胞浆嗜碱性，紧包在核外，细胞核大，染色加深，有明显的核仁。

(3)网状细胞型(组织细胞型)淋巴肉瘤。瘤细胞分化更不成熟，大小及形态如网状细胞。细胞的外形不清晰，含有多量胞浆，核泡状，淡染，呈肾形，有时几乎呈三角形，常见核分裂象。细胞常为多形态，有些细胞的胞浆内含有嗜伊红染色的细条(网状蛋白、胶原)。

(4)干细胞型淋巴肉瘤。瘤细胞最不成熟，形如最原始的造血组织细胞，细胞大，圆形或卵圆形，胞浆很少，轮廓规则，染色性不一，有的嗜伊红，有的略嗜碱性，有的介于两者之间。核很大，含染色质少，核分裂象多，且不典型。

四、作业

(1)对所观察的组织病理学变化进行绘图。

(2)对所观察的眼观标本病理变化特征进行描述。

学习要求

识记：肿瘤、癌、肉瘤及母细胞瘤的概念。

理解：肿瘤生物学特性与肿瘤性质的关系，肿瘤的分类与命名。

应用：在临床上如何正确识别常见良性肿瘤与恶性肿瘤。

知识拓展

牛纤维乳头状瘤

牛纤维乳头状瘤是由牛乳头状瘤病毒引起的体表或部分黏膜发生的慢性增生性的疾病，也称为“疣”。为奶牛最常见的良性肿瘤。

已知本病由牛乳头状瘤病毒Ⅰ型至Ⅵ型引起。牛纤维乳头状瘤流行广泛，世界各地都有发生。发病与年龄、品种、性别无关。通常情况下，幼龄牛比老年牛发病多；肉牛比奶牛发病多。还能感染人、犬、家兔，并出现症状。一般散发，但在集约化饲养场，犊牛特别是大群饲养地其发病率较高，呈地方性流行。

牛纤维乳头状瘤主要以直接接触的方式传播，由尖锐异物如铁钉、木刺、采血针、耳标、围栏、笼头、颈枷、毛刷、建筑物等所致的创伤而发病；通过口腔黏膜或生殖道黏膜侵入也可形成感染发病。由此可见，饲养管理不当，牛只拥挤、环境不良及不严格执行挤奶工艺等，都可促使本病的发生和传播。

1. 皮肤纤维乳头状瘤

通常在牛的头、眼眶、颈、鼻和腿部出现瘤块。瘤体颜色灰白色，表面粗糙、无毛、干燥、角化呈菜花样，数目多少不等，大小不一，由几毫米到 10 cm 或更大。也有的瘤体外观扁平、灰色，基底部较宽，与皮肤相连。

2. 乳头、乳房的纤维乳头状瘤

由乳头状瘤病毒Ⅴ型引起，呈扁平“米粒状”，并表现出较多的上皮性突起，瘤体常呈多样性，不侵害乳管，通常对牛只影响较小。当疣生长旺盛或数目增多，致使在挤乳时放置乳杯产生机械性干扰，常发生损伤，造成奶牛疼痛，乳头末端的瘤体，挤奶困难，加上环境污染，极易引起乳腺炎。

3. 生殖道的纤维乳头状瘤

由乳头状瘤病毒Ⅰ型引起。疣多见于公牛的阴茎上，感染公牛采精或交配后阴茎，或引起鞘出血，影响繁殖，能传播给母牛，发生阴道炎和疣，并能继续传给别的公牛。阴道纤维乳头状瘤通常不被发现，只有疣特别大时才被查出。

4. 消化道的纤维乳头状瘤

与乳头状瘤病毒Ⅲ型和乳头状瘤病毒Ⅳ型有关。病毒侵害口腔、舌、咽部、食道、前胃，引起被侵害部的乳头上皮瘤，通常无明显症状，当疣变大后可引起机械性障碍，如吞咽困难、嗳气受阻等。病毒感染膀胱引起膀胱瘤，病牛排尿困难、痛性尿淋漓和血尿。病毒引起指(趾)间皮肤纤维乳头状瘤，病牛运步疼痛，跛行。

复习思考题

一、名词解释

肿瘤　癌　肉瘤

二、填空题

1. 肿瘤的生长方式有________、________、________。

2. 肿瘤的转移方式有________、________、________。

3. 肿瘤分为________、________。

三、单项选择题

1. 下列哪一项不符合肿瘤的特点？（　　）

A. 相对无止境的生长　　B. 生长旺盛　　C. 与机体不协调

D. 增生过程必须有致瘤因子持续存在

E. 不同程度失去分化成熟的能力

2. 肿瘤的实质是指（　　）。

A. 肿瘤的本质　　B. 肿瘤细胞　　C. 肿瘤的异常增生

D. 结缔组织　　E. 肿瘤组织

3. 肿瘤性增生和其他类型的增生最根本的区别是(　　)。

A. 增生迅速　　B. 增生对机体有害　　C. 增生细胞分化不成熟

D. 病因尚不明了　　E. 以上都不是

4.(全国执业兽医资格考试试题)在间叶组织中,分化程度较低的肿瘤称为(　　)。

A. 肉瘤　　B. 息肉　　C. 母细胞瘤

D. 成髓细胞瘤　　E. 癌

5.(全国执业兽医资格考试试题)来源于间叶组织的恶性肿瘤称为(　　)。

A. 肉瘤　　B. 肝癌　　C. 腺癌　　D. 畸形瘤　　E. 恶性混合瘤

6.(全国执业兽医资格考试试题)良性肿瘤常见的生长方式是(　　)。

A. 浸润性生长/外生性生长　　B. 弥漫性生长/内生性生长

C. 膨胀性生长/弥漫性生长　　D. 外生性生长/膨胀性生长

E. 内生性生长/弥漫性生长

四、多项选择题

1. 良性肿瘤也可出现(　　)。

A. 浸润性生长　　B. 恶病质　　C. 血管丰富

D. 致死　　E. 无明显包膜

2. 恶性肿瘤的特征有(　　)

A. 常有完整包膜　　B. 常有转移　　C. 异型性小、分化好

D. 可见病理核分裂象　　E. 术后容易复发

五、判断题

1. 膨胀性生长是大多数恶性肿瘤的生长方式。(　　)

2. 来源于上皮组织的恶性肿瘤称为癌。(　　)

3. 肿瘤细胞在致瘤因素停止作用后即停止生长。(　　)

4. 来源于间叶组织的恶性肿瘤称为肉瘤。(　　)

5. 肿瘤是由实质与间质组成的。(　　)

6. 肿瘤细胞是由正常细胞演变而来的。(　　)

六、简答题

1. 简述良性瘤与恶性瘤的区别。

2. 描述肿瘤的常见形态和组织结构。

3. 肿瘤是如何转移的?

4. 肿瘤是如何分类与命名的?

项目十三复习思考题参考答案

项目十四

动物病理检验技术

学习目标

• 掌握尸体剖检前的准备工作、尸体剖检的注意事项、动物死后尸体的常见变化，能正确进行动物尸体剖检、识别器官变化、综合分析做出初步诊断并正确填写剖检记录报告。

• 理解尸体剖检记录、报告的编写格式和内容。

• 了解各种病理材料的采集、包装、保存、运送的方法和注意事项。

学习内容

任务一　动物尸体剖检技术

一、尸体剖检概述

动物尸体剖检是运用病理知识，通过检查尸体的病理变化，来诊断疾病的一种方法。剖检时，必须对病尸的病理变化做到全面观察，客观描述，详细记录，然后运用辩证唯物主义的观点，进行科学分析和推理判断，从而做出符合客观实际的病理诊断。

(一)尸体剖检的意义

1. 提高临床诊断和治疗水平

在临床实践中，通过尸体剖检，可以检验临床诊断和治疗的准确性，以便及时总结经验，提高诊疗水平。

2. 尸体剖检是最为客观、快速的畜禽疾病诊断方法之一

对于一些群发性疾病(如传染病、寄生虫病、中毒性疾病和营养缺乏症等)，或对一些群养动物(尤其是中、小动物如猪和鸡)疾病，通过尸体剖检，观察器官特征病变，可以尽早做出确切诊断(死后诊断)，及时采取有效的防治措施。

3.促进病理教学和病理研究

尸体剖检是病理学不可或缺的、重要的实践操作技术，是研究疾病的必需手段，也是学生将病理理论与实践结合的重要途径。

（二）尸体的变化

动物死亡后，有机体变为尸体。因体内的酶和细菌的作用以及外界环境的影响，尸体逐渐发生一系列变化。正确地辨认尸体变化，可以避免尸体变化与生前病理变化的混淆。

1.尸冷

尸冷是指动物死亡后，尸体温度逐渐降至与外界环境温度相等的现象。由于动物死亡后，机体的新陈代谢停止，产热过程终止，而散热过程仍在继续进行。在死后的最初几小时，尸体温度下降的速度较快，以后逐渐变慢。通常在室温条件下，一般尸冷速度是 1 ℃/h，因此，动物的死亡时间大约等于动物的体温与尸体温度之差。

2.尸僵

动物死亡后，肢体由于肌肉收缩变硬，四肢各关节不能伸屈，使尸体固定于一定的形状，这种现象称为尸僵。

动物死后最初由于神经系统麻痹，肌肉失去张力而变得松弛柔软。尸僵开始的时间，因外界条件及机体状态不同而异。大、中动物一般在死后 1.5～6 h 开始发生，10～24 h 最明显，24～48 h 开始缓解。尸僵从头部开始，然后是颈部、前肢、躯干和后肢的肌肉逐渐发生，此时各关节因肌肉僵硬而被固定，不能屈曲。解僵的过程也是从头、颈、前肢、躯干到后肢。

了解尸僵有助于在诊断过程中加以鉴别。死于破伤风或番木鳖碱中毒的动物，尸僵发生得快而且明显。死于败血症的动物，尸僵不显著或不出现。发生慢性关节炎时部分关节始终不能屈伸。

3.尸斑

动物死亡后，由于心脏和大动脉的临终收缩及尸僵的发生，血液被排挤到静脉系统内，并由于重力作用，血液流向尸体的低下部位，使该部血管充盈，血液呈暗红或青紫色，这种现象称为坠积性淤血。尸体倒卧侧组织器官的坠积性淤血现象称为尸斑。检查尸斑，对于死亡时间和死后尸体位置的判断有一定的意义。

4.尸体自溶和尸体腐败

尸体自溶是指动物体内的溶酶体酶和消化酶（如胃液、胰液中的蛋白分解酶），在动物死亡后，发挥其作用而引起的自体消化过程。自溶过程中细胞组织发生溶解，表现最明显的是胃和胰腺，胃黏膜自溶时表现为黏膜肿胀、变软、透明，极易剥离或自行脱落并露出黏膜下层，严重时自溶可波及肌层和浆膜层，甚至可出现死后穿孔。尸体腐败是指尸体组织蛋白由于细菌作用而发生腐败分解的现象，主要是肠道内厌氧菌的分解、消化作用，或血液内、肺脏内的细菌作用，也有从外界进入体内的细菌作用。在腐败过程中，体内复杂的化合物被分解为简单的化合物，并产生大量气体，如氨、二氧化碳、甲烷、氮、硫化氢等，因此，腐败的尸体内含有多量的气体，并产生恶臭。尸体腐败的变化可表现在以下几个方面：死后臌气，肝脏、肾脏、脾脏等器官的腐败，尸绿、尸臭等。

5. 血液凝固

动物死后不久还会出现血液凝固，即心脏和大血管内的血液凝固成血凝块。血凝块表面光滑、湿润、有光泽、质地柔软、富有弹性、并与血管内膜分离。血凝块与血栓不同，应注意区别。

因败血症、窒息及一氧化碳中毒等死亡的动物，往往血液凝固不良。

（三）尸体剖检前的准备

进行尸体剖检，尤其是剖检传染病尸体时，剖检者既要注意防止病原扩散，又要预防自身感染。因此，必须做好如下工作。

1. 剖检场地的选择

尸体剖检，特别是剖检传染病尸体，一般应在病理剖检室进行，以便消毒和防止病原扩散。如果在室外剖检时，应选择地势较高、环境较干燥，远离水源、道路、房舍和畜舍的地点进行。剖检前挖深 2 m 的坑，剖检后将内脏、尸体连同被污染的土层投入坑内，再撒上石灰或喷洒10％的石灰水、3％～5％来苏尔或臭药水进行消毒处理，然后用土掩埋。

2. 尸体剖检常用的器械和药品

根据死前症状或尸体特点准备解剖器械，一般应有解剖刀、剥皮刀、脏器刀、外科刀、脑刀、外科剪、肠剪、骨剪、骨钳、镊子、骨锯、双刃锯、斧头、骨凿、阔唇虎头钳、探针、量尺、量杯、注射器、针头、天平、磨刀棒或磨刀石等。如没有专用解剖器材，也可用其他合适的刀、剪代替。准备封装检验样品的灭菌平皿、棉拭子和固定组织用的内盛 10％福尔马林或 95％酒精的广口瓶。常用消毒液，如 3％～5％来苏尔、石炭酸、紫药水、0.2％高锰酸钾、70％酒精、3％～5％碘酊等。此外，还应准备凡士林、滑石粉、肥皂、棉花和纱布等。

3. 剖检人员的防护

剖检人员，特别是在剖检传染病尸体时，应穿防护服，戴口罩、手套、工作帽，穿胶鞋。必要时还要戴上护目镜。如缺乏上述用品时，可在手上涂抹凡士林或其他油类，保护皮肤，以防感染。在剖检中不慎切破皮肤时应立即消毒和包扎。

在剖检过程中，应保持清洁，注意消毒。常用清水或消毒液洗去剖检人员手上和器械上的血液、脓液和各种排出物。

剖检后，双手先用肥皂洗涤，再用消毒液冲洗。为了消除粪便和尸腐臭味，可先用 0.2％高锰酸钾溶液浸洗，再用 2％～3％草酸溶液洗涤，褪去棕褐色后，再用清水冲洗。

（四）尸体剖检的注意事项

1. 尸体剖检的时间

尸体剖检应在病畜死后越早进行越好。尸体放久后，容易腐败分解，尤其是在夏天，尸体腐败分解过程更快，将会影响对原有病变的观察和诊断。剖检最好在白天进行，因为在灯光下，一些病变的颜色（如黄疸、变性）不易辨认。供分离病毒的脑组织要在动物死后 5 h 内采取。一般死后超过 24 h 的尸体，就失去了剖检意义。此外，细菌和病毒分离培养的病料要先无菌采取，最后再取病料做组织病理学检查。如尸体已经腐烂，可锯一块带骨髓的股骨送检。

2. 了解病史

尸体剖检前，应先了解病畜所在地区的疾病流行情况、病畜生前病史，包括临床化验、检查和临床诊断等。此外，还应注意治疗、饲养管理和临死前的表现等方面的情况。

3. 自我防护意识

剖检前应在尸体体表喷洒消毒液；搬运尸体时，特别是搬运炭疽、开放性鼻疽等传染病尸体时，用浸透消毒液的棉花团塞住病畜天然孔，并用消毒液喷洒尸体后方可运送。

4. 病变组织的切取

未经检查的脏器切面，不可用水冲洗，以免改变其原有的颜色和性状。切脏器的刀、剪应锋利，切开脏器时，要由前向后，一刀切开，不要由上向下挤压或拉锯式地切开。切开未经固定的脑和脊髓时，应先使刀口浸湿，然后下刀，否则切面粗糙不平。

5. 尸检后处理

(1)衣物和器材。剖检中所用衣物和器材最好直接放入煮锅或手提高压锅内，经灭菌后，方可清洗和处理；解剖器械也可直接放入消毒液内浸泡消毒后，再清洗处理。胶手套消毒后，用清水洗净，擦干，撒上滑石粉。金属器械消毒清洁后擦干，涂抹凡士林，以免生锈。

(2)尸体。为了不使尸体和解剖时的污染物成为传染源，剖检后的尸体最好焚烧或深埋。特殊情况如人兽共患病或烈性传染病尸体要先用消毒药处理然后再焚烧。野外剖检时，尸体要就地深埋，深埋之前在尸体上洒消毒液，尤其要选择具有强烈刺激异味的消毒液如甲醛等，以免尸体被意外挖出。

(3)场地。剖检场地要进行彻底消毒，以防污染周围环境。如遇特殊情况(如禽流感)，检验工作在现场进行，当撤离检验工作点时，要做终末消毒，以保证继用者的安全。

(五)尸体剖检的步骤

为了全面系统地检查尸体所呈现的病理变化，尸体剖检必须按照一定的方法和顺序进行。考虑到各种动物解剖结构特点、器官和系统之间的解剖学关系，疾病的性质以及术式的简便和效果等，各种动物的剖检方法和顺序既有共性又有不同。因此，剖检方法和顺序不是一成不变的，而是依据具体条件和要求有一定的灵活性。不管采用哪种方法都是为了高效率地检查全身各个组织器官。对于所有的动物而言，一般剖检先由体表开始，然后是体内，体内的剖检顺序，通常从腹腔开始，之后胸腔，然后是其他。通常采用的剖检顺序如下。

1. 外部检查

在剥皮之前检查尸体的外表状态。外部检查的内容主要包括以下几方面：尸体概况(包括畜别、品种、性别、年龄、毛色、特征、体态等)，营养状态，皮肤，天然孔(眼、鼻、口、肛门、外生殖器等)的检查，尸体变化的检查。

2. 致死动物

对发病但未死亡的动物进行剖检前，先致死动物。

3. 内部检查

(1)剥皮和皮下检查。为了检查皮下病理变化并利用皮革的经济价值，在剖开体腔以前应先剥皮。在剥皮过程中，注意检查皮下有无充血、出血、水肿、脱水、炎症和脓肿等病变，并观察皮下脂肪组织的多少、颜色、性状及病理变化的性质等。剥皮后，应对肌肉和生殖器官做出大概检查。

(2)暴露腹腔，视检腹腔脏器。按不同的切线将腹壁掀开，露出腹腔内的脏器，并立即进行视检。检查的内容包括：腹腔液的数量和性状，腹腔内有无异常内容物，腹膜的性状，腹腔脏器的位置和外形，横膈膜的紧张程度，有无破裂等。

(3)胸腔的剖开和胸腔脏器的视检。剖开胸腔，注意检查胸腔液的数量和性状，胸腔内有无异常内容物，胸膜的性状，肺脏，胸腺，心脏等。

(4)腹腔脏器的采出。腹腔脏器的采出与检查可以同时进行，也可以先采出后检查。腹腔脏器的采出包括胃、肠、肝脏、脾脏、胰、肾脏和肾上腺等。

(5)胸腔脏器的采出。为使咽、喉头、气管、食道和肺联系起来，以观察其病变的互相联系，可把口腔、颈部器官和肺脏一同采出。但在大家畜一般都采用口腔、颈部器官、胸腔器官分别采出。

(6)口腔和颈部器官的采出。先检查颈部动静脉、甲状腺、唾液腺及其导管，颌下和颈部淋巴结有无病变，然后采出口腔和颈部的器官。

(7)颈部、胸腔和腹腔器官的检查。脏器的检查最好在采出的当时进行，因为此时脏器还保持着原有的湿润度和色泽。如果采出过久，由于受周围环境的影响，脏器的湿润度和色泽会发生很大的变化，使检查发生困难。但是，应用边采出边检查的方法，在实际工作中也常感不便，因为与病畜发病和致死原因有关的病变有时被忽略。通常腹腔、胸腔和颈部各器官和病畜发病致死等问题的关系最密切，所以这三部分脏器采出之后就要进行检查。检查后，再按需要采出和检查其他各部分。至于这三部分器官的检查顺序应服从疾病的情况，即先取与发病和致死的原因关系最密切的器官进行检查，与该病理过程发生发展有联系的器官可一并检查。或考虑到对环境的污染，应先检查口腔器官，再检查胸腔器官，之后再检查腹腔脏器中的脾脏和肝脏，最后检查胃肠道。总之，检查顺序服从于检查目的和现场的情况，不应墨守成规。既要细致搜索和观察重点的病变，又要照顾到全身一般性检查。脏器在检查前要注意保持其原有的湿润度和色彩，尽量缩短其在外界环境中暴露的时间。

(8)骨盆腔脏器的采出和检查。在未采出骨盆腔脏器前，先检查各器官的位置和形态。可在保持各器官的生理联系下一同采出。公畜先分离直肠并进行检查。然后检查包皮、龟头、尿道黏膜、膀胱、睾丸、附睾、输精管、精囊及尿道球腺等；母畜检查直肠、膀胱、尿道、阴道、子宫、输卵管和卵巢的状态。如剖检妊娠子宫，要注意检查胎儿、羊水、胎膜和脐带等。

(9)脑的采出和检查。剖开颅腔采出脑后，先观察脑膜有无充血、出血和淤血。再检查脑回和脑沟的状态(禽除外)，然后切开大脑，检查脉络丛的性状和脑室有无积水。最后横切脑组织，检查有无出血及溶解性坏死等变化。

(10)鼻腔的剖开和检查。用骨锯(大、中动物)或骨剪(小动物和禽)纵行把头骨分成两部分，其中的一部分带有鼻中隔，或剪开鼻腔，检查鼻中隔、鼻道黏膜、额窦、鼻甲窦、眶下窦等。

(11)脊椎管的剖开、脊髓的采出和检查。剖开脊柱取出脊髓，检查软脊膜、脊髓液、脊髓表面和内部。

(12)肌肉、关节的检查。肌肉的检查通常只是对肉眼上有明显变化的部分进行，注意其色泽、硬度，有无出血、水肿、变性、坏死、炎症等病变；关节的检查通常只对有关节炎的关节进行，看关节部是否肿大，可以切开关节囊，检查关节液的含量、性质和关节软骨表面的状态。

(13)骨和骨髓的检查。主要对骨组织发生疾病的病例进行，先进行肉眼观察，检验其硬度及其断面的形象。骨髓的检查对于与造血系统有关的各种疾病极为重要。检查骨干和骨端的状态，红骨髓、黄骨髓的性质、分布等。

外部检查　致死　消毒　剥离皮肤及皮下检查

打开体腔及检查　肝脏检查　脾脏检查　心脏检查

肺脏检查

4. 某些组织器官检查要点

(1)淋巴结。要特别注意颌下淋巴结、颈浅淋巴结、髂下淋巴结、肠系膜淋巴结、肺门淋巴结等的检查。注意检查其大小、颜色、硬度，与其周围组织的关系及横切面的变化。

(2)肺脏。先注意其大小、色泽、质量、质度、弹性、有无病灶及表面附着物等。然后用剪刀将支气管剪开，注意检查支气管黏膜的色泽、表面附着物的数量、黏稠度。最后将整个肺脏纵横切割数刀，观察切面有无病变，切面流出物的数量、色泽变化等。

(3)心脏。先检查心脏纵沟、冠状沟的脂肪量和性状，有无出血。然后检查心脏的外形、大小、色泽及心外膜的性状。最后切开心脏检查心腔。沿左侧纵沟切开右心室及肺动脉，同样再切开左心室及主动脉。检查心腔内血液的性状，心内膜、心瓣膜是否光滑，有无变形、增厚，心肌的色泽、质度，心壁的厚薄等。

(4)脾脏。脾脏摘出后，注意其形态、大小、质度；然后纵行切开，检查脾小梁、脾髓的颜色，红、白髓的比例，脾髓是否容易刮脱。

(5)肝脏。先检查肝门部的动脉、静脉、胆管和淋巴结。然后检查肝脏的形态、大小、色泽、包膜性状、有无出血、结节、坏死等。最后切开肝组织，观察切面的色泽、质度和含血量等情况。注意切面是否隆突，肝小叶结构是否清晰，有无脓肿、寄生虫性结节和坏死等。

(6)肾脏。先检查肾脏的形态、大小、色泽和质度，然后由肾脏的外侧面向肾门部将肾脏纵切为相等的两半(禽除外)，检查包膜是否容易剥离，肾表面是否光滑，皮质和髓质的颜色、质度、比例、结构，肾盂黏膜及肾盂内有无结石等。

(7)胃。检查胃的大小、质度，浆膜的色泽，有无粘连、胃壁有无破裂和穿孔等，然后沿胃大弯剖开胃，检查胃内容物的性状、黏膜的变化等。反刍动物胃的检查，特别要注意网胃有无创伤，是否与膈粘连。如果没有粘连，可将瘤胃、网胃、瓣胃、皱胃之间的联系分离，使四个胃展开。然后沿皱胃小弯与瓣胃、网胃之大弯剪开；瘤胃则沿背缘和腹缘剪开，检查胃内容物及黏膜的情况。

(8)肠管。从十二指肠、空肠、回肠、大肠、直肠分段进行检查。在检查时，先检查肠管浆膜面的情况。然后沿肠系膜附着处剪开肠腔，检查肠内容物及黏膜情况。

(9)骨盆腔器官。公畜生殖系统的检查，从腹侧剪开膀胱、尿管、阴茎，检查输尿管开口及膀胱、尿道黏膜，尿道中有无结石，包皮、龟头有无异常分泌物；切开睾丸及副性腺检查有无异常。母畜生殖系统的检查，沿腹侧剪开膀胱，沿背侧剪开子宫及阴道，检查黏膜、内腔有无异常；检查卵巢形状，卵泡、黄体的发育情况，输卵管是否扩张等。

(六)尸体剖检记录的编写

剖检记录必须包括主诉、发病经过、主要症状及体征、临床诊断、治疗经过、各种化验室检查结果、死亡前的表现及临床死亡原因等(表 14-1)。

剖检记录必须遵守系统、客观、准确的原则，对病变的形态、大小、质量、位置、色彩、硬度、性质、切面的结构变化等都要客观地描述和说明，应尽可能避免采用诊断术语或名词来代替。有的病变用文字难以表达时可绘图补充说明，有的可以拍照或将整个器官保存下来。

表 14-1　动物尸体剖检记录

剖检号									
畜主		畜种		性别		年龄		特征	
临床摘要及临床诊断									
死亡时间						年　月　日			
剖检地点					剖检时间		年　月　日　时		
剖检所见									
病理解剖学诊断									
结论									
剖检者									
							年　月　日　时		

二、尸体剖检术式

(一)牛的尸体剖检术式

牛的尸体剖检，通常采取左侧卧位，以便于取出约占腹腔 3/4 的瘤胃。

1. 外部检查

外部检查包括检查畜别、品种、年龄、性别、毛色、营养状态、皮肤和可视黏膜以及部分尸征等。

2. 内部检查

内部检查包括剥皮、皮下检查、体腔的剖开及内脏器官的采出等。

(1)剥皮。将尸体仰卧,自下颌部起沿腹部正中线切开皮肤,至脐部后将切线分为两条,绕开生殖器或乳房,最后于尾根部会合。再沿四肢内侧的正中线切开皮肤,到球节做一环形切线,然后剥下全身皮肤(图 14-1),在剥皮过程中,应注意检查皮下的变化。传染病尸体,一般不剥皮。

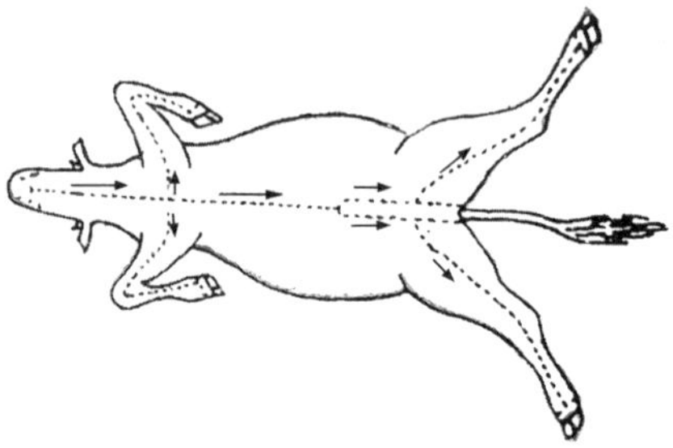

图 14-1 牛剥皮法

(2)切离前、后肢。为了便于内脏的检查与摘除,先将牛右侧前、后肢切离。切离的方法是将前肢或后肢向背侧牵引,切断肢内侧肌肉、关节囊、血管、神经和结缔组织,再切离其外、前、后三面的肌肉即可取下。

(3)腹腔脏器的采出。

①腹腔打开。先将母畜乳房或公畜外生殖器从腹壁切除,然后从肷窝沿肋弓切开腹壁至剑状软骨,再从肷窝沿髂骨体切开腹壁至耻骨前缘。不要刺破肠管造成粪水污染(图 14-2)。切开腹腔后,检查有无肠变位、腹膜炎、腹水或腹腔积血等异常。

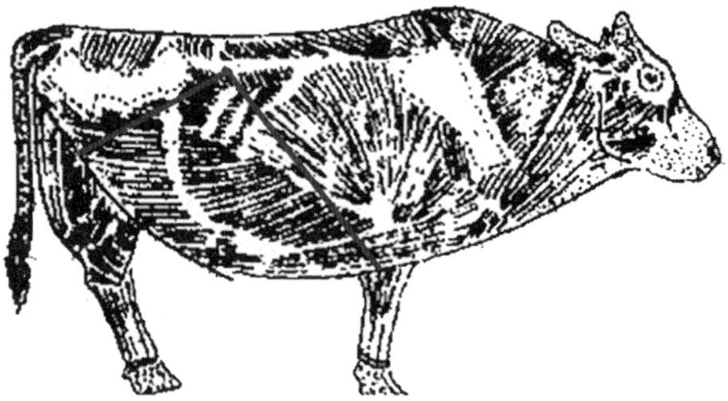

图 14-2 腹腔打开示意图

②腹腔器官采出。剖开腹腔后,在剑状软骨部可见到网胃,右侧肋骨后缘部为肝脏、胆囊和皱胃,右肷部可见盲肠,其余脏器均被网膜覆盖。因此,为了采出牛的腹腔器官,应先将网膜切除,并依次采出小肠、大肠、胃和其他器官。

a)切取网膜:检查网膜的一般情况,然后将两层网膜撕下。

b)小肠的采出:提起牛盲肠的盲端,沿盲肠体向前,在三角形的回盲韧带处分离一段回肠,在距盲肠约 15 cm 处做双重结扎,从结扎间切断。再抓住回肠断端向身前牵引,使肠系膜呈紧张状态,在接近小肠部切断肠系膜。由回肠向前分离至十二指肠空肠曲,再做双重结扎,于两结扎间切断,即可取出全部小肠。采出小肠的同时,要边切边检查肠系膜和淋巴结等有无变化。

c)大肠的采出:先在骨盆口找出直肠,将直肠内粪便向前挤压并在直肠末端做一次结扎,并在结扎后方切断直肠。抓住直肠断端,由后向前分离直肠系膜至前肠系膜根部。再把横结肠、肠盘与十二指肠回行部之间的联系切断。最后切断前肠系膜根部的血管、神经和结缔组织,可取出整个大肠。

d)胃、十二指肠和脾的采出:先将胆管、胰管与十二指肠之间的联系切断,然后分离十二指肠系膜。将瘤胃向后牵引,露出食管,并在末端结扎切断。再用力向后下方牵引瘤胃,用刀切离瘤胃与背部联系的组织,切断脾膈韧带,将牛的胃、十二指肠及脾脏同时采出。

e)胰腺的采出:胰腺可从左叶开始逐渐切下或将胰腺附于肝门部和肝脏一同取出,也可随腔动脉、肠系膜一并采出。

f)肝脏的采出:先切断左叶周围的韧带及后腔静脉,然后切断右叶周围的韧带、门静脉和肝动脉(勿伤右肾),便可采出肝脏。

g)肾脏和肾上腺的采出:应先检查输尿管的状态,然后先取左肾,即沿腰肌剥离其周围的脂肪囊,并切断肾门处的血管和输尿管,采出左肾。右肾用同样方法采出。肾上腺可与肾脏同时采出,也可单独采出。

(4)胸腔脏器的采出。

①锯开胸腔。锯开胸腔之前,应先检查肋骨的高低及肋骨与肋软骨结合部的状态。然后将膈的左半部从季肋部切下,用锯使左侧肋骨的上下两端锯断,只留第一肋骨,即可将左胸腔全部暴露。

锯开胸腔后,应注意检查左侧胸腔液的量和性状,胸膜的色泽,有无充血、出血或粘连等。

②心脏的采出。先在心包左侧中央做十字形切口,将手洗净,把食指和中指插入心包腔,提取心尖,检查心包液的量和性状;然后沿心脏的左侧纵沟左右各 1 cm 处,切开左、右心室,检查血量及其性状;最后将左手拇指和食指分别伸入左、右心室的切口内,轻轻提取心脏,切断心基部的血管,取出心脏。

③肺脏的采出。先切断纵隔的背侧部,检查胸腔液的量和性状;然后切断纵隔的后部;最后切断胸腔前部的纵隔、气管、食管和前腔动脉,并在气管上做一小切口,将食指和中指伸入切口牵引气管,将肺脏取出。

④腔动脉的采出。从前腔动脉至后腔动脉的最后分支部,沿胸椎、腰椎的下面切断肋间动脉,即可将腔动脉和肠系膜一并采出。

(5)骨盆腔脏器的采出。先锯断髂骨体,然后锯断耻骨和坐骨的髋臼支,除去锯断的骨体,盆腔即暴露。用刀切离直肠与盆腔上壁的结缔组织。母牛还应切离子宫和卵巢,再由盆腔下壁切离膀胱颈、阴道及生殖腺等,最后切断附着于直肠的肌肉,将肛门、阴门做圆形切离,即可取出骨盆腔脏器。

(6)口腔及颈部器官的采出。先切断咬肌,再在下颌骨的第一臼齿前,锯断左侧下颌支;再切断下颌支内面的肌肉和后缘的腮腺、下颌关节的韧带及冠状突周围的肌肉,将左侧下颌支取下;然后用左手握住舌头,切断舌骨支及其周围组织,再将喉、气管和食管的周围组织切离,直至胸腔入口处，即可采出口腔及颈部器官。

(7)颅腔的打开与脑的采出。

①切断头部。沿寰枕关节切断颈部，使头与颈分离，然后除去下颌骨体及右侧下颌支，切除颅顶部附着的肌肉。

②取脑。先沿两眼的后缘用锯横行锯断，再沿两角外缘与第一锯相接锯开，并于两角的中间纵锯一正中线(图 14-3)，然后两手握住左右两角，用力向外分开，使颅顶骨分成左右两半，这样脑即取出。

图 14-3 颅腔打开示意图

(8)鼻腔的锯开。沿鼻中线两侧各 1 cm 纵行锯开鼻骨、额骨，暴露鼻腔、鼻中隔、鼻甲骨及鼻窦。

(9)脊髓的采出。剔去椎弓两侧的肌肉，凿(锯)断椎体，暴露椎管，切断脊神经，即可取出脊髓。

上述各体腔的打开和内脏的采出，是系统剖检的程序。在实际工作中，可根据生前的病变，进行重点剖检，适当地改变或取舍某些剖检程序。

(二)猪的尸体剖检术式

1. 外部检查

除一般检查外，要仔细了解病死猪的生前情况，尤其是比较明显的临床症状，这将缩小对所患疾病的考虑范围，使剖检有一定导向性。

2. 内部检查

猪的剖检一般采用背位姿势，为了使尸体保持背位，需切断四肢内侧的所有肌肉和髋关节的圆韧带，使四肢平摊在地上，借以抵住躯体，保持不倒。然后再从颈、胸、腹的正中侧切开皮肤，仅腹侧剥皮。如果是大猪，又不是传染病死亡，皮肤可以加工利用时，建议仍按常规方法剥皮，然后再切断四肢内侧肌肉，使尸体保持背位。

(1)皮下检查。皮下检查在剥皮过程中进行。除检查皮下有无充血、炎症、出血、淤血、水肿(多呈胶冻样)等病变外，还必须检查体表淋巴结的大小、颜色，有无出血，是否充血，有无水肿、坏死、化脓等病变。小猪(断奶前)还要检查肋骨和肋软骨交界处，有无串珠样肿大。

(2)腹腔的剖开和腹腔脏器的采出。从剑状软骨后方沿白线由前向后切开腹壁至耻骨前缘，观察腹腔中有无渗出物；渗出液的数量、颜色和性状，腹膜及腹腔器官浆膜是否光滑，肠壁有无粘连；再沿肋骨弓将腹壁两侧切开，则腹腔器官全部暴露。腹腔脏器的采出可先取出脾脏与网膜，其次为空肠、回肠、大肠、胃和十二指肠。

脾脏和网膜的采出：在右季肋部可见脾脏。提起脾脏，并在接近脾脏根部切断网膜和其他联系后取出脾脏。然后将网膜从其附着部分离采出。

空肠和回肠的采出：将结肠盘向右侧牵引，盲肠拉向左侧，显露回盲韧带与回肠。在离盲肠约 15 cm 处，将回肠做二重结扎并切断。然后握住回肠断端，用刀切离回肠、空肠上附着的肠系膜，直至十二指肠空肠曲，在空肠起始部做二重结扎并切断，取出空肠和回肠。边分离肠系膜边检查肠系膜、肠浆膜、肠系膜淋巴结有无肿胀、出血、坏死等。

大肠的采出：在骨盆腔口分离直肠，将其中粪便挤向前方做一次结扎，并在结扎后方切断直肠。从直肠断端向前方分离肠系膜，至前肠系膜根部。分离结肠与十二指肠、胰腺之间的联系，切断前肠系膜根部血管、神经和结缔组织，以及结肠与背部之间的联系，即可取出大肠。

依次可将胃和十二指肠，肾脏和肾上腺，胰腺和肝脏采出。

(3)胸腔的剖开及胸腔脏器的采出。用刀先分离胸壁两侧表面的脂肪和肌肉，检查胸腔的压力，用刀切断两侧肋骨与肋软骨的接合部，再切断其他软组织，除去胸壁腹面，胸腔即可暴露。检查胸腔、心包腔有无积液及其性状，胸膜是否光滑，有无粘连。

分离咽、喉头、气管、食道周围的肌肉和结缔组织，将喉头、气管、食道、心脏和肺脏一并采出。

(4)颅腔剖开。可在脏器检查完后进行。清除头部的皮肤和肌肉，在两眼眶之间横劈额骨，然后再将两侧颞骨(与颧骨平行)及枕骨髁劈开，即可掀掉颅顶骨，暴露颅腔。检查脑膜有无充血、出血。必要时，取材送检。

剖检小猪时，可自下颌沿颈部、腹部正中线至肛门切开，暴露胸腹腔，切开耻骨联合露出骨盆腔。然后将口腔、颈部，胸腔、腹腔和骨盆腔的器官一起取出。

(三)禽的尸体剖检术式

1. 禽的致死

活鸡用脱颈法或颈部放血致死。

2. 了解死禽的一般状况

主要了解家禽的种别、性别、年龄等，还要了解禽群的饲养管理状况，发病经过及病禽状况、死亡数等。

3. 外部检查

先观察禽全身羽毛的状况，看看是否有光泽，有无污染、蓬乱、脱毛等现象；泄殖腔周围的羽毛有无粪便污染；皮肤有无肿胀；关节及脚趾有无脓肿或其他异常。检查冠、肉髯和面部的颜色、厚度、有无痘疹等。压挤鼻孔和鼻窝下窦，观察有无液体流出，口腔有无黏液。检查两眼虹膜的颜色。最后触摸腹部有无变软或积有液体。

4. 内部检查

剖检前最好用水或消毒液将尸体表面及羽毛浸湿，以防剖检时有绒毛和尘埃飞扬。将尸体仰卧于搪瓷盘内或垫纸上，剪开两腿内侧皮肤，用力掰开两腿，使髋关节脱位，拔掉颈、胸、腹正中部的羽毛(不拔也可)，在胸骨后部横向切开皮肤，然后向前剥离颈、胸部皮肤。观察皮下有无充血、出血、水肿、坏死等病变，注意胸部肌肉的丰满程度、颜色，有无出血、坏死，观察龙骨是否变形、弯曲。在颈椎两侧寻找并观察胸腺的大小及颜色，有无小的出血、坏死点。检查嗉囊是否充盈食物，内容物的数量及性状。腹围大小，腹壁的颜色等。

在后腹部，将腹壁横行切开。顺切口的两侧分别向前剪断胸肋骨(别剪破肝脏和肺脏)、喙骨及锁骨，最后把整个胸壁翻向头部，显露整个胸腔和腹腔器官。

如进行细菌分离，以无菌操作方式打开胸、腹腔，采取病料进行分离接种。

体腔打开后，注意观察各脏器的位置、颜色、浆膜的状况，体腔内有无液体，各脏器之间有无粘连。然后再分别取出各个内脏器官，方法是：可先将心脏连心包一起剪离，再取出肝。在食管末端将其切断，向后牵拉腺胃，边牵拉边剪断胃肠与背部的联系，然后在泄殖腔前切断直肠(或连同泄殖腔一同取出)，即可将胃肠道、胰、脾脏一同取出。在分离肠系膜时，要注意肠系膜是否光滑，有无肿瘤。在胃肠采出时，注意检查在泄殖腔背侧的腔上囊(原位检查即可，也可采出)。

气囊在禽类分布很广，胸腔、腹腔皆有，在体腔打开、内脏器官采取过程中，随时注意检查，主要观察气囊的厚薄、有无渗出物、霉斑等。

肺脏和肾脏陷藏于肋间隙内及腰荐骨的凹陷处，可用外科刀柄或手术剪剥离取出。取出肾脏时，要注意输尿管的检查。

卵巢、输卵管和睾丸可在原位检查，卵巢检查时注意其大小、形状、颜色(注意和同日龄鸡比较)，卵黄发育状况或病变。输卵管位于左侧，右侧已退化，只见一水泡样结构。睾丸检查时，注意其大小、颜色，两者是否一致。

口腔、颈部器官检查时，剪开一侧口角，观察后鼻孔、腭裂及喉口有无分泌物堵塞、口腔黏膜有无伪膜。再剪开喉头、气管、食道及嗉囊，观察管腔及黏膜的性状，有无渗出物、渗出物的性状、黏膜的颜色，有无出血、伪膜等，注意嗉囊内容物的数量、性状及内膜的变化。

脑的采出，可先用刀剥离头部皮肤，再剪除颅顶骨(大鸡用骨剪或普通剪，小鸡用手术剪)，即可露出大脑和小脑，将头顶部朝下，剪断脑下部神经，将脑取出。外周神经检查，在大腿内侧，剥离内收肌，即可暴露坐骨神经；在脊椎的两侧，仔细地将肾脏剔除，露出腰荐神经丛。对比观察两侧神经的粗细、横纹、色彩及光滑度。

由于鹅、鸭与鸡的解剖结构相似，并且所患的许多疾病也相似，所以鹅与鸭的尸体剖检可参照鸡的进行。所不同的是鹅、鸭有两对淋巴结，一对颈胸淋巴结位于颈的基部、紧贴颈静脉、呈纺锤形；另一对为腰淋巴结，位于腹部主动脉两侧、呈长圆形。剖检时要注意检查。

任务二 动物病料的采取、保存、包装和运送

在动物疾病临床诊断、动物检疫、动物科学实验等过程中，为了进一步做出确切诊断，均需要从动物体中采取病料，包括脏器病料如心脏、肝脏、脾脏、肺脏、肾脏、脑、淋巴结等，液体病料如粪便、血液、尿液、分泌物、排泄物、渗出液等；送检时，应严格按照病料的采取、保存、包装和运送方法进行。

一、准备工作

1. 准备器具

手术刀、镊子、量尺、手术盘、切板、试管、量筒、量杯、棉花、纱布，干净的玻璃瓶、桶、塑料袋、平皿、结扎线、载玻片等。

2. 准备药品

固定液如10%福尔马林等，消毒液如0.1%新洁尔灭溶液、百毒杀、3%碘酊、2%硼酸水、70%酒精等。

3. 工作服

防护服、线手套、胶手套、工作帽、胶鞋、围裙、防护眼镜等。

4. 记录用品

记录纸、记录笔、记号笔、照相机、摄像机等。

二、采取

1. 剖检前检查

对病死动物尸体，剖检前仔细检查尸体体表特征(卧位、尸僵情况、腹围大小)及天然孔有无异常，以排除炭疽等恶性传染病。患炭疽等恶性传染病的动物及其尸体，禁止解剖。先采取耳尖血液涂片镜检，排除炭疽后方可进行剖检。

2. 剖检时间

一是针对动物尸体，剖检进行得越早越好，最好在动物死后立即进行，尸体久放，容易腐败分解，失去诊断价值。所以，夏季不要超过 2 h，冬季不要超过 20 h；二是对术者来讲，最好在白天进行剖检，因为在灯光下，病变的颜色会受到干扰，容易引起误诊。

3. 器械的消毒

刀、剪、镊子、注射器、针头等煮沸消毒 30 min。器皿(玻璃制品、陶制品、珐琅制品等)可用高压灭菌或干烤灭菌。软木塞、橡皮塞置于 0.5%石炭酸水溶液中煮沸 10 min。采取一种病料，使用一套器械和容器，不可混用。

4. 病料采取

应根据不同的传染病，相应地采取该病常侵害的脏器或内容物。如败血性传染病，可采取心脏、肝脏、脾脏、肺脏、肾脏、淋巴结、胃、肠等；肠毒血症采取小肠及其内容物；有神经症状的传染病采取脑、脊髓等。若无法估计是哪种传染病，可进行全面采取。检查血清抗体时，采取血液，凝固后析出血清，将血清装入灭菌小瓶送检。为了避免杂菌污染，病变检查应待病料采取完毕后再进行。各种组织及液体的病料采取方法如下。

(1)淋巴结及内脏。将淋巴结、肺脏、肝脏、脾脏及肾脏等有病变的部位各采取 1～3 cm 的小方块，分别置于灭菌试管或平皿中。用作病理组织学检验的组织病料应选取病变最典型最明显的部位，并应连同部分健康组织一并采取，同时应该含有该器官的主要部分。组织块的大小每边约 2 cm，同时要避免使用金属容器，尤其是当病料供色素检查时(如马传贫、马脑炎及焦虫病等)，更应注意。

肝脏采样　脾脏采样　肾脏采样　心脏采样　肺脏采样　喉头、器官采样

(2)血液。

①血清：以无菌操作方式采集 10 mL 血液，置于灭菌试管中，待血液凝固后析出血清，析出的血清置于另一灭菌试管内，若供血清学检测时，可于每毫升中加入 5%石炭酸水溶液 1～2 滴。

翅静脉采血

②全血：采集 10 mL 血液，立即加入 5%枸橼酸钠溶液 1 mL 或 0.1%的肝素 1 mL，让采集的血液立即与抗凝剂混合，以免溶血。

③心血：通常从右心室采取心血，先用烧红的铁片或刀片烙烫心肌表面，然后用灭菌的尖刃外科刀自烙烫处刺一小孔，再用灭菌吸管或注射器吸出血液，盛于灭菌试管中。

(3)肠。用烧红刀片或铁片将欲采取的肠表面烙烫后穿一小孔，持灭菌棉签插入肠内，以便采取肠管黏膜或其内容物；也可用线扎紧一段肠道(约 6 cm)两端，然后将两端切断，置于灭菌器皿内。

(4)胎儿。将流产后的整个胎儿，用塑料薄膜、油布或数层不透水的油纸包紧，装入木箱内，立即送往实验室。

(5)小家畜及家禽。将整个尸体包入不透水塑料薄膜、油纸或油布中，装入木箱内，送往实验室。

(6)脑、脊髓。若采取脑、脊髓做病毒检查，可将脑、脊髓浸入 50%甘油盐水中或将整个头部割下，包入浸过 0.1%升汞液的纱布或油布中，装入木箱或铁桶中送检。

供显微镜检查用的脓汁、血液及黏液，可用载玻片做成涂片，组织块可做成触片，然后在两块玻片之间靠近两端边沿处各垫一根火柴杆或厚纸片，以免涂片或触片上的病料互相接触。如玻片有多张，可按上法依次垫火柴杆或厚纸片重叠起来，最上面的一张玻片上的涂、触面应朝下，最后用细线包扎，玻片上应注明日期，并另附说明。

脑组织采样

载玻片预处理　肝组织触片　肝触片染色　肝触片镜检

三、保存、包装和运送

1. 保存

病料采取后，若不能立即送检，或需送往有关单位检验，应当加入适量的保护液保存。

(1)细菌检验材料的保存。将采取的脏器组织块，保存于饱和氯化钠溶液或 30%甘油缓冲盐水溶液中，容器加塞封固。液体可装在封闭的毛细玻管或试管运送。饱和氯化钠溶液的配制法是：蒸馏水 100 mL，氯化钠 38～39 g，充分搅拌溶解后，用数层纱布过滤，高压灭菌后备用。30%甘油缓冲盐水溶液的配制法是：中性甘油 30 mL，氯化钠 0.5 g，碱性磷酸钠 1.0 g，加蒸馏水至 100 mL，混合后高压灭菌备用。

(2)病毒检验材料的保存。将采取的脏器组织块，保存于50%甘油缓冲盐水溶液或鸡蛋生理盐水中，容器加塞封固。50%甘油缓冲盐水溶液的配制法是：氯化钠 2.5 g，酸性磷酸钠 0.46 g，碱性磷酸钠 10.74 g，溶于 100 mL 中性蒸馏水中，加纯中性甘油 150 mL，中性蒸馏水 50 mL，混合分装后，高压灭菌备用。鸡蛋生理盐水的配制法是：先将新鲜的鸡蛋表面用碘酒消毒，然后将内容物倾入灭菌容器内，按全蛋 9 份加入灭菌生理盐水 1 份，摇匀后用灭菌纱布过滤，再加热至 56～58 ℃，持续 30 min，第 2 天和第 3 天按上法再加热 1 次，即可应用。

(3)病理组织学检验材料的保存。将采取的脏器组织块放入 10%福尔马林溶液或 95%酒精中固定；固定液的用量应为送检病料的 10 倍以上。如用 10%福尔马林溶液固定，应在 24 h 后更换固定液 1 次。严寒季节为防病料冻结，可将上述固定好的组织块取出，保存于甘油和 10%福尔马林等量混合液中。

2. 包装

(1)包装容器。直接包装病料的容器可选择玻璃或塑料制品；运输时的外包装常用木箱、保温瓶、保温箱。所有容器必须完整无损，密封性能良好，清洁无污染。供病原学检查的容器，清洗后经干热灭菌或高压灭菌并烘干。耐高压的塑料制品进行高压灭菌，不耐高压的进行紫外线消毒或熏蒸消毒。

(2)包装。一种病料单独装入一个容器，不可将多种病料或多头家畜的病料混装在一起。一个容器装量不能过满，液体样品不能超过总容量的 70%。装入样品的容器必须加塞、加盖，塞子和盖子必须用胶布封固，液体病料在胶布外还须用融化石蜡加封。选用塑料袋作为容器的，需用 2 层包装，分别用线结扎袋口，防止液体流出或水进入袋中。

(3)贴标签。所有装入样品的容器均需贴附标签，标明样品名称、动物种类、采集时间、采集地点、样品编号等内容。

3. 运送

装病料的容器一一标号后，详细记录，并附病料送检单。病料包装容器要牢固，做到安全稳妥。对于危险材料，怕热或怕冷的材料要分别采取措施。一般病原学检验的材料怕热，应放入加有冰块的保温瓶或冷藏箱内送检，如无冰块，可在保温瓶内放入氯化铵 450～500 g，加水 1 500 mL，上层放病料，这样能使保温瓶内保持 0 ℃达 24 h。供病理学检验的材料放在 10%福尔马林溶液中，不必冷藏。包装好的病料要尽快运送，长途以空运为宜。

实训技能一　动物尸体剖检技术

一、目的要求

了解并掌握动物尸体剖检方法，包括剖检的准备工作、常见动物的剖检术式、各器官及其病理变化的检查方法、病理材料的采集、包装和保存方法、病理剖检记录和剖检报告的编写方法等；培养综合分析病理变化的能力，为临床应用打好基础。

实训时间为 8 h。

二、材料用具

1. 动物

根据各地区具体情况选择(牛、马、猪、羊、鸡、兔等)2 种以上病死动物。

2. 器械

剥皮刀、解剖刀、手术刀、肠剪、骨钳、板锯(弓锯)、骨斧、镊子、手术剪、卷尺、磨刀石(棒)、注射器、针头、瓷盘(盆或缸)等。

3. 清洁用品

0.1%新洁尔灭溶液、3%来苏尔溶液、3%碘酊、70%～75%乙醇、10%福尔马林溶液或95%酒精、药棉、纱布等。

4. 其他

防护服、记录用品等。

三、方法与步骤

先由教师示教,再让学生分组进行操作。操作按教材项目十四任务一所规定的内容和方法进行,在此不再重复。

四、作业

写一份尸体剖检记录。

实训技能二 病理大体标本制作

一、目的要求

通过实训,掌握动物病理器官组织大体标本的制作方法。

二、材料用具

有病变的动物器官组织、甲醛溶液、各种保存试剂、标本缸等。

三、方法与步骤

(一) 普通标本制作法

1. 标本选取

选作病理标本的器官,力求新鲜,病变要有代表性,既有病变部分,也有供对照的较为正常部分。标本厚度以 2～5 cm 为宜，过厚固定液难以渗透，较大器官切取部分组织固定，切面必须平整，因固定后不再重切，以保持原有状态。要保存膀胱或胃肠等有腔器官的原有形态，腔内可先填充脱脂棉后再行固定。如要展示腔面，应先剪开，以浆膜面贴于适当大小的硬纸板上后再行固定。制作标本的组织选取后，均应贴上标签，写明采取时间和主要病理特征。

2. 标本固定

组织选取后，一般用 10%福尔马林固定，固定液的量应为所采标本的 5～10 倍。标本在固定的容器内应平展，以免在固定过程中变形。较大标本在固定过程中要更换固定液 1～2 次。固定时间按标本大小而定，一般以 1 周左右为宜。对在固定液中易于漂浮的组织（如肺脏）可覆盖纱布或薄层脱脂棉。固定容器底部和周壁也应铺以适当厚度的脱脂棉，使标本充分接触固定液。

3. 标本保存

最常用的标本保存液为 5%～10%的福尔马林溶液。先将病理标本在较大的容器内充分固定，然后取出用流水充分冲洗，做适当修整，装入与标本形态相似的标本缸（或瓶）内，标本缸（或瓶）有玻璃制的，也可按标本形态用有机玻璃制作。装有标本的缸（瓶）内要加上足量的 10%中性福尔马林固定液，用封瓶剂封口，贴上标签，写明病变名称、固定液种类和标本采取与制作日期。

（二）原色标本制作方法

普通标本制作的方法比较简单、易行，但缺点是标本失去原来的色泽。在动物尸体解剖中，需保持病变组织及脏器新鲜时原有颜色（自然色彩）的大体标本。可利用不同的方法进行原色标本反应。原色标本是用特殊方法恢复并保持血红蛋白的红色，使标本的色泽与未固定时的新鲜标本颜色相似。因此制作过程中必须注意标本新鲜和防止溶血，固定前切勿用水冲洗。

1. Kaiserling 原色法

（1）试剂配制。

①固定液	甲醛	200 mL
	硝酸钾	30 g
	醋酸钾（钠）	30 g
	蒸馏水加至	1 000 mL
②回色液	95%乙醇	用量以浸过标本为度
③保存液	甘油	200 mL
	醋酸钾	100 g
	麝香草酚	2.5 g
	蒸馏水	1 000 mL

（2）染色方法。

①标本取材后勿用水冲洗，直接浸入固定液中固定 3～7 d。应根据标本的种类、大小、厚度和固定液的温度不同而异。

②标本固定至适宜程度后，经流动的自来水冲洗 12～24 h。

③放入回色液内进行反应，一般为 1～3 h。以标本颜色恢复到未固定前的原有色泽为宜。

④用干纱布吸去表面液体后，切忌用水洗，直接放入保存液中保存。

2. Kaiserling 改良原色法

(1)试剂配制。

①固定液	甲醛	100 mL
	醋酸钾(钠)	50 g
	蒸馏水加至	1 000 mL
②回色液	95%乙醇或甲醇液	用量以浸过标本为度
③固定液	氯化钠	300 g
	醋酸钾	100 g
	蒸馏水	1 000 mL

溶解后的溶液，如有浑浊多系醋酸盐溶液不纯所致。遇此情况可加适量活性炭，过滤后使用。

(2)染色方法。

①新鲜标本取材后勿用水冲洗，直接用固定液中固定 3～7 d。应根据标本的种类、大小、厚度和固定液的温度不同而异。

②标本固定至适宜程度后，用流水充分冲洗 12～24 h，以除去残留的甲醛及标本的残渣碎屑。

③用回色液进行反应 1～3 h，以标本颜色恢复到未固定前的原有色泽为宜。

④用干纱布吸去标本表面的乙醇，切忌用水冲洗，直接用保存液保存。

3. 硫酸镁混合液原色法

(1)试剂配置。

①固定液	甲醛	100 mL
	醋酸钠	50 g
	蒸馏水	1 000 mL
②回色液	95%乙醇	用量以浸过标本为度
③保存液	硫酸镁	100 g
	醋酸钠	60 g
	蒸馏水	1 000 mL
	麝香草酚	2.5 g

以上试剂一次配成溶液，过滤使用。

(2)染色方法。标本处理过程与前述法相同，效果可靠。

4. Pulvertaft 原色法

(1)试剂配制。

①固定液：同 Kaiserling 法。

②混合液：即回色兼保存液。甘油 300 mL，醋酸钠溶于加温的蒸馏水内，再加入甘油和甲醛，最后用常温蒸馏水加至总量。如溶液浑浊或含有杂质以滤纸过滤。如果滤液还不清晰透明，再往滤液内加入樟脑饱和乙醇溶液 50 mL，并用滤纸过滤。在封固盛装标本的容器内，加入所用溶液总量的 0.4%亚硫酸氢钠水溶液。

(2)染色方法。

①取新鲜标本或经 10%甲醛生理盐水溶液进行短期固定的标本，用固定液固定 3～7 d。

②固定好的标本经流水充分冲洗后，装入有盖容器内，先加入混合液，然后按加入总液量再加入 0.4%亚硫酸氢钠液，立即密封。标本则逐渐显示出原有颜色并得以保存。

5.糖浆保存法

(1)试剂配制。

①固定液	10%的福尔马林溶液	1 000 mL
②回色液	95%乙醇	用量以浸过标本为度
③保存液	饱和白糖水溶液	约 50%，煮沸，过滤

(2)染色方法。

①标本取材后勿用水冲洗，直接浸入固定液中固定 3～7 d(根据标本大小而定)

②标本固定至适宜程度后，经流动的自来水冲洗 12～24 h。

③放入回色液内进行反应，一般为 1～3 h。以标本颜色恢复到未固定前的原有色泽为宜。

④用干纱布吸去表面液体后，切忌用水洗，直接放入保存液中保存。

(三)制作原色标本的注意事项

(1)采取的新鲜标本避免用水冲洗，以防红细胞溶解。如果标本含血过多，可用纱布吸干后，浸入固定液中固定。

(2)固定时间，应视标本大小及组织性质而定。固定时间过久，则使组织增加酸性，以后移入酒精中时，便不能转化为变性的血红蛋白，标本就难以恢复原色。

(3)从固定液中取出的标本，要在流水中充分冲洗，至福尔马林气味消失为止；用布吸干后再放入酒精内回色。酒精可使由福尔马林所引起的酸性血红蛋白变为碱性血红蛋白，后者不但颜色鲜明，而且不易褪色。当标本投入酒精中以后，要时时注意观察，待标本恢复原色时即可取出。在酒精中放置过久，又可使恢复的色泽消退。回色通常需 2 h 左右。

(4)恢复原色的标本放入固定液后，要加盖密封，防止阳光照射。

(四)标本装封方法

任何固定的标本，为了保存备用，就必须装封。其装封法有玻璃缸标本装封法和有机玻璃缸标本装封法。

1.玻璃缸标本装封法

经过固定后的标本需要装封时，先用白布标记号码(用打印机字迹)，浸渍溶化的石蜡，用透明线系在标本背面不显著的地方，再将标本用透明线系在玻璃缸内相等大小的玻璃棒上(经加工的)，然后放入缸内。将浸存液灌注至近缸口，最后用蜂蜡松香黏结剂封固缸盖，或用白胶装封法。

2. 有机玻璃缸标本装封法

(1)规格和选择。无色透明有机玻璃为其原材料，按其厚度常采用 2 mm、3～6 mm 等 7 种规格。根据标本的大小而选用不同规格有机玻璃，缸底的原材料应比缸壁厚些。缸底周边应根据标本的大小(高度)而留有合适的宽度，以便标本既放置平稳又装饰美观。

(2)裁锯磨边。以标本大小尺寸，按一定比例计算量裁缸体的大小，计算要准确，以免过大、过小或形状不正，以至浪费原材料。计算尺寸时还必须注意留有裁锯、磨平时的损耗。然后将粘接处的余边磨平，要求放在平玻璃板上无丝毫缝隙。磨边操作时两只手用力要均匀，不然会出现两端高低不平，胶合不牢固，或有肉眼可见的缝隙，这样可造成注射后漏水现象。

(3)电热成形。经裁锯和磨平的缸体材料，还必须用电热丝加热软化成形。在电热丝加热时，应严格按裁量之划线对准，不可有任何偏离。然后开启电源，待电热丝发红后，缓慢地接触到材料划线上。待其软化后，关闭电源。将其移开电热丝，迅速用木条(可根据需要预先制好)按预定形状来压。待冷却不至变形后，移开木条，按同法继续加热烘压成形。将缸体成形后，其一边用氯仿胶合黏接。黏接时在其上端稍稍加压，待氯仿干燥黏合牢固后，锯去多余边条，锉平刨光。

(4)盖、底板的胶合和钻孔。成形后，缸壳的上、下边口要分别在 2 号、0 号刚玉砂布上磨平。先按比例裁制底板，其四周边缘应锉成 45 ℃倾斜角，然后放正位置与缸壳黏接。在一角靠边缘处，钻一直径 3 mL 的圆孔。以备灌注浸存液用。然后将缸内洗净，装置好标本，再取与缸体同样厚薄的材料胶合盖板，锯去多余边角，锉平刨光。以上工序完成后，再灌注浸存液，并用胶纸黏好圆孔(口)。

(5)抛光。一般可用纱布涂上牙膏进行洁擦或用抛光机抛光。抛光的主要部位为周边和操作时磨毛的部位。

(五)封标本缸的方法

(1)胶布封贴瓶口后，其上再涂一层石蜡。石蜡事先熔化，用毛笔蘸取并迅速涂布于胶布表面和边缘。

(2)用万能胶或白乳胶封口。先将封口胶涂于瓶(缸)和盖的磨砂口上，盖紧后其上用较重物品压 1～2 d。

(3)蜂蜡松香封口。将 6∶4的蜂蜡和松香隔水熔化，用毛笔蘸取并涂布于瓶口，然后将瓶盖在火上烘热，在瓶口均匀压紧。冷却后用小刀烤热再将瓶口与瓶盖间的缝隙烫平。

(4)封瓶油灰封口。瓶口缝隙较大时可用此法。油灰配法为：先将液体石蜡(8 g)、凡士林(8 g)、硬石蜡(10 g)和松香(10 g)加热熔化、混合，再将研细的白陶土(60 g)慢慢加入，搅匀，充分混合，冷却后备用。

四、作业

(1)制作一件普通标本。
(2)制作一件原色标本。

实训技能三　石蜡切片制作

一、目的要求

通过实训了解病理组织切片制作的程序，掌握石蜡切片和冰冻切片制作的基本技术和染色方法。

二、材料用具

病死的畜禽、手术刀、手术剪、镊子、切片机、恒温箱、烤片机、福尔马林、酒精、蒸馏水、二甲苯、冰醋酸、丙酮、石蜡、苏木精、伊红等。

三、方法与步骤

病理组织切片常用的制作方法有 3 种。即石蜡切片法、冰冻切片法和火棉胶切片法。以石蜡切片法为代表，切片的基本制作过程是：组织取材→固定→冲洗→脱水→透明→浸蜡→组织包埋→组织切片→展片附贴→切片脱蜡→染色→脱水→染片透明→封固。

(一)取材

采取病料，刀剪要锋利，剪切时不可挤压、扯拉病料，以防人为损伤。采取病料组织越新鲜越好，一般死后不超过 24 h。应选择病变典型的部位切取，切取时要由表及里、由浅入深并包括周围正常组织一部分。特殊病料应根据器官的结构特点切取。管状、囊状和皮肤组织应注意垂直切取(横切)。带有薄膜的组织，要防止切取时薄膜分离和脱落。

切取组织块大小，以 1.5 cm×1.5 cm×0.3 cm 为宜，最厚不宜超过 0.5 cm。切取后，放入事先准备好的装有固定液的广口瓶中，并做好标记。

(二)固定

固定的目的是迅速将组织细胞杀死，使细胞中的蛋白质、糖、脂肪等凝固，从而保持与活组织相似的结构状态。材料采集后，应迅速固定。固定液数的量应为病理组织块的 5～20 倍。

最常用的固定液为 10%的福尔马林溶液。使用时，用 40%的甲醛饱和水溶液 10 mL，加水 90 mL 配成。

(三)冲洗

固定后的组织块，应将固定液洗去。一般用流水(自来水)冲洗 12～24 h。及时冲洗尚有停止固定的作用，防止固定过度，有利于制片染色。

冲洗时如不方便用流水冲洗，也可用较大容器盛装水浸洗，每隔相当时间换水 1 次。整个浸洗时间比流水冲洗应稍长一些。酒精固定的组织材料不需冲洗。

(四)脱水

经过固定的组织,冲洗后要进行脱水。脱水的目的在于将组织内的水分用酒精或其他溶剂置换出来,为石蜡等其他包埋剂浸入组织创造条件。

常用的脱水剂为酒精。由于酒精与水可以任意比例互溶,对组织穿透力强,又能使组织硬化,因而不能将组织从水中直接移入高浓度的酒精中,应从低浓度逐渐到高浓度。程序为70%、80%、90%、100%的酒精(2次)各脱水2~4 h。脱水的时间要适度,时间短,脱水不尽;若时间过长,则会促使组织收缩变硬。

除用酒精作脱水剂外,还可以用正丁醇。正丁醇微溶于水,能与各种浓度酒精混合,也能直接溶解石蜡。故组织经正丁醇脱水后,不须经二甲苯透明。用正丁醇作为脱水剂,组织块收缩降低,也不会过硬,故比用酒精优越。

(五)透明

透明的目的是将组织内的酒精用矿物油或植物油置换出来,并溶解石蜡,帮助石蜡浸透组织。由于经过透明剂处理的组织块用肉眼观察呈透明状,故称这一过程为透明。

常用的透明剂为二甲苯,因其穿透力较强,因而组织在二甲苯中停留时间不宜过长,一般透明时间在30 min左右即可,切勿透明过度。

(六)浸蜡

浸蜡的目的是以石蜡置换出组织块中的二甲苯,使较软的组织块变成有一定硬度的组织蜡块,以便切成薄片。

通常选择熔点在52~56 ℃的石蜡,浸蜡的过程:

二甲苯石蜡混合液(1:1)	1 h
二甲苯石蜡混合液(1:2)	1 h
石蜡Ⅰ	1 h 30 min
石蜡Ⅱ	1 h 30 min

上述过程可在56~58 ℃恒温箱中进行,含二甲苯的混合液可用磨口小瓶盛装。

(七)包埋

包埋就是将已浸渗好的组织包埋于浸渗剂中。石蜡包埋方法如下。

(1)将恒温箱内熔蜡缸中的熔蜡倒入包埋框,用加热的镊子将欲包埋的组织块在蜡液内放置好。注意各组织块之间的距离和每个组织块的位置和方向,待蜡液出现凝固层后,即轻轻放入冷水盆中或冰箱中使其迅速凝固。

(2)石蜡完全凝固后,用加热的外科刀,按组织块位置修整蜡块待用。

(八)切片

组织经石蜡包埋后制成的蜡块,用切片机制成切片的过程称为石蜡切片法,为病理诊断常用的制作切片方法。在切片前应先修块,将修好的蜡块固定在石蜡切片机上,调整蜡块与刀的位置,使蜡块与刀刃接触。转动切片机转轮,修出标本,直至切出完整的切片,一般切片的厚度为4~6 μm,特殊情况可切1~2 μm。切出蜡带后,用毛笔轻轻托起,用眼科镊子夹起,正面向上放入展片箱中。待蜡带完全展开后,即可进行分片和捞片。捞片后应立即写上编号,在空气中略微干燥后即可烤片。石蜡包埋的组织便于长期保存,因此石蜡切片是目前最常用,最普遍的一种方法。

(九)染色

组织切片先经二甲苯Ⅰ脱蜡 10～20 min,二甲苯Ⅱ脱蜡 5 min,然后分别放入 100%(2 次)、95%、90%、85%、75%酒精 2～5 min。自来水洗 2 min 后将切片依次放入苏木精染色 1～5 min、自来水洗 1 min、1%盐酸酒精分化 20 s、自来水洗 1 min、1%稀氨水返蓝 30 s、自来水洗 1 min、伊红染色 20 s 至 5 min、自来水洗 30 s、85%酒精脱水 20 s、90%酒精 30 s、95%Ⅰ酒精 1 min、95%Ⅱ酒精 1 min,无水乙醇Ⅰ 2 min、无水乙醇Ⅱ 2 min,二甲苯Ⅰ 2 min、二甲苯Ⅱ 2 min。中性树胶或加拿大树胶封片。

(十)封片

将已透明好的切片从二甲苯中取出,擦去二甲苯,在切片部位滴 1 滴中性树胶,随即用盖玻片盖上,轻压排出气泡。贴上标签,送烤片机上烤干。

一个质量较好的常规石蜡切片应符合以下标准:切片完整,厚度 4～6 μm,薄厚均匀,无褶无刀痕;染色核浆分明,红蓝适度,透明洁净,封裱美观。

四、作业

(1)总结病理组织切片制作的程序和注意事项。

(2)制作肝脏的石蜡组织切片。

学习要求

识记:尸体剖检、尸冷、尸僵、尸斑、尸体腐败、尸体自溶、血液凝固的概念。

理解:尸体剖检的准备、尸体剖检的方法、尸体剖检记录表的填写。

应用:能准确进行各种动物的尸体剖检,合理进行病料采集送检。

知识拓展

石蜡切片的制作程序

(一)切片前的准备

(1)固定后的标本经脱水、透明、浸蜡和包埋后,制成蜡块。高质量的蜡块和锋利的切片刀是保证切片质量的关键。检查切片刀是否锋利,简便的方法是用头发在刀锋上碰一下,如一碰即断,说明刀锋锋利。用显微镜观察可确定刀口是否平整,有无缺口。

(2)准备充足的经过处理的清洁载玻片和恒温烤片装置,大中号优质狼毫毛笔和铅笔(用于在载玻片的粗糙端写号),如用普通载玻片,可用碳素墨水和蛋白甘油按 3∶1体积混合后书写。

(二)切片制作过程

(1)将预先修好的组织块先在冰箱中冷却,而后装在切片机固定装置上。将切片刀装在刀架上，刀刃与蜡块表面呈5°夹角。将蜡块固定，调整蜡块与刀至合适位置，并移动刀架或蜡块固定装置，使蜡块与刀刃接触。

(2)切片多使用轮转式切片机，使用时左手执毛笔，右手旋转切片机转轮。先修出标本，直到组织全部暴露于切面为止，但小标本注意不要修得太多，以免无法切出满意的用于诊断的切片，标本应注意切全。切出蜡带后，用毛笔轻轻托起，然后用眼科镊夹起，正面向上放入展片箱(温度根据作用的石蜡熔点进行调整，一般低于蜡熔点10～12 ℃)，待切片展平后，即可进行分片和捞片。切片经30%的酒精初展后，再用载玻片捞起放入展片箱更易展平。为减少切片刀与组织块在切片过程中产生的热量，使石蜡保持合适的硬度，切片时可经常用冰块冷却切片刀和组织块，尤其在夏季高温季节更为必要。

(3)轮转式切片机切取组织，是由下向上切，为得到完整的切片，防止组织出现刀纹裂缝，应将组织硬脆难切的部分放在上端(如皮肤组织，应将表皮部分向上。而胃肠等组织，应将浆膜面朝上)。

(4)捞片时注意位置，要留出贴标签的空间，并注意整齐美观。捞起切片后，立即写上编号。

(5)切片捞起后，在空气中略微干燥后即可烤片。一般在60 ℃左右烤箱内烤30 min即可，也可用烤片器烤片。血凝块和皮肤组织应及时烤片。但对脑组织待完全晾干后，才能进行烤片。否则，可能产生气泡影响染色。

(三)注意事项

1. 组织的取材和固定

取材时，组织块的大小厚薄应适当，过大、过厚的组织，固定液不易渗透，易引起固定不良。过小、过薄的组织，在固定和脱水的过程中易变硬或产生弯曲扭转，同样影响切片质量。陈旧、腐败和干枯的组织不宜制作切片。用陈腐组织制成的切片，往往核浆共染，染色模糊，组织结构不清，无法进行观察。固定不及时和固定不当的组织，染色时常出现核质着色较浅，轮廓不清，出现不同程度的片状发白区。组织固定时，固定液的量应充足，至少要在4倍以上，同时注意组织块不要与容器粘连。

2. 组织脱水、透明和浸蜡

组织脱水用的各级酒精，应保证相应浓度，以便组织脱水彻底。但无水酒精中，组织块放置时间不宜过长，否则组织过硬，切片困难。遇到此情况，可将组织浸在香柏油中软化，用二甲苯洗去香柏油后，再重新浸蜡和包埋。脱水酒精，尤其是无水酒精中混有水分，则组织脱水不干净。经二甲苯时，组织也无法透明，呈现浑浊。此时应将组织在新的酒精中重新脱水。二甲苯透明也应充分，否则不利于石蜡的浸透。但组织在二甲苯内的时间应严格掌握，时间过长组织易碎，也无法切出好的切片。时间不足，则石蜡不易浸透。浸蜡的温度也不宜过高，时间长短也应加以控制。总之，组织脱水、透明和浸蜡对于切片质量都有一定影响，组织脱水、透明和浸蜡过度，组织块变硬变脆，因此对于小块组织或小动物标本应注意时间。但若时间不够，组织块硬化不够，也不利于切片和染色。

3. 切片

切片刀要求锋利且无缺口，切片自行卷起多由切片刀不锋利所致，切片刀有缺口时易造成切片断裂破碎和不完整。骨组织切片时，用重型刀较好，全钢刀或单面钨刀也适合石蜡或火棉胶包埋的骨组织。

4. 切片刀和切片机

切片刀放置的倾角以 20°～30°为好。倾角过大切片上卷，不能连在一起。过小则切片皱起。应注意维护切片机，防止因螺丝松动产生振动，切片时会造成切片厚薄不均。遇硬化过度的肝脏、脑、脾脏等组织时，应轻轻切削，防止由于振动产生空洞现象。

5. 特殊要求切片的制作

石蜡切片虽然有很多优点，但制片过程中要经过酒精和二甲苯等有机溶剂处理，因此很易造成组织内抗原性的丧失，在用于免疫组织化学染色时影响结果的准确性。因而有人采用冷冻干燥包埋法，即将新鲜组织低温速冻，利用冷冻干燥机在真空和低温条件下除去组织内的水分，然后用甲醛蒸气固定干燥后的组织，而后再进行浸蜡、包埋和切片。此法可保存组织内的可溶性物质，防止蛋白质变性和酶的失活，减少抗原的丢失。用于免疫荧光标记、免疫酶标记和放射自显影。

苏木精-伊红染色程序

(一)HE 染色的基本原理

1. 细胞核染色的原理

细胞核内的染色质主要是去氧核糖核酸(DNA)，DNA 的双螺旋结构中，2 条链上的磷酸基向外，带负电荷，呈酸性，很容易与带正电荷的苏木精碱性染料以离子键或氢键结合而染色。苏木精在碱性染料中呈蓝色，所以细胞核被染成蓝色。

2. 细胞质染色的原理

细胞质内主要成分是蛋白质，在染液中加入醋酸使胞浆带正电荷(阳离子)，就可被带负电荷(阴离子)的染料染色。伊红 Y 是一种化学合成的酸性染料，在水中离解成带负电荷的阴离子，与蛋白质的氨基正电荷(阳离子)结合而使细胞质染色，细胞质、红细胞、肌肉、结缔组织、嗜伊红颗粒等被染成不同程度的红色或粉红色，与蓝色的细胞核形成鲜明的对比。伊红是细胞质的良好染料。

随着科学技术快速发展和电子计算机的广泛应用，许多实验室已使用全自动染色机代替人工染色。

(二)人工操作苏木精伊红染色方法

1. 染色步骤

二甲苯Ⅰ脱蜡	10 min
二甲苯Ⅱ脱蜡	5 min
无水乙醇洗去二甲苯	1 min×2 次
95％Ⅰ酒精	1 min
90％Ⅱ酒精	1 min
85％酒精	1 min
自来水洗	2 min

苏木精染色	1～5 min
自来水洗	1 min
1%盐酸酒精分化	20 s
自来水洗	1 min
稀氨水(1%)反蓝	30 s
自来水洗或蒸馏水洗	1 min
伊红染色	20 s 至 5 min
自来水洗	30 s
85%酒精脱水	20 s
90%酒精	30 s
95%Ⅰ酒精	1 min
95%Ⅱ酒精	1 min
无水乙醇Ⅰ	2 min
无水乙醇Ⅱ	2 min
二甲苯Ⅰ	2 min
二甲苯Ⅱ	2 min

中性树胶或加拿大树胶封片。

2. 染色结果

细胞核呈蓝色，细胞质、肌肉、结缔组织、红细胞和嗜伊红颗粒呈不同程度的红色。钙盐和各种微生物也可染成蓝色或紫蓝色。

(三)染色液的配制

1. 苏木精(素)

苏木精是一种纯天然染料，是从苏木树中提炼出来的，苏木树主产于墨西哥的坎佩切，苏木精的染色性能差，经过100多年精心加工配制，现用的苏木精配方染色性能好，保存时间长，是世界上唯一的常规细胞核染料。

2. 苏木精的配制

苏木精的配方很多，可根据不同需要选用，Harris配方最常用。

(1)Harris苏木精的配制。

苏木精	1 g	硫酸铝钾	15 g
无水乙醇	10 mL	蒸馏水	200 mL

先用蒸馏水加热溶解硫酸铝钾，用无水乙醇溶解苏木精，再倒入已溶解的硫酸铝钾蒸馏水中，煮沸1 min后，稍冷却，慢慢加入红色氧化汞0.5 g，继续加热至染液变为紫红色，用纱布盖瓶口，用前滤纸过滤后每100 mL加冰醋酸5 mL。

(2)Mayer苏木精改良配法。

A液：

苏木精	2 g	无水乙醇	40 mL

B液：

硫酸铝钾	100 g	蒸馏水	600 mL

稍加热使硫酸铝钾在水中溶解，将苏木精溶于酒精中，再将A液与B液混合煮沸2 min。用蒸馏水补足600 mL，加入400 mg碘酸钠充分混匀，苏木精染液呈紫红色。

(3)Gill改良苏木精染液的配制。

苏木精	2 g	无水乙醇	250 mL
硫酸铝钾	17 g	蒸馏水	750 mL
碘酸钠	0.2 g	冰醋酸	20 mL

先将苏木精溶于无水乙醇，再将硫酸铝钾溶于蒸馏水中。两液溶解后将其混合，加入碘酸钠待苏木精氧化成紫红色，再加入冰醋酸。

3. 伊红溶液的配制

(1)水溶性伊红。

伊红Y	0.5～1 g	蒸馏水	100 mL

先将水溶性伊红Y加入蒸馏水中，用玻棒将伊红搅起泡沫后过滤，每100 mL加冰醋酸1滴。

(2)乙醇性伊红液的配制。

伊红Y	0.5～1 g	90%酒精	100 mL

先将伊红Y溶于酒精中，用玻棒研碎溶解后，每100 mL加冰醋酸1滴。用乙醇性伊红液染细胞质后不可经水洗直接用85%酒精脱水。

4. 盐酸酒精分化液的配制

浓盐酸	0.5～1 mL	75%酒精	99 mL

此液用一段时间后需要延长或更换液体，新液分化时间要短。

5. 染色中注意事项

(1)脱蜡。石蜡切片必须经过脱蜡后才能染色，脱蜡前切片要经烘烤，这样使组织与玻璃片粘贴牢固。组织切片脱蜡应彻底，脱蜡好坏主要取决于二甲苯的温度和时间，所有的时间都是指新的二甲苯在室温25 ℃以下时，如果二甲苯是用过一段时间，切片又比较厚，室温低应增加脱蜡时间，脱蜡不净是影响染色不良的重要原因之一。

(2)染色。石蜡切片经水洗后放入Harris苏木精染色，一般情况下在新配的苏木精溶液中只需要染1 min左右，应根据染片的多少，逐步把染色时间延长。苏木精染色后，不宜在水和盐酸酒精中停留过长。切片分化程度应在镜下观察，分化过度，应水洗后重新在苏木精中染色，再水洗分化和使切片在自来水或稀氨水中充分变蓝。

新配的伊红染色快，切片染色不宜过长，应根据染切片的多少逐步延长染色时间，切片经伊红染后，水洗时间要短。

(3)脱水。切片经过染色后，通过各级酒精脱水，从低浓度到高浓度，低浓度酒精对伊红有分化作用，切片经过低浓度时间要短，向高浓度时逐步延长脱水时间；脱水不彻底，使切片发雾，在显微镜下组织结构模糊不清。

(4)透明与封片。石蜡组织切片染色经过脱水后必须经二甲苯处理，使切片透明，才能用树胶封片。

常用切片封片胶有国产的中性树胶、光学树胶、加拿大树胶和合成树脂(DPX)。在封片时，树胶不能太稀或太稠，不能滴加得太多或太少，太稀或太少切片容易空泡；树胶也不可太多,不要使树胶溢出玻片四周太多。标签要贴附牢固。封片中不能对着切片呼气。

(5)常规石蜡切片和 HE 染色标本的质量标准(全国统一评定标准)。

① 切片完整,厚度 4～6 μm,薄厚均匀,无褶无刀痕。

② 染色核浆分明,红蓝适度,透明洁净,封裱美观。

兽医病理诊断技术在诊治疾病中的作用

病理诊断技术是指应用病理的理论与方法,对动物尸体(或活体)体表及内部器官、病变组织、细胞进行的病理学检查,通过形态学观察分析做出疾病诊断的技术。

通过直接观察病变的宏观和微观特征而做出的诊断比通过分析临床症状、生理体征和化验分析而做出的各种临床诊断,对于确定病因更具有直观性和指导性。只有病理学诊断、临床症状以及实验室结果有机结合,才能最终确诊,所以病理诊断常被视为“金标准”或“最终诊断”。当前兽医诊治工作中常用到的病理诊断技术包括:病理剖检技术和病理组织学观察技术。

(1)病理剖检技术。运用病理知识检查尸体各组织的病理变化,目的在于查明动物发病和致死的原因,以及阐明疾病发生和发展的规律,获得诊断疾病的依据。通过病理剖检可以为进一步诊断和研究提供方向,它具有方便快速、直接客观等特点,有的疾病通过病理剖检,根据典型病变,便可确诊。尸体剖检还常被用来验证诊断与治疗的正确性,尸体剖检对动物疾病的诊断意义重大。

(2)病理组织学检验技术。把病变组织制成切片,加以一定的染色后,用显微镜观察病变的组织学改变,同时结合尸检的大体病变,以及临床资料和实验室结果来探讨该病例的病因、发生、发展及死因等,最后作出尸检病理诊断。

病理诊断技术在兽医诊治中的作用重大。即使现代兽医技术和基础理论快速发展,仍没有任何手段能取代动物病理学诊断技术所起的作用。

1. 病理学诊断技术是确诊疾病的重要条件

动物病理是一门形态学科,通过肉眼观察大体病变和镜下观察组织学病变等方法,识别疾病时机体组织、器官和细胞形态的变化,通过典型示病特征病变,得出疾病的性质。各种组织、器官是动物的代谢、功能改变以及临床症状和体征的物质基础,形态结构、代谢和功能存在辩证关系。器官组织和细胞的形态结构是其代谢和功能的基础,而后者的改变又能反过来促使形态结构发生改变。不同的致病原因可以造成不同的组织器官损伤,出现不同的病变;有些病原微生物对特定的组织、细胞具有亲嗜性,在细胞内一定的部位存活,损伤一定部位的组织和细胞,导致出现一定的特征性病变。例如,鸡患法氏囊病时,导致法氏囊内黏膜出血,胸肌、腿肌等出现毛刷样出血、排黄白色粪便;鸡患禽脑脊髓炎时,由于侵害脑神经,出现点头、后退等振颤。许多动物疾病都有典型的示病特征病变和行为。例如,新城疫的“转脖”现象、鸡衣原体病的“企鹅”样、鸡大肠埃希菌的“三炎”、鸡内脏痛风的尿酸盐沉积、鸡肾型传支的“花斑肾”、鸡球虫病的肠道出血、猪瘟的出血性变化、猪磺胺类药物中毒在肾脏处结晶、羊魏氏梭菌的“软肾病”等病理变化,通过这些典型的病理变化可以确诊动物疾病。

病理剖检诊断具有很强的直观性和实践性,同时也由于诊断快速、便于掌握、不受场所限制,器材简单易于开展工作,是兽医诊断的主要手段。通过对疾病的快速确诊,为疾病的防治提供依据。

2. 为动物疾病的诊断和研究提供方向

动物疾病的种类很多，发生疾病时往往要先进行流行病学调查、临床症状观察、病理剖检三项工作，提出初步疑似疾病的种类或研究的大体方向。其中前两项工作受多种限制因素往往不能快速、正确做出判断。病理剖检技术可以通过观察到的病变，进行初步诊断，当出现典型病理变化即可确诊。如果没有示病特征病变，可以根据所见的病变，提出可能引起出现这些病变的疾病种类，排除其他疾病因素，缩小疾病原因的范围提供大致方向。选取合适的实验室检测手段，进行确诊或进一步的研究。

3. 检验和验证动物疾病临床诊断和治疗准确性，对于诊治技术的提高作用巨大

当前，兽医诊断仪器和手段相对来说比较匮乏，诊断技术低下，特别是对传染病以外的疫病诊断技术，缺少辅助的实验室检测技术，导致出现对动物疾病的错误诊断。目前，兽医临床诊断结果与死后解剖诊断结果有很大的差别。

特别是当前由于许多动物疫病进行了疫苗免疫，有的应用了活疫苗后往往影响了实验室的检测结果。还有隐性感染不发病的现象，即使病原微生物存在，但是不能造成组织器官发生损伤，也不发生疾病。例如，在一个动物体内可能检测到多种病原，有些病原可能处于隐性感染不发病阶段，我们只有通过观察病变特征才能确定真正的疾病原因。

通过动物尸体剖检，从中所取得的经验是不能从书本中获得的，对提高临床医疗水平无疑是任何先进的手段都取代不了的。尸体剖检也有助于医学流行病学、诊断技术、治疗技术的发展。尸体剖检技术也是动物疾病防治人员技术提高不可缺少的手段，一名技术全面、能够解决疾病控制生产难题的兽医工作者，必定经过尸体剖检的良好训练，才可以很好地分析和解决畜牧生产中遇到的动物疾病。

4. 尸体剖检是发现新的动物疫病的重要手段

在医学技术快速发展的现代，尸体剖检仍然是发现新疾病的主要手段。新型疾病发生时没有成型的诊断试剂和诊断方法，往往是根据出现的症状，推断组织的损伤部位，因为物质决定功能，先有组织、器官的改变，才出现相应的症状。如对于 SARS 疾病，最开始不知道病原的种类，但是发现它有不同于其他疾病的病理变化，发现这是一种新型疾病；鸡的法氏囊病，开始不知是什么疾病，但是发现法氏囊的肿大、出血等不同变化，确定是一种新型疾病。自 1950 年以来，通过尸检新发现的疾病包括了 10 大类别的 87 种，其中包括了病毒性肝炎和艾滋病，故病理诊断(包括尸检诊断)是发现新型疾病的重要手段。

5. 为动物医疗纠纷医学鉴定提供技术支持

随着人们饲养宠物数量的增加、兽医知识的普及、广大群众维权意识的提高、诊断技术水平相对落后等原因，动物诊疗纠纷事件明显增多。尸体剖检在医疗纠纷鉴定中作用巨大，在涉及已经死亡的医疗纠纷中，争论焦点往往是死亡原因是否与诊疗相关。尸检鉴定的主要的目的就是进行死因鉴定。要查明原因，就必须以全面系统的病理剖检和相关的辅助检验的结果为基础，再结合临床医学和调查研究的证据综合分析。死因的确定能为澄清事实、判断是否为医疗事故提供证据。

通过病理诊断技术可以判明死因，可给医学技术鉴定和司法裁决提供直接的证据，可为医务人员诊疗护理实践提供反馈，总结经验教训，有利于提高医疗质量、诊疗水平，从而达到明确

诊断、分清是非的目的。因此,高质量的病理检验鉴定是科学、公正处理医疗纠纷的保障。

总之,兽医病理诊断技术在临床诊断、医学鉴定和科学研究等方面具有重要的意义。在动物医疗方面,通过尸体剖检能够发现疾病原委,证实病变所在,找出诊疗中的经验教训,从而丰富临床医师的经验,提高医学水平。其次,尸体剖检工作在急性传染病的发现以及在决定采取预防及治疗措施上有重要作用。

复习思考题

一、名词解释

尸体剖检　尸冷　尸僵　尸斑　尸体腐败　尸体自溶　血液凝固

二、填空题

1. 尸体变化有______、______、______、______、______、______。

2. 尸体自溶最明显的部位是______和______。

3. 尸体腐败的表现有______、______、______和______。

4. 外部检查的内容主要有______、______、______、______和______。

5. 常见动物剖检术式为:反刍动物______侧卧、马属动物______侧卧、小动物采用______。

6. 尸僵顺序是:______、______、______、______、______。

三、单项选择题

1. 尸僵发生过快可能是(　　)。

A. 炭疽　B. 破伤风　C. 结核病　D. 腹泻　E. 心力衰竭

2. 尸僵不全或不尸僵可能是(　　)。

A. 番木鳖碱中毒　B. 有机磷中毒　C. 炭疽　D. 结核病　E. 肾炎

3. 部分关节不能屈伸可能是(　　)。

A. 尸僵　B. 慢性关节炎　C. 骨折　D. 创伤　E. 钙化

4. 尸斑的颜色为(　　)。

A. 鲜红　B. 暗红　C. 玫瑰红　D. 樱桃红　E. 咖啡色

5. 尸体剖检后衣物处理采用(　　)。

A. 高压灭菌　B. 直接清洗　C. 来苏尔浸泡　D. 晒晾　E. 丢弃

四、多项选择题

1. 尸体变化有(　　)。

A. 尸冷　B. 尸僵　C. 尸体腐败　D. 尸体自溶　E. 血液凝固

2. 尸体自溶最明显的部位是(　　)。

A. 脑　B. 肺　C. 胃　D. 胰腺　E. 四肢

3. 固定尸体剖检组织时用(　　)。

A. 来苏尔　B. 10%福尔马林　C. 碘酊　D. 95%酒精　E. 高锰酸钾

4. 尸体剖检后尸体处理的方法有(　　)。

A. 深埋　　B. 焚烧　　C. 发酵　　D. 用作饲料　　E. 丢弃

五、判断题

1. 尸冷速度不受外界环境温度的影响。(　　)
2. 尸斑是由于死前淤血。(　　)
3. 尸体腐败是由体内外微生物作用造成的。(　　)
4. 病料采取病变部位即可,切除健康部位。(　　)
5. 切取的组织病料应立即浸泡在95%酒精中。(　　)

六、简答题

1. 简述尸体剖检的意义。
2. 简述尸体剖检的顺序。
3. 简述牛尸体剖检的方法
4. 简述常规病料的采集方法。

项目十四复习思考题参考答案

参 考 文 献

[1] 佘锐萍.动物病理学.北京:中国农业出版社,2007.
[2] 张书霞.兽医病理生理学.4 版. 北京:中国农业出版社,2011.
[3] 李玉林.病理学.8 版.北京:人民卫生出版社,2013.
[4] 肖献忠.病理生理学.3 版.北京:高等教育出版社,2013.
[5] 张根葆.病理生理学.北京:高等教育出版社,2014.
[6] 赵德明.兽医病理学. 4 版. 北京:中国农业大学出版社,2020.
[7] 王连唐.病理学.3 版.北京:高等教育出版社,2018.
[8] 车有权.动物病理.北京:中国农业大学出版社,2021.
[9] 郑世民.动物病理学.2 版.北京:高等教育出版社,2021.
[10] 陈文钦.动物病理.3 版.北京:中国农业大学出版社,2022.

附　录

附录一　动物病理基本技能和职业技能鉴定考核项目

序号	项目	考核要点	考核方法	评分标准	备注
1	尸体剖检准备	1.选择剖检场地 2.准备剖检器材药品 3.剖检者自身准备 4.剖检后衣物器械消毒	实际或模拟操作	优:能独立正确完成前述准备工作 良:能独立正确完成大部分准备工作,个别环节需要老师提示才能完成 及格:能基本完成大部分准备工作,其他环节有错误 不及格:准备工作基本不能独立完成	
2	尸体剖检术式	掌握猪、牛、马、禽尸体剖检程序、方法、要领	实际操作结合口试	优:尸体剖检程序、方法、要领正确 良:能掌握尸体剖检程序、方法、要领,个别环节有错误 及格:尸体剖检程序、方法、要领大部分能掌握,其他环节有错误 不及格:上述内容基本不掌握	
3	病理材料采取和送检	1.微生物材料采取和送检 2.病理组织材料采取和送检 3.毒物检查材料采取和送检	实际操作结合口试	优:采取病料与送检方法正确合乎要求 良:采取病料与送检方法基本正确,个别环节有错误 及格:采取病料与送检方法大部分正确,一部分有错误 不及格:采取病料与送检方法大部分不正确	
4	眼观和显微镜观察病理标本	识别充血、淤血、出血、水肿细胞肿胀、脂肪变性、凝固性坏死、变质性炎、渗出性炎(浆液肺炎、浆液性淋巴结炎、纤维素性肠炎、出血性淋巴结炎、化脓性炎)、肺气肿、增生性脾炎、肾小球性肾炎、肝硬化、结核结节	观察标本或尸体剖检病例	优:能正确识别前述病例变化 良:能正确识别前述绝大部分病理变化 及格:在老师启发下能识别前述大部分病理变化 不及格:在老师启发下不能识别大部分病理变化	
5	尸体处理	1.挖坑掩埋法 2.毁尸焚烧法 3.发酵腐败法	模拟或口试	优:正确掌握3种处理方法 良:较正确掌握3种处理方法 及格:基本掌握3种处理方法 不及格:1种或1种以上处理方法不正确	

附录二　病料病理变化识别考核表

专业＿＿＿＿＿　班级＿＿＿＿＿　姓名＿＿＿＿＿　学号＿＿＿＿＿

序号	病料编号	病料病理变化描述	评判结果
1			
2			
3			
4			
5			
6			
7			
8			
9			
10			
得分			

考核教师(签名)：